家庭电气装修 350 问

方大千　柯伟　等编著

机械工业出版社

本书以问答的形式，详细而具体地回答了家庭电气装修装饰工程中遇到的各种技术问题，以及装修工程中和居民日常用电中遇到的电气故障的处理和安全用电问题。内容包括：照明电气识图，家庭供电电路设计及材料预算，家庭电气布线施工，布线施工的自查与验收，家庭电气设备的选择，家庭电气设备、弱电和家用电器的安装，家庭电气故障与维修，家庭安全用电，接地与接零，家庭防雷及避雷设施和常用电工工具与仪表等共11部分。

本书叙述深入浅出，通俗易懂，图文并茂，内容具体、生动、实用。本书可供装修装饰电工、城乡电工阅读，以提高他们的技术水平。同时，本书也适合于广大城乡居民阅读，以帮助他们对家庭电气装修装饰工程的材料选用、施工方法、施工要求、安装质量等有充分的了解，日常还可用来学习、查用，并学会处理一般家庭电气故障的方法，提高安全用电水平。

图书在版编目（CIP）数据

家庭电气装修350问/方大千等编著. —2版. —北京：机械工业出版社，2016.3

ISBN 978-7-111-52981-1

Ⅰ.①家… Ⅱ.①方… Ⅲ.①住宅－电气设备－建筑安装－问题解答 Ⅳ.①TU85-44

中国版本图书馆 CIP 数据核字（2016）第 029806 号

机械工业出版社（北京市百万庄大街22号　邮政编码100037）

策划编辑：付承桂　责任编辑：任　鑫

责任校对：樊钟英　封面设计：路恩中

责任印制：乔　宇

北京富生印刷厂印刷

2016 年 4 月第 2 版第 1 次印刷

148mm×210mm · 13.125 印张 · 388 千字

0001—3000 册

标准书号：ISBN 978-7-111-52981-1

定价：49.00 元

凡购本书，如有缺页、倒页、脱页，由本社发行部调换

电话服务	网络服务
服务咨询热线：010 - 88361066	机工官网：www.cmpbook.com
读者购书热线：010 - 68326294	机工官博：weibo.com/cmp1952
010 - 88379203	金书网：www.golden - book.com
封面无防伪标均为盗版	教育服务网：www.cmpedu.com

前　言

　　住宅电气装修装饰是事关每户家庭安全用电的大事。电气装修装饰质量，不仅关系到住房的美观、舒适，更关系到用电的安全。当前城乡居民在装修和兴建住宅时，往往自找装修公司或个人进行电气安装、改造。由于居室装修队伍中电工良莠不齐，加上目前我国城乡居民的用电知识水平还不高，许多居民还不甚了解电气安装的规定和要求，装修装饰中任凭电工选材、施工的情况屡见不鲜，因此电气安装质量令人担忧，有可能给用户今后的用电留下事故隐患。

　　装修质量的保证，首先在于装修电工。装修电工必须要有高度的责任心，努力提高自身技术水平，掌握安装施工工艺和规定，不使用伪劣电工产品，切实保证安装质量。同时，作为用户也要了解和懂得必要的电气装修知识和要求。只有这样，一个家庭的电气装修装饰工程才会做到安全、可靠、美观、大方，为今后的用电提供可靠的保证。为此，笔者编写了这本书。本书的内容及叙述形式，兼顾了安装电工和广大居民读者的知识水平和需要。

　　本书详细地介绍了家庭电气识图、材料预算、家庭供电电路的设计、家庭电气布线施工方法、弱电系统（电话、电视、网络、音响、防盗报警等）安装，以及电工器材（包括导线、管材、断路器、漏电保护器、熔断器、开关、插座、灯具等）的选择，从施工一开始就从源头上把好质量关，从而避免家庭供电的先天不足。书中详细地介绍了家庭电气设备和家用电器的安装规范，电气施工过程中出现的各种问题及电气故障的查找与处理方法，以及施工完毕后的自查与验收等，从根本上杜绝了家庭电气装修装饰过程中可能埋下的事故隐患，确保安装质量。

　　书中介绍的电气故障检修、家庭安全用电、接地与接零、等电位联结和家庭防雷及避雷设施等内容，也都直接与家庭电气装修装饰安装工程有关。通过这部分内容的学习，电工可以全面地把握安装质量，用户可以提高用电水平，学会一般的电气维修技术，从而大大减少家庭触电、电气火灾和雷击事故的发生。

本书主要由方大千、柯伟编写，参加及协助编写工作的还有方亚平、方亚敏、张正昌、张荣亮、方欣、郑鹏、朱丽宁、朱征涛、方立、那宝奎、费珊珊、方成、卢静等。全书由方大中高级工程师审校。

限于笔者的水平，不妥之处在所难免，敬请广大读者批评指正。

编著者

目　录

第一章 ▶▶▶▶▶

照明电气识图

1. 什么是照明平面图?

照明平面图是在住宅建筑平面图上绘制的实际配电布置图。安装照明电气电路及用电设备,需根据照明电气平面图进行。在照明平面图中标有电源进线位置,电能表箱、配电箱位置,灯具、开关、插座、调速器位置,线路敷设方式,以及线路和电气设备等各项数据。照明平面图上均注有说明,以说明图中无法表达的一些内容。通常在照明平面图上还附有一张各电气设备图例、型号规格及安装高度表。照明平面图是照明电气施工的关键图样,是指导照明电气安装施工的重要依据,没有它就无法施工。

有了照明平面图,我们就能知道整座房子或整个房间的电气布置情况;在什么地方需要安装什么形式的灯具、插座、开关、接线盒、吊扇调速器及空调器、电热器、电冰箱、彩电、计算机、厨房电器等家用电器;采用怎样的布线方式;导线走向如何,导线的根数;采用何种导线,导线的截面积,以及导线穿管的管径等。此外,从图中还可以看出,住宅是采用保护接地还是保护接零,以及防雷装置的安装等情况。

2. 怎样阅读照明平面图?

为了读懂照明平面图,读图时应抓住以下要领:

1)掌握电气照明设备的图形符号及其标注形式。当看到某个图形符号时,就要联想出该图形符号所代表的是怎样一个电气设备或具体意义。初学者可以在识图过程中边读边对照。

2)要结合电气系统图和照明电气平面图(非电工还应结合实际施

工接线图）及施工说明一起识读，弄清整体和局部、原理接线图和安装接线图的关系。可以先弄清每个房间的情况，再弄清整座房屋的全貌；也可以先识读整座房屋的情况，再弄清每个房间及局部的细节。

3）识图时应按"进户线→电能表箱、配电箱→干线→分支线及各路用电设备"这个顺序来识读。

4）弄清每条路线的根数、导线截面（截面积）、布线方式、灯具与开关的对应关系，吊扇与调速器的对应关系，插座引线的走向（从哪个接线盒引出）以及各种电气设备的安装位置和预埋件位置等。

照明平面图应在建筑施工开始前绘制好，以便结合土建筑工实施电气预埋工作。如果是对现有房子进行电气装修、装饰而涉及布线改造（如将明线敷设改为暗线敷设，改动或增加线路、插座、开关、灯具），也应绘制照明平面图，因为这是指导实施电气改造必需的。

3. 常用电气照明器件、装置图形符号有哪些？

照明平面图中采用了大量的图例、符号，为了读懂照明平面图，首先应看懂这些图例。

图例是在照明平面图上使用一些图形符号来代替文字说明的方法，这样的图样显得简洁明了。照明平面图中常用的图例见表1-1。

表1-1　常用电气照明器件、装置图形符号及其含义

图例	名　称
	电力或照明配电箱（盘），画于墙外为明装，画于墙内为暗装
	多种电源配电箱（盘），画于墙外为明装，画于墙内为暗装
	双向引线穿线盒（接线盒）
	三向引线穿线盒（接线盒）
	分线盒（接线盒）
	地下接线盒

（续）

图例	名　称
⊏▭⊐	熔断器
⊸／▭	带熔丝的刀开关（瓷底胶盖闸刀开关）
⊸✕／	低压断路器（自动开关）
⊣／	隔离开关
⊸／	刀开关
⊸／○⊸ 或 ✕／○⊸	漏电保护器
⊢⊣	Y 荧光灯
○	各种灯具的一般符号
●	J 乳白玻璃球型灯
◓	T 吸顶灯
⊗	H 花灯（吊灯）
⊗	F 防水、防尘灯
◓	B 壁灯
⊸○	弯灯（马路弯灯）
✕	天棚灯座
✕	墙上灯座
⋈ ① 　 ⊖ ②	①吊扇；②热水器
⏱ ① 　 ⊗ ②	①电钟；②抽油烟机排风扇

（续）

图例	名 称
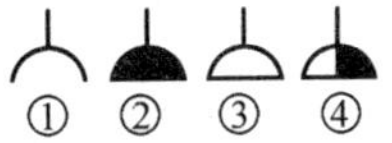 ① ② ③ ④	单相插座 ①一般；②暗装；③防水（密封）；④防爆
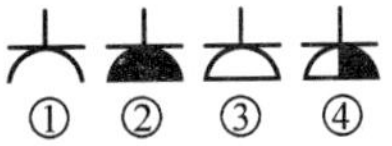 ① ② ③ ④	单相插座带保护接零（接地）插孔（三极） ①一般；②暗装；③防水；④防爆
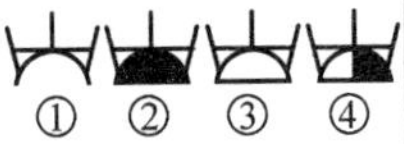 ① ② ③ ④	三相插座带保护接零（接地）插孔（四极） ①明装；②暗装；③防水；④防爆
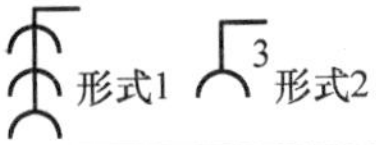 形式1　形式2	多个插座（多功能插座，图中表示3个插座）
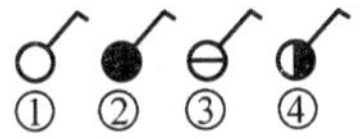 ① ② ③ ④	单极开关 ①明装；②暗装；③防水（密封）；④防爆
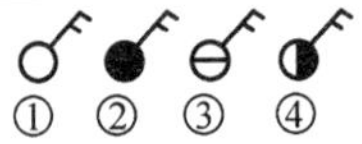 ① ② ③ ④	双极开关 ①明装；②暗装；③防水；④防爆
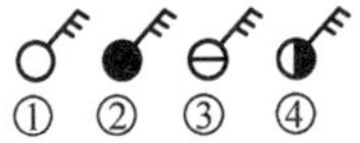 ① ② ③ ④	三极开关 ①明装；②暗装；③防水；④防爆
 ① ②	单极拉线开关　①明装；②暗装
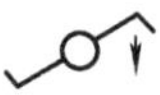	单极双控拉线开关
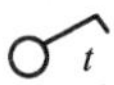	单极即时开关
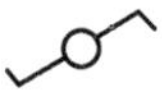	双控开关（单极三线）
 ① ②	①带指示灯开关；②调光开关
	风扇调速器
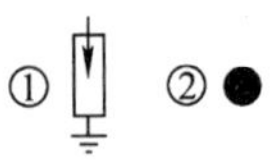 ① ②	①阀型避雷器；②避雷针（平面投影标志）

（续）

图　例	名　　称
──×──×──	避雷线
Wh　Ⓥ　Ⓐ	电能表　电压表　电流表
①　　②	①导线引上去；②导线引下去
①　　②	①导线由上引来；②导线由下引来
	导线引上并引下
①　　　　②	①导线由上引来并引下；②导线由下引来并引上
───→───	电源引入标志
──/──	单根导线的标志
──//── 或 ──	2 根导线的标志
──///──	3 根导线的标志
──////──	4 根导线的标志
──/── n	n 根导线的标志
──●──	导线分支
──●──	导线相交连接
──┼──	导线相交但不连接
⎓/○/⎓/○/	有接地极接地装置
⊥	接地（接零）标志
──/●──	中性线、零线 N
──/──	保护线 PE
──/●──	保护线和零线共用（PEN）

4. 装修电路图中常用的弱电符号有哪些?

装修电路图中常用的弱电符号见表1-2。

表1-2　常用的弱电符号

图形符号	说明	图形符号	说明
	壁龛电话交接箱		火警电话机
	室内电话分线盒		报警发声器
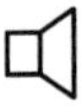	扬声器		有视听信号的控制和显示设备
	广播分线箱		发声器
—F—	电话线路		电话机
—S—	广播线路		照明信号
—V—	电视线路	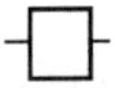	线型探测器
	手动报警器		火灾报警装置
	感烟火灾探测器		热
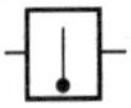	感温火灾探测器		烟
	气体火灾探测器		易爆气体
			手动启动

5. 装修电路图中其他图形符号有哪些?

装修电路图中其他图形符号见表1-3。

表1-3　常用的其他图形符号

图形符号	说明
	电铃　除注明外，距地0.3m
	号专箱
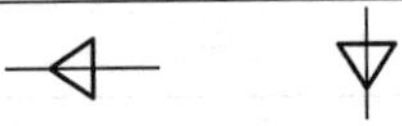	电缆终端头 控制和指示设备

（续）

图形符号	说明
——·—·——	控制及信号线路（电力及照明用）
—┤├—	原电池或蓄电池
—┤‖├— —┤├┤├—	原电池组或蓄电池组
—┤├┊├—	带抽头的原电池组或蓄电池组
⏚	接地一般符号
⟘	接机壳或接底板
⏚	无噪声接地
⏚	保护接地
▽	等电位
⊙ ⊙	具有热元件的气体放电管荧光灯启动器
▣	消防专用按钮

6. 线路敷设方式文字符号是怎样的?

线路敷设方式的文字符号见表1-4。

表1-4　线路敷设方式文字符号

新符号	名称	旧符号	新符号	名称	旧符号
C	暗敷	A	MR	金属线槽	
E	明敷	M	T（MT）	电线管	DG
AL	铝皮线卡	QD	P（PC）	塑料管	SG
CT	电缆桥架		PL（PCL）	塑料线卡	
F	金属软管		PR	塑料线槽	
G	水煤气管		S（SC）	钢管	GG
G	瓷绝缘子	G	FPC	半硬塑料管	
M	钢索敷设	S	DB	直接埋设	

7. 敷设部位文字符号是怎样的?

敷设部位文字符号见表 1-5。

表 1-5 敷设部位文字符号

新符号	名称	旧符号	新符号	名称	旧符号
B（AB）	沿梁或跨梁敷设	L	BC	暗敷在梁内	
A（AC）	沿柱或跨柱敷设	Z	CLC	暗敷在柱内	
W（WC）	沿墙面敷设	Q	W	墙内敷设	
CE	沿天棚或顶面板敷设	P	F（FR）	地板或地面下敷设	D
SCE	吊顶内敷设	R	CC	暗敷在屋面或顶板内	

8. 照明灯具文字符号是怎样标注的?

在照明平面图中照明灯具的标注方式为

$$a - b\frac{c \times d}{e}f$$

式中，a 为灯具数量；b 为灯具型号；c 为每盏灯的灯泡数或灯管数；d 为灯泡容量（W）；e 为安装高度（m）；f 为安装方式。

例如，在电气照明平面图中标注有

$$2 - Y\frac{1 \times 40}{2.5}L$$

表明有两组荧光灯，每组为一根 40W 的灯管，安装高度为 2.5m，安装方式为链吊式。

又如，标注为

$$2 - S\frac{1 \times 60}{-}$$

表明有两盏搪瓷伞形罩灯，每盏灯具中有一只 60W 的灯泡，采用吸顶形式安装，故安装高度及安装方式简化为 " – "。

9. 什么是住宅照明电路图? 怎样阅读照明电路图?

住宅照明电路图又称住宅供电电路图,一般绘有电源进线及保护方式,用电总量、各房间负荷(负载)大小,进线导线和各支路导线的型号规格、敷设方式(若为穿管敷设,则为管径大小),电能表容量、熔断器熔丝容量,漏电保护器、断路器、隔离开关等型号规格等情况。

下面举例介绍如何阅读照明电路图。

【例1】图1-1为某两室一厅住宅的照明电路图。户电能表箱由供电部门集中安装在住宅楼底层(单元内各户电能表均集中于此)。住宅用电负荷不大于3kW。

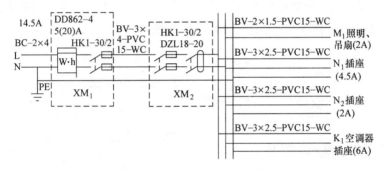

图1-1 某两室一厅住宅照明电路图

由图中可见,该住宅楼供电系统采用四线半系统,每户为单相三线制,即 TN－C－S 系统(详见第17问)。变压器中性线引至电能表箱 XM_1 处分出零线 N 和保护零线 PE,并在 XM_1 处重复接地,接地电阻不大于4Ω。XM_1 内装有 DD862－4 型 5(20)A 电能表和HK1－30/2 型瓷底胶盖式刀开关。相线(火线)L、零线 N 和保护零线 PE 均采用 BV－500V、4mm² 塑料铜芯线,引入户配电箱 XM_2,电源经闸刀开关 HK1－30/2 和漏电保护器 DZL18－20 分配到照明灯具、用电器具和各插座。各支路和总的负荷电流标于图上。总干线和各支路的导线均采用穿管敷设,管子采用直径为 15mm 的 PVC 塑料管或可挠管,暗敷于墙内或现浇楼板内。户配电箱 XM_2 内的刀开关装有 2

个熔断器，分别装于相线和零线上，熔丝容量为 20A，作为住宅的短路及过负荷保护。照明回路采用 BV – 1.5mm^2 塑料铜芯线，去各插座回路采用 BV – 2.5mm^2 塑料铜芯线，插座的保护零线也采用 BV – 2.5mm^2 塑料铜芯线（黄/绿双色线）。

假设该住宅计算电流为 14.5A（计算方法见第 26 问），则选用 DD862 – 4 型 5（20）A 电能表。由户配电箱 XM$_2$ 分出 4 路线，分别供给照明（M$_1$）、空调器（K$_1$）和插座（N$_1$、N$_2$）。由于空调器和电炉功率较大，所以它们的插座单独从配电箱上引出，而不与其他插座回路连接。N$_2$ 支路上接有多只插座。

图 1-1 中将零线和保护接零（接地）线都画出，电路看上去不够简洁。实际建筑电路图采用单线法绘制，如图 1-2 所示。导线超过 2 根时，用加短斜线的方法表示，也可用在短斜线旁标注导线根数的方法表示。表达不清楚的问题应附文字说明。

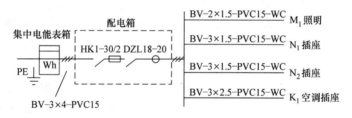

图 1-2 两室一厅住宅照明电路图

该供电电路设有电源总开关（刀开关）、漏电保护器，并有保护零线 PE，所以用电安全性较高。另外，照明支路、插座支路和空调支路分开，有利于安全用电。考虑到厨房电器数量的日益增多，为防止插座支路过负荷，应将厨房、卫生间插座支路与一般插座支路分开。

该供电电路的不足之处是各支路没有设隔离开关或断路器，当住宅发生电气故障时，不知道是哪一支路出了问题，查找起来比较困难。同时任一支路发生故障，都会影响到其他支路的正常用电。另外，该供电电路的导线截面积选择得不够大，会给今后用电负荷的增大带来限制。

10. 什么是住宅电气布置图?

　　照明电气布置图中标有配电箱、灯具、插座、吊扇、调速器、开关等设备的具体位置。图1-3为两室一厅住宅照明电路图（见图1-2）的电气布置图，相对照明电路图而言，它可以更直观地表示出电气设备在住宅内的相对位置。它是电气施工中不可缺少的图样之一。

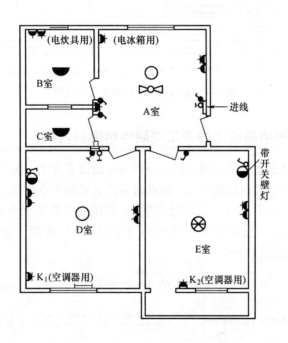

图1-3　某两室一厅住宅电气布置图

11. 什么是住宅电气接线图?

　　照明电气接线图中详细地表示出住宅各房间照明、开关、插座、调速器等电气设备的电气连接情况，是统计各支线用电负荷的依据，也是电气施工中走线不可缺少的图纸之一。图1-4为两室一厅住宅照明电路图（见图1-2）的电气接线图，实际上也可画成单线图。

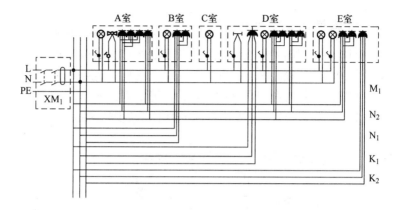

图1-4 某两室一厅住宅电气接线图

12. 照明电路图上的施工说明包括哪些内容?

照明电路图和平面图虽然是一种书面的语言文字,但尚不能完全反映住宅内电气布置的全貌,因此通常还需在照明电路图或照明平面图上标注出施工说明(或设计说明),以说明图纸不能表达的内容。现以某两室一厅住宅的照明电路图(见图1-5)为例(设计标准为4kW/户)说明如下:

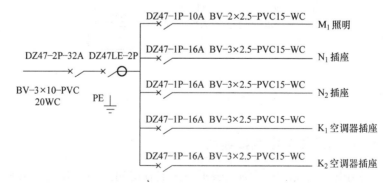

图1-5 某两室一厅住宅照明电路图(4kW/户)

电源——外线电源由业主自行与当地电管部门联系,进户管为本工程预留，进户处加漏电保护器。

计量——采用一户一表制集中计量，电能表箱离地 1.3m，预留箱体。

配电——配电箱离地 1.5m，暗装。

配线——采用 TN-S 系统。干线：采用 3 根 BV-10mm² 塑料铜芯线（相线、零线和保护接零线）。支线：照明灯具线采用 2 根 BV-2.5mm² 塑料铜芯线。插座线：采用 3 根 BV-2.5mm² 塑料铜芯线。配管：导线 $n=1\sim3$，PVC15；$n=4\sim5$，PVC20；$n=6\sim8$，PVC25。干线配管采用 PVC20。

控制——暗开关离地 1.4m 安装。暗插座：厨房、卧室及空调器插座离地 1.8m；其余离地 0.3m。

接地与接零——采用常规做法，重复接地电阻 $R\leqslant4\Omega$；保护接零线截面（截面积）同相线，须选黄/绿双色线。

由图 1-5 可见，用户配电箱保护设备较完善，进线经过 DZ47-2P-32 型（双极 32A）断路器和 DZ47LE-2P 型漏电保护器，然后分配给各支路。每一支路均设有 DZ47-1P 型单极断路器，照明支路断路器的脱扣器额定电流为 10A，其余支路均为 16A。各支路均采用 BV-2.5mm² 塑料铜芯线，穿直径为 15mm 的 PVC 塑料管或可挠管，暗敷于墙内或现浇楼板内。

13. 照明电气接线示意图与实际接线图有何区别？

电气接线图对于非专业人员来说一般看不懂，而实际接线图是专供非专业人员或初学者使用的，它比一般的电气接线图更直观，有几根接线以及它们的连接方式，一看就明白，并可照此安装接线。

常用的几种照明电气接线图与实际接线图的对照见表 1-6。

表 1-6 照明电气接线图与实际接线图的对照

内容	电气接线图	实际接线图
一个开关控制一盏灯	~220电源 单极开关 双极开关	零线 相线

（续）

内容	电气接线图	实际接线图
一个开关控制一盏荧光灯	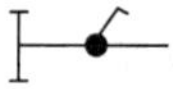	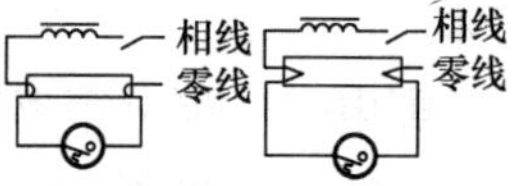 相线 零线　相线 零线
一个开关同时控制两盏灯	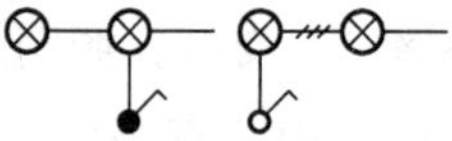	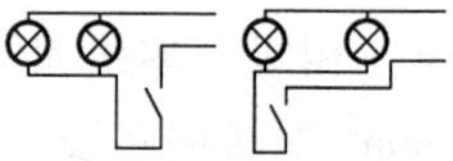
一个开关同时控制两盏灯中加装插座	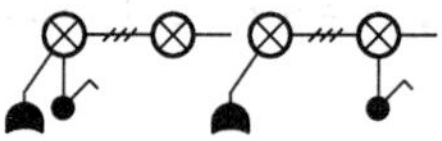	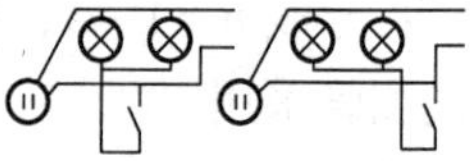
两个开关分别控制两盏灯	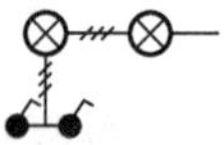	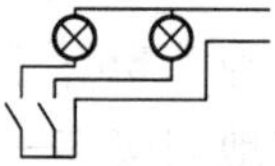
在两处分别控制一盏灯	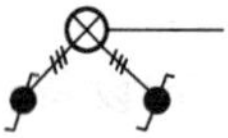	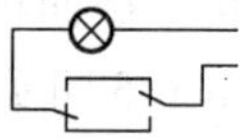
在两处各由一个开关控制两盏灯	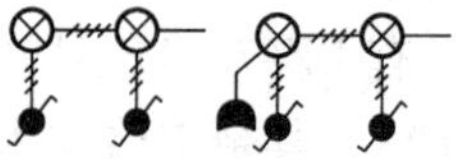	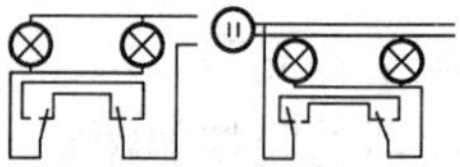
在三处控制同一盏灯	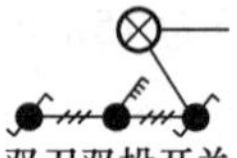 双刀双投开关	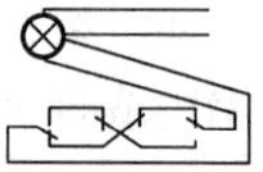

　　某房间照明平面图如图 1-6 所示，对应的实际接线图如图 1-7 所示。

　　由图 1-7 可清楚地看出灯具、吊扇和开关的连接情况，接线盒内接线情况，插座及干、支线进出情况，拱头线连接情况及导线根数。

　　两处控制一盏灯的接线图和平面图，如图 1-8 和图 1-9 所示。

　　图 1-8 是利用两只单刀双投开关（如普通 86 系列照明开关）和三根导线连接成

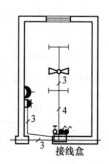

图 1-6　某房间照明平面图

一个回路。该接线方式具有施工方便、安全可靠、线路简单的优点。

图 1-9 是利用两只单刀双投开关控制一盏电灯的同时，在双投开关后面需有 220V 的电源供电的接线方式，如单刀双投开关后端还需要有插座。该接线方式是在图 1-8 的基础上增加一根相线，零线是共用的。该接线方式具有安全可靠、线路简单的优点。

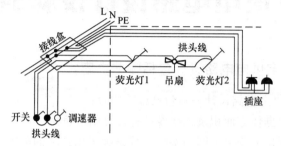

图 1-7　与图对应的实际接线图

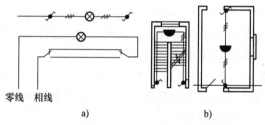

图 1-8　两处控制一盏灯的接线图和平面图
a）接线图　b）平面图

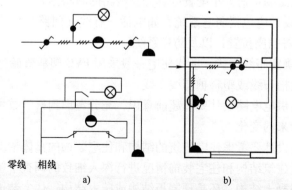

图 1-9　两处控制一盏灯及一处控制一盏灯的接线图和平面图
a）接线图　b）平面图

第二章

▶▶▶▶▶

家庭供电电路设计及材料预算

14. 住宅供电电路设计包括哪些内容?

住宅供电电路设计一般包括以下内容:

1)根据住宅面积及档次设计并计算用电负荷。

2)根据低压电力网的接线系统正确选用住宅的配电系统(如保护接零或保护接地等)。

3)根据住宅空调器、电热水器、电炊具、照明、插座等布置情况,确定分支回路的数量、开关、插座的数量及位置,以及各分支线的导线型号及截面积大小。

4)根据住宅总用电负荷(考虑同期使用率)选择进户线导线型号及截面积大小和电能表的配置,以及总断路器、隔离开关、熔断器等配置(不一定全部配用)。

5)根据漏电保护器具体接线位置,正确选择其型号规格;根据各分支线路的负荷大小配置好各分支线路的断路器等。

6)设计应包括弱电系统,如电话、有线(闭路)电视、计算机(宽带)等插座位置,以及防盗系统。

7)确定布线方式。现代住宅一般采用 PVC 塑料管暗埋布线,也有采用线槽布线或塑料护套线布线。

住宅供电电路设计要有超前意识,充分考虑到科学技术进步给家庭用电带来的变化。

住宅设计要考虑住宅建筑的结构和住宅装饰的具体情况。设计前一定要对建筑结构和住宅装饰情况进行深入细致的调查了解。如住宅是现浇混凝土结构,还是预制板结构或砖木结构;住宅装饰是否采用吊顶、地板;墙面是否装饰处理等。此外,还要掌握装修档次及供电系统情况。只有充分掌握这些情况，才能正确地制定供电电路设计方案和施工方案，保证供电线路施工顺利进行，节省工程材料，并使建筑物不受或少受破坏。

15. 什么是 TN – C 配电系统？

根据国际电工委员会（IEC）标准，将低压电力网的接线系统分为 TT、IT 和 TN 三种。TT 为电力变压器中性点直接接地，用电设备的金属外壳另行接地的系统；IT 为电力变压器中性点不接地或通过阻抗接地，用电设备的金属外壳接地的系统；TN 为电力变压器中性点直接接地，用电设备的金属外壳接中线的接零保护系统。而 TN 系统又分为 TN – C 系统、TN – S 系统和 TN – C – S 系统。

我国住宅最常用的供电系统为 TN – S 系统和 TN – C – S 系统。

在 TN – C 系统中，中性线 N（即工作零线）和保护零线 PE 是合用的（简称 PEN），如图 2-1 所示。图中电源和用电设备是以三相形式画的，而实

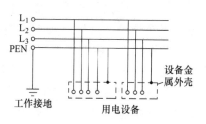

图 2-1　TN – C 配电系统

际供给每个家庭的多数是单相电源（农村动力及个体企业用三相电源）。过去，城市住宅配电普遍使用这种系统。

该配电系统存在的主要问题是：在一般情况下，如选用适当的保护装置和足够的导线截面积，该系统能达到安全要求。但当三相负荷不平衡或仅有单相用电设备时，PEN 线上会有不平衡电流通过，致使设备外壳带上电位，人体触及就有电击的可能。另外，当相线和零线调错或架空线落地及 PEN 断线且三相负荷又不平衡时，均会造成严重的触电事故。

16. 什么是 TN – S 配电系统？

在 TN – S 系统中，保护零线 PE 与中性线 N 是分开的。从电源侧向住宅引入保护零线，设备金属外壳都接在保护零线上，如图 2-2 所

示。该系统又称三相五线制或单相三线制。这种系统可以避免由于干线末端线路、分支线路或主干线的中性线断线引起家用电器群爆的危害。这种系统只有当保护零线断开，并且有一台设备发生相线碰壳时才会发生危险，因此可以大大减少用电设备外壳产生危险电位的可能性。

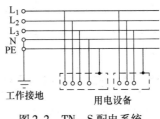

图 2-2 TN–S 配电系统

17. 什么是 TN–C–S 配电系统？

由于 TN–S 系统的不足之处在于，需要两根单独的导线从变压器中性点引至住宅，这样既增加了电路的复杂程度，又增加了导线用量。为此，将 TN–C 与 TN–S 组合，即所谓的 TN–C–S 系统。在 TN–C–S 系统中，保护零线和中性线是部分合用的。即在变压器中性点至进户

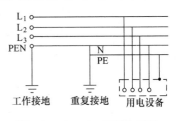

图 2-3 TN–C–S 配电系统

前这一段线路是合用，称 PEN 线，进户后则分成 PE 线和 N 线，如图 2-3 所示。

由于 TN–C–S 系统既具有 TN–S 系统的优点，又较 TN–S 系统少一根进户线，施工较方便，所以我国新建住宅普遍采用这种供电系统。

根据接户线引入方式的不同，TN–C–S 系统的具体做法有以下两种：

1）接户线采用架空线引入，在接户线末端或电能表箱、配电箱处实行重复接地，接地电阻不大于 4Ω，引至接地极的导线采用 $16mm^2$ 的铜导线。对于整座住宅楼或小区住宅，进户线可采用三相四线式，对于单个住宅，进户线采用单相三线式。

2）接户线采用钢带铠装四芯等截面积电力电缆地埋引入，在住宅楼或小区住宅户外，将电缆铠装连同保护钢管做重复接地，接地电

阻不大于4Ω。电缆引入电缆接线箱，分成几路引至各单元集中电能表箱。分路电缆采用非铠装聚氯乙烯绝缘电力电缆，并穿钢管地埋敷设至各单元，钢管与电缆接线箱处的重复接地极焊连，钢管用作保护接零线 PE。

如果住宅楼采取等电位联结（见第285问），则不必重复接地。

18. 典型的两室一厅住宅照明电路是怎样的?

典型的两室一厅住宅照明电路如图 2-4 所示。住宅用电负荷为4~5kW。采用单相三线制，即 TN－C－S 系统。

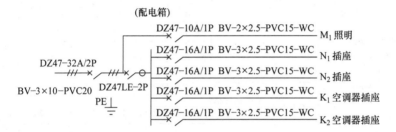

图 2-4　两室一厅住宅照明电路

该供电电路共有 5 个支路，其中一路为照明。照明支路接在漏电保护器之前的好处是，一旦插座回路上的家用电器发生故障，漏电保护器跳闸，住宅内仍可提供照明用电，同时也便于故障处理。该供电电路设有电源总开关（DZ47－32A/2P 型断路器，脱扣电流为 32A）、DZ47LE－2P 型漏电保护器，并有保护零线 PE，所以用电安全性较高。另外，照明支路、插座支路和空调器支路分开，各支路上设有DZ47－10A/1P 型（照明）和 DZ47－16A/1P（插座）型单极断路器，有利于安全用电，也便于故障检修。因为某一路发生电气故障，该路断路器将跳闸，就知道是哪一支路出了问题，查找起来比较容易。同时任一支路发生故障，都不会影响到其他支路的正常用电。由于供电电路导线截面积选得较大（总电源线采用 $3 \times 10mm^2$ 塑料铜芯线，而各支路均采用2.5mm^2 塑料铜芯线），为今后用电负荷的增大留足了裕量。

引入住宅配电箱的导线有相线、零线和保护接零线，均采用 BV – 10mm² 塑料铜芯线，穿直径为 20mm 的 PVC 塑料管，所有分支线均穿过直径为 15mm 的 PVC 塑料管。PVC 塑料管敷于墙内或现浇楼板内。

19. 典型的三室一厅住宅照明电路是怎样的？

典型的三室一厅住宅照明电路如图 2-5 所示。住宅用电负荷为 5kW ~ 6kW。采用单相三线制，即 TN – C – S 系统。

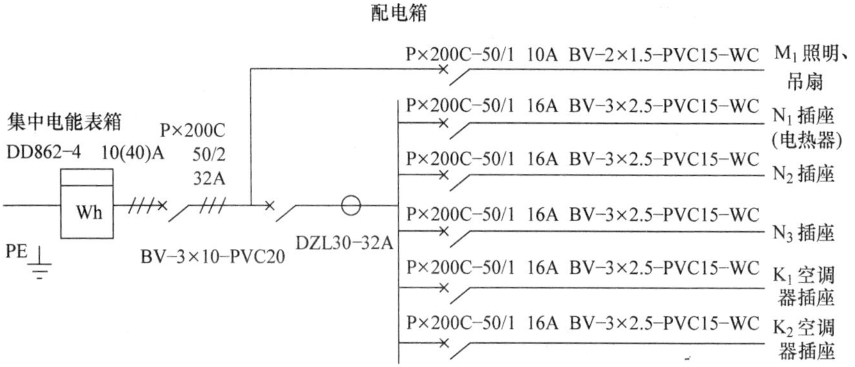

图 2-5　三室一厅住宅照明电路

该供电电路设有电源总开关（P×200C – 50/2 型双极断路器，脱扣电流为 32A）、DZL30 – 32A 型漏电保护器，并有保护零线 PE。供电电路共有 6 个支路，各支路均采用 P×200C – 50/1 型单极断路器，照明、吊扇的脱扣电流为 10A；其他支路均为 16A。

引入住宅配电箱的导线（相线、零线和保护接零线）均采用 BV – 10mm² 塑料铜芯线，穿直径为 20mm 的 PVC 塑料管，所有分支线均穿过直径为 15mm 的 PVC 塑料管，PVC 塑料管均暗埋。电能表选用 DD862 – 4 型 10（40）A。该电路的优点与图 2-4 相同。

20. 典型的三室两厅住宅照明电路是怎样的？

典型的三室两厅住宅照明电路如图 2-6 所示。住宅用电负荷为 6 ~ 7kW。采用 TN – C – S 系统。

该供电电路的总电源开关为一只 HY122 - 63A/2P 型、模数化双极 63A 隔离开关，总电源处不设漏电保护器，有保护接零线 PE。供电电路共有 9 个支路。其中有两路用于照明。这样设计的好处是，一旦有一路照明发生故障，另一路能提供照明用电，从而保证供电和便于故障处理。照明支路均采用 DZ30 - 10A/2P 型双极或 1P 型单极 10A 断路器［采用单极时零线（N 线）直通插座］；空调器插座支路均采用 DZ30 - 60A/2P 型双极断路器；其他插座支路均采用 DZ32L - 40 型漏电断路器。这样做基于以下两点考虑：

1）可以防止支路漏电引起总电源处漏电保护器跳闸，而导致整座住宅断电。

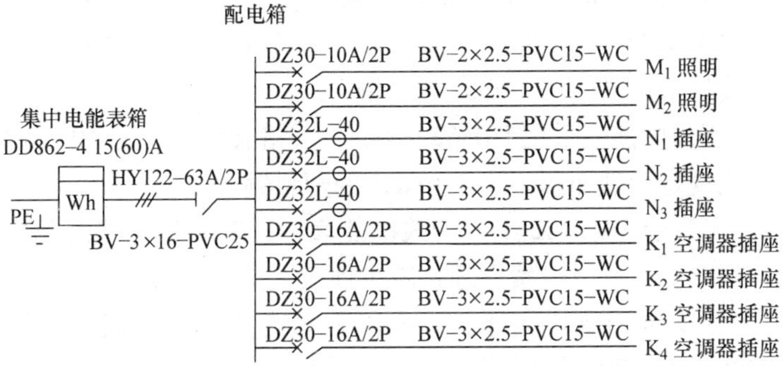

图 2-6　三室两厅住宅照明电路

2）住宅面积越大，供电支路越多，各支路漏电电流之和也就越大，容易超过 30mA。如果将漏电保护器装设于总电源电路上，要将其安全动作电流调整到 30mA 有时是不可能的。虽然调大漏电保护器的动作电流可以避免其"误动作"，但这样做不安全。如果将漏电保护器装设于支路上，就不存在此问题。

由于空调器全部采用壁挂式，所以空调器支路不设漏电保护器。如果客厅要采用柜式空调器，则该支路应装设漏电保护器。

引入住宅配电箱的导线（相线、零线和保护接零线）均采用 BV - 16mm² 塑料铜芯线，穿直径为 25mm 的 PVC 塑料管；所有分支线均采用 BV - 2.5mm² 塑料铜芯线（如果有立式空调，则采用 4mm²

塑料铜芯线），均穿直径为 15mm 的 PVC 塑料管暗埋。电能表选用 DD862 – 4 型 15 （60） A。

图中，空调器、插座等断路器一般都采用 1P 型单极式，零线 （N 线）经漏电保护器后直通插座。

该供电电路导线较粗，这样做可为今后家庭用电负荷的增加留足裕量。

21. 96 民居工程住宅照明电路有哪些特点？

国家制定的 96 民居工程住宅供电电路有以下特点：

1）将照明、空调器及其他用电插座按三路设计。

2）为确保用电安全协调保护，保护装置分别采用 TSN – 32 型双极断路器和 TSML – 32 型漏电保护器（额定电流均为 32A），户内各支路导线均采用 BV – 2.5mm^2 塑料铜芯线。

3）用户电能表采用 DD862 – 4 型，规格有 5 （20）、10 （40） A。表前进线规定为截面积不小于 6mm^2 的塑料铜芯线。

4）可安装 DDY102 型磁卡式电能表，以实现先付费后用电，避免逃、拖电费，利于电费管理，减少抄表人员。

5）为安全用电协调保护，电能表箱内用户电能表后不设断路器，改装 TSH – 32 型双极隔离开关。

22. 家庭电气装修需要考虑哪些重要问题？

家庭电气装修需要考虑家庭人口的增加及用电量增加等，不至于为今后用电带来麻烦。

1）为新增人口留余地。一般家庭一次装修后通常将使用 10 余年甚至更长时间。在这段时间内，人口可能发生变化。尤其是对目前尚没有小孩的年轻夫妻，一定要提前为孩子和老人留出空间和提供用电环境。

2）为新增电器留足导线截面积和插座数量。随着家庭用电量的增加和科技的进步，新型家用电器层出不穷。因此在设计、安装布线时，需留足裕量，避免今后出现明线、接线板满天飞的景象，这不仅影响美观，也给家庭用电带来安全隐患。

3）为插座留好位置。必须留足足够的插座，以方便用电。在电路改造前，要有一个较为准确的电气平面布置方案，提前考虑好家具、电器的位置和尺寸，然后进行插座位置的确定。如不能确定家具的尺寸，就靠墙边留，但最好在离墙边40cm以内，30cm左右为宜。厨房、书房（带计算机）和电视机旁的插座数量尤其要配备好。

4）为味道留个出口。对于楼房尤其是高层建筑来说，厨房的烟道和卫生间的排风道必须要安装止逆阀。如果不提前安装好，就可能出现家中油烟倒灌，烟气串味的苦恼问题。

5）合理布置好弱电线路。宽带网线、电话、光纤在每个需要的房间和位置都要接通。尤其在电视机旁、计算机旁必须敷设。防盗、报警及监控线路能暗敷的尽量暗敷，以求美观。

另外，对于水道来说，装修时必须考虑防渗漏和污浊气味窜入房间的问题。卫生间、浴室必须做好防渗漏处理，以免水通过地面缝隙及门口缝隙渗漏到楼下住户和自家地坪下；污水管等必须有积水弯头。贴瓷砖前需做好通水试验。

23. 怎样确定户内分支线路的数量和导线截面积？

分支线路数量的设计应符合以下要求：

1）照明支路应与插座支路分开。这样做的目的有两个：一个是各自支路出现故障时不会相互影响；另一个是有利于故障原因的分析和检修。比如，当照明支路发生故障时，可以用插座接上台灯进行检修，而不会使整个房间内"黑灯瞎火"。

2）对于空调器、电热器、电炊具、电热淋浴器等耗电量较大的电器，应单独从配电箱引出支路供电。支路铜导线截面积根据空调器实际决定，一般为$2.5 \sim 4mm^2$。

3）$2 \sim 3kW$用电器，导线截面积取$4mm^2$，插座需用$20 \sim 25A$的（以3匹空调器为例）。

4）$1.5kW$用电器，导线截面积取$2.5mm^2$，插座需用$16A$的（以2匹空调器为例）。

5）$1kW$及以下用电器，导线截面积取$1.5mm^2$，插座需用$10A$的。

6）照明支路最大负荷电流应不超过 15A，各支路的出线口（一个灯头、一个插座都算一个出线口）应在 16 个以内。如每个出线口的最大负荷电流在 10A 以下，则每个支路出线口的数量可增加到 25 个。

7）照明回路的导线截面积取 1~1.5mm²，灯头用导线的截面积为 0.5mm²（多股线）。

8）如果采用三相五线制供电，支路负荷分配应尽量使三相平衡。

9）当插座、灯具使用数量超过 20 只时，应增加回路。

24. 怎样计算户内分支线的用电负荷？

住宅用电负荷与各分支线路负荷密切有关。线路负荷的类型不同，其负荷电流的计算方法也不同。线路负荷一般可分为纯电阻负荷和感性负荷两类。

1）纯电阻性负荷。如白炽灯、电加热器等，其电流可按下式计算：

$$I = \frac{P}{U}$$

式中　I——负荷电流（A）；

　　　P——负荷功率（W）；

　　　U——电源电压（V）。

2）感性负荷。如荧光灯、电视机、洗衣机等，其负荷电流可按下式计算：

$$I = \frac{P}{U\cos\varphi}$$

式中　I——负荷电流（A）；

　　　U——电源电压（V）；

　　　P——负荷功率（W）；

　　　$\cos\varphi$——功率因数。

需要说明的是，公式中的 P 是指整个用电器具的负荷功率，而不是其中某一部分的负荷功率。如荧光灯的负荷功率等于灯管的额定功率与镇流器消耗功率之和。

对于电动机，还要考虑其机械效率 η。因此，单相电动机负荷电流的计算公式为

$$I = \frac{P}{U\eta\cos\varphi}$$

式中　U——电源电压（220V）；

　　　I——负荷电流；

　　　P——电动机额定功率；

　　　η——机械效率，0.55～0.75；

　$\cos\varphi$——功率因数，0.5～0.8。

三相电动机负荷电流的计算公式为

$$I = \frac{P}{\sqrt{3}U\eta\cos\varphi}$$

式中　U——电源线电压（380V）；

　　　I——负荷电流；

　　　P——电动机额定功率；

　　　η——机械效率，0.7～0.9；

　$\cos\varphi$——功率因数，0.7～0.9。

【例1】　有一盏40W荧光灯，额定电压为220V，求正常工作时通过它的电流是多少？

解：40W荧光灯镇流器消耗的功率为8W，故负荷的功率为

$$P = 40W + 8W = 48W$$

40W荧光灯的 $\cos\varphi = 0.53$（见表3），则正常工作时通过它的电流为

$$I = \frac{P}{U\cos\varphi} = \frac{48}{220 \times 0.52}A = 0.41A$$

【例2】　有一台单相电动吹风机，功率为736W，额定电压为220V，已知功率因数 $\cos\varphi$ 为0.75，机械效率 η 为0.86。求该吹风机正常工作时，自由源吸取的电流是多少？

解：吹风机自电源吸取的电流为

$$I = \frac{P}{U\eta\cos\varphi} = \frac{736}{220 \times 0.86 \times 0.75}A = 5.2A$$

25. 各种家用电器的耗电量是多少？

荧光灯的耗电量等参数见表 2-1；常用家用电器的耗电量等参数见表 2-2。

表 2-1　各种荧光灯的耗电量、额定电流及功率因数

灯管型号	灯管耗电量/W	镇流器耗电量/W	总耗电量/W	额定电流/A	功率因数（cosφ）	寿命/h
YZ6RR	6	4	10	0.14	0.33	≥2000
YZ8RR	8	4	12	0.15	0.36	≥2000
YZ15RR	15	7.5	22.5	0.33	0.31	≥5000
YZ20RR	20	8	28	0.35	0.36	≥5000
YZ30RR	30	8	38	0.36	0.48	≥5000
YZ40RR	40	8	48	0.41	0.53	≥5000

表 2-2　常用家用电器的耗电量、频定电流及功率因数

家用电器名称	功率/W	额定电流/A	功率因数（cosφ）
彩色电视机（74cm）	100~168	0.65~1.09	0.7~0.9
电冰箱、电冰柜	135~200	2.04~3.03	0.3~0.4
洗衣机	350~420	2.65~3.82	0.5~0.6（ηcosφ）
电磁灶	1900（最大）	0.64	1
电熨斗	500~1000	2.27~4.54	1
电热毯	20~100	0.09~0.45	1
电吹风机	350~550	1.59~2.5	1
电水壶	1500~1950	6.82~8.86	1
电热杯	300	1.36	1
电暖器	1500	6.8	1
消毒柜	290	1.32	1
电烤箱	600~1200	2.73~5.45	1
微波炉	950~1400	4.32~6.36	1
电饭煲	300~500	1.36~2.27	1
电炒锅	1000~1500	4.55~6.82	1
吊扇（1200mm）	75	0.38	0.9
电热水器	2000~3000	9.1~13.64	1
速热器	1000~3000	4.55~13.64	1
油汀	1500（7片）、2000（10片）	8.5、11.4	1
音响设备	150~200	0.85~1.14	0.7~0.9
吸尘器	400~800	2.1~3.9	0.94
浴霸	1185	5.39	1
抽油烟机	120~200	0.6~1.0	0.9
排气扇	40	0.2	0.9
空调器	冷 900~1280	5.1~6.5	0.7~0.9
	热 800~1240	3.64~5.64	1

26. 怎样计算家庭总负荷电流？

通过住宅用电负荷计算，可为设计住宅电路提供依据，也可以验算已安装的电气设备的规格是否符合安全要求。

家庭用电总负荷电流不等于所有用电设备的电流之和，而是应考虑这些用电设备的同期使用率（或称同期系统）。

住宅总负荷电流可按以下公式计算。

（1）公式一

$$I_{\Sigma} = \Sigma I_m + K_c I$$

式中　I_{Σ}——家庭总负荷电流（A）；

ΣI_m——可能同时投入使用的用电量最大的几台家用电器的额定电流（A）（用电量最大的家用电器通常指空调器、电热水器、厨房电热炊具、取暖器等，小户家庭可取 2 台，大户家庭取 3~5 台）；

K_c——同期使用系数，可取 0.2~0.4（家用电器越多、住宅面积越大、人口越少，此值越小，反之，此值越大）；

I——除了所有用电量最大的家用电器外的其余家用电器的额定电流之和（A）。

为了确保安全可靠，电气设备的额定工作电流应大于 1.5~2 倍的总负荷电流。

（2）公式二

当验算所设计的家庭电气设备（如电能表、断路器、导线等）是否符合安全要求，或选用电气设备时，可按下式计算：

$$I_{\Sigma} = \Sigma I_m + K_c I + I'$$

式中　I'——考虑家庭今后新增的并可能同时使用的家用电器额定电流（A）；

其他符号同前。

（3）公式三

$$P_{js} = K_c P_{\Sigma}$$

$$I_{js} = \frac{P_{js}}{220\cos\varphi}$$

式中 P_{js}——住宅用电计算负荷（W）；

$\quad\quad I_{js}$——住宅用电计算电流（A）；

$\quad\quad P_{\Sigma}$——所有家用电器额定功率总和（W）；

$\quad\quad \cos\varphi$——平均功率因数，一般取0.8~0.9；

$\quad\quad K_c$——同期系数，可取0.4~0.6。

计算住宅用电负荷时必须考虑家庭用电负荷的发展，留有足够的裕量。否则，会给家庭今后安全用电带来麻烦。特别是暗敷的导线若取得没有余裕，翻工起来会损坏装修好的房子，造成重大的损失。

27. 怎样根据住宅档次计算用电负荷?

根据我国目前的居住条件，一般把住宅分为4个档次：一档为别墅式二层住宅；二档为高级公寓；三档为 $80m^2$ ~ $120m^2$ 住宅；四档为 $50m^2$ ~ $80m^2$ 住宅。住宅档次在一定程度上代表了消费档次和家庭实际收入的差别，从而也决定了用电设备配置方面的差别。表2-3列出了不同住宅档次用电设备的数量，表2-4列出了不同档次住宅的计算负荷。

表2-3　小康型住宅每户家庭拥有的家用电器

家用电器名称	一档住宅		二档住宅		三档住宅		四档住宅	
	台数	容量/W	台数	容量/W	台数	容量/W	台数	容量/W
彩色电视机	3	300	2	200	2	200	1	100
组合音响	2	300	2	300	2	300	1	200
电冰箱	2	240	2	240	1	140	1	140
洗衣机	1	350	1	350	1	350	1	350
电风扇	1	60	1	60	1	60	1	60
电熨斗	1	500	1	500	8	500	1	500
灯具	16	640	10	400	1	320	5	200
电饭煲	1	700	1	700	1	700	1	700
吸尘器	1	600	1	600	1	600	1	600
录像机	1	50	1	50	1	50	1	50
电炒锅	1	900	1	900	1	900	—	—

（续）

家用电器名称	一档住宅		二档住宅		三档住宅		四档住宅	
	台数	容量/W	台数	容量/W	台数	容量/W	台数	容量/W
电烤箱	1	650	1	650	1	650	—	—
微波炉	1	950	1	950	1	950	—	—
通风机	1	100	1	100	1	100	1	100
电热水瓶	2	1400	1	700	1	700	—	—
电淋浴器	2	2800	1	1400	1	1400	1	1400
空调器	3	4500	2	3000	1	1500	—	—
计算机	1	350	1	350	1	350	—	—
合计（P_Σ）		15390		11450		9770		4400

表 2-4　各类住宅用电的计算负荷

住宅类别	一档住宅	二档住宅	三档住宅	四档住宅
计算负荷/kW	7.7	5.7	4.9	2.2

注：表中数值按同期系数 $K_c = 0.5$ 计算出。

由表 2-3 可见，对于一档住宅，用电负荷为 15390W，取平均功率因数 $\cos\varphi = 0.85$、同期系数 $K_c = 0.5$，则计算负荷为 7695W，计算电流约为 41A。所以可选用 DD862 - 4 型 20（80）A 电能表，进户线采用 BV - 3 × 25mm² 型导线。对于二档住宅，用电负荷为 11450W，取 $\cos\varphi = 0.85$、$K_c = 0.5$，则计算负荷为 5725W，计算电流约为 31A。所以可选用 DD862 - 4 型 15（60）A 电能表，进户线采用 BV - 3 × 16mm² 型导线。对于三档住宅，用电负荷为 9770W，取 $\cos\varphi = 0.85$、$K_c = 0.5$，则计算负荷为 4885W，计算电流约为 26A。所以可选用 DD862 - 4 型 15（60）A 电能表，进户线采用 BV - 3 × 16mm² 型导线。对于四档住宅，用电负荷为 4400W，取 $\cos\varphi = 0.85$、$K_c = 0.5$，则计算负荷为 2200W，计算电流约为 12A。所以可选用 DD862 - 4 型 10（40）A 电能表，进户线采用 BV - 3 × 10mm² 型导线。

【例3】 某住宅用电设备数量和容量如表 2-3 中三档住宅所列，求该住宅的用电负荷。

解：由表 2-3 算得的该住宅家用电器额定功率总和 $P_\Sigma = 9770W$，

取平均功率因数 $\cos\varphi = 0.85$，取同期系数 $K_c = 0.5$，则计算负荷为

$$P_{js} = K_c P_\Sigma = 0.5 \times 9770W = 4885W$$

计算电流为

$$I_{js} = \frac{P_{js}}{220\cos\varphi} = \frac{4885}{220 \times 0.85}A = 26A$$

28. 怎样根据户型选择电气设备？

根据我国居住条件情况，对于居住面积为 $60m^2 \sim 180m^2$ 的两室一厅、两室两厅、三室两厅和四室两厅等住宅，也可参考表 2-5 的标准进行设计。

表 2-5　不同户型用电负荷标准及电气设备选择

住宅户型	建筑面积 /m²	用电负荷标准/kW	空调器数	主开关额定电流/A	电能表容量/A	进户线规格/mm²
四室两厅	100 ~ 140	7	3	40	15（60）	BV - 3 × 16
三室两厅	85 ~ 100	6	3	32	15（60）	BV - 3 × 10
两室两厅	70 ~ 85	5	2	25	10（40）	BV - 3 × 6
两室一厅	55 ~ 65	4	1	20	10（40）	BV - 3 × 6

表中的主开关可采用 PX200C - 50/2 型低压断路器或 HL30 - 100A/2P 型隔离开关。

高档小区住宅用电负荷较大，这类住宅大致可分为 A、B、C、D 四类。根据各类住宅用电器具的容量，可计算出它们的用电负荷，见表 2-6。

表 2-6　高档小区住宅负荷估算值

类别	住宅类别	各种电器用电估计/kW					住宅负荷 /kW
		照明	空调器	电炊具	电热器	其余家电	
A	二层别墅式，复式楼	1	4.5	4.5	3	3	16
B	高级住宅	0.6	4	4	2	2.8	13.4
C	120m² 以上住宅	0.5	3.5	3.5	1.5	2.5	11.5
D	80 ~ 120m² 住宅	0.2	1	1.7	0.8	2.2	5.9

取同期系数 $K_c = 0.5$，住宅电路的平均功率因数 $\cos\varphi = 0.85$，则分别计算出 A、B、C、D 四类住宅的计算负荷和计算电流，见表2-7。

表2-7 高档小区各类住宅计算负荷和计算电流

住宅类别	计算负荷/kW	计算电流/A
A	8	42.78
B	6.7	35.82
C	5.75	30.74
D	2.95	15.78

注：当实际用电容量大于 8kW 时，应考虑采用三相五线制配电。

29. 怎样设置住宅电源插座？

住宅电源插座的设置需考虑用电的方便及今后家用电器可能增加的因素与家用电器的摆放位置。住宅电源插座的设置数量见表2-8。

表2-8 住宅电源插座的设置数量

部位	国际规定设置数量（下限值）	建议值
卧室、起居室（厅）	一个单相三极和一个单相二极的组合插座两组	1. 设置单相二极和单相三极组合插座 3~5 组 2. 每个房间应设置一个空调器专用插座，起居室应设置 15A 的空调器插座
厨房、卫生间	防溅水型一个单相三极和一个单相二极的组合插座一组	1. 厨房设单相二极和单相三极组合插座及单相三极带开关插座各一组，并在抽油烟机上部设一单相三极插座 2. 卫生间增设一带开关的单相三极插座，有洗衣机的卫生间应增设一带开关的单相三极插座。卫生间插座应采用防溅式
放置洗衣机、电冰箱、排气机械和空调器等处	专用单相三极插座一个	同国标

30. 对室内照度有什么要求？

人们工作一天，到了晚上，大部分时间是在家里活动。照明质量的优劣，直接影响人的情绪、视力健康、活动范围、舒适感等。人们对照明及灯具的要求包括：合理的照度、光源光色和灯具在家庭布置的协调性与美观。

照度以勒克斯为单位，表示受照体表面接受光线的数量（光通量）。1 勒克斯等于 1 平方米面积上均匀接受 1 流明的光通量。照度用符号 lx 表示，光通量用符号 lm 表示。

我国住宅照明照度标准见表 2-9。

表 2-9　居住建筑照明照度标准值

房间或场所		参考平面及其高度	照度标准值/lx	R_a
起居室	一般活动	0.75m 水平面	100	80
	书写、阅读		300①	
卧室	一般活动	0.75m 水平面	75	80
	床头、阅读		150①	
餐厅		0.75m 餐桌面	150	80
厨房	一般活动	0.75m 水平面	100	80
	操作台	台面	150①	
卫生间		0.75m 水平面	100	80

① 宜用混合照明。

家庭常用的白炽灯和荧光灯在不同情况下的照度见表 2-10。

表 2-10　照明灯在不同情况下的照度

灯种与功率		灯罩	不同距离时的照度/lx			
			0.5m	0.75m	1m	1.25m
白炽灯	25W	无罩	36	19	11	7
		有罩	48	46	24.5	15
	40W	无罩	107	49	29	21
		有罩	200	96	57	39
	60W	无罩	176	82	50	32
		有罩	342	160	95	62
荧光灯	8W	有罩	200	95	57	34
	20W	有罩	440	225	160	94
	30W	有罩	680	380	255	170
	40W	有罩	782	470	298	220

31. 家庭常用的光源有哪些?

家庭常用的电光源主要是白炽灯、荧光灯和 LED 灯。荧光灯中包括直管荧光灯、U 形管与圆（环）形管荧光灯、T5 系列荧光灯、T8 系列三基色荧光灯，以及电子节能荧光灯等。近年来，由于技术的进步，LED 灯因其独特的性能和节能效果，已逐渐成为家庭用电光源的主流。

(1) 白炽灯

它靠钨丝（灯丝）通过电流产生高温，从而引起热辐射发光。白炽灯结构简单，具有价格低廉、使用方便、显色性能好等优点，因此在家庭中被广泛使用。白炽灯的缺点是发光效率（单位电功率产生的光通量）低，使用寿命也较短，且不耐振动。

白炽灯主要分卡口（插口）式和螺口式两种：卡口式灯泡功率较小；螺口式灯泡功率较大。

白炽灯功率有 15W、25W、40W、60W、100W、150W、200W 等，常用的有 25～100W。

由于白炽灯光效低，能耗高，已被各国所淘汰。如欧盟 2009 年就开始禁止生产白炽灯，2009 年以前在个人家庭中逐步淘汰白炽灯，由节能灯取代。我国于 2016 年 11 月止禁售 15W 以上的白炽灯，并最终淘汰所有的白炽灯。

(2) 荧光灯

荧光灯又称日光灯，它利用汞（水银）蒸气在外加电压作用下产生弧光放电，发出少许可见光和大量的紫外线，这些紫外线再激励灯管内壁涂覆的荧光粉，又发出大量的可见光。荧光灯的优点是发光效率比白炽灯高得多、节电、寿命也较长；缺点是结构复杂、附件多、价格贵、出了毛病检修较麻烦，而且显色性较差、普通荧光灯有频闪效应（即灯光随着电源的周期性变化而频繁闪烁，每分钟闪 100 次），容易使人眼发生错觉。

电子镇流器式荧光灯，具有节能、不需辉光启动器、启动快、天气冷及电压低（＜160V）都能正常启动的特点。其种类有无源型、有源型，无电磁兼容型和有电磁兼容型等。

无源型电子镇流器式荧光灯，其波峰系数指标较差，但价格较低，性能较好，因而在家庭中广泛使用。

直管荧光灯功率有 4W、6W、8W、10W、12W、15W、20W、30W、40W、85W 等，常用的有 15W~40W；U 形管和圆形管荧光灯功率有 15W、20W、30W、40W；T5 系列荧光灯功率有 4W、6W、8W、13W、32W；T8 系列三基色荧光灯功率有 18W、36W；电子节能荧光灯功率有 5W、7W、11W、15W、20W、23W。

(3) LED 灯

LED 灯，即半导体节能灯，是一种廉价的发光二极管（LED）灯泡。这种灯的照明效率是传统钨丝灯泡的 12 倍，是荧光低能耗灯管的 3 倍。

LED 灯可以持续点燃 10 万小时，比节能灯的使用寿命长 10 倍，同时无频闪。由于灯泡内不含汞，所以在废物处理时不会破坏自然环境。

LED 灯也有发光角度小、光色过于刺眼等缺点。

LED 灯的优缺点及适用场所见表 2-11。

表 2-11　LED 灯的优缺点及适用场所

适用场所	优点	缺点	发光原理
1. 家庭、宾馆、商场、超市、办公场所、学校 2. 停车场、仓库、工厂、通道、走廊 3. 景观带、广告箱体等	1. 节能，能耗为白炽灯的 1/10，为节能灯的 1/4 2. 环保，无有害气体和外壳玻璃被碎担忧 3. 发光效率高 4. 寿命长 5. 无频闪，眩光小 6. 显色性好 7. 耐振 8. 启动快 9. 能在 -40~50℃环境温度下正常工作 10. 能在电压很大波动下正常工作 11. 功率因数高，线损小	1. 光源集中，发光角度很小 2. LED 灯饰照明光色过于刺眼 3. 其整体照明质量不高 4. 虽 LED 寿命很长，但做成灯饰，在高温和封闭的环境下寿命会急剧降低 5. LED 单管功率小，需集合组装用 说明：采用乳白色灯罩虽降低了亮度，但克服了上述 2、3 点的缺点	LED 主要由 PN 结芯片、电极和光学系统组成，是一种电致发光光源。PN 结芯片在加正向直流电压时，电子和空穴分别流向 P 区和 N 区。在 P-N 结处，电子和空穴相遇、复合，进而发光

32. 常用照明光源的主要特性如何?

国产常用照明光源的种类和主要特性比较见表2-12。

表2-12　国产常用照明光源的种类和主要特性比较

特性 \ 光源名称	白炽灯	荧光灯	高压荧光汞灯(外镇式)	高压钠灯	金属卤化物灯	低压钠灯	卤钨灯	管形氙灯	LED灯
额定功率范围/W	10~1000	6~125	50~1000	50~1000	400~1000	18~180	500~2000	1500~100000	0.5~180①
光效/(lm/W)	10~18	25~67	30~50	90~100	60~80	75~150	19.5~21	20~37	>80
平均寿命/h	1000	2000~3000	2500~5000	3000	2000	2000~5000	1500	500~1000	>20000
一般显色指数R_a	95~99	70~80	30~40	20~25	65~85	很差(黄色单色光)	95~99	90~94	>85
色温/K	2700~2900	2700~6500	5500	2000~2400	5000~6500	—	2900~3200	5500~6000	3000~10000
启动稳定时间	瞬时	1~3s	4~8min	15min	4~8min	8~10min	瞬时	1~2s	瞬时
再启动时间	瞬时	瞬时	5~10min	10~20min(内触发)	10~15min	>15min	瞬时	瞬时	瞬时
功率因数$\cos\varphi$	1	0.32~0.7	0.44~0.67	0.44	0.4~0.61	0.6	1	0.4~0.9	≥0.9
频闪效应	不明显	明显	明显	明显	明显	明显	明显	明显	不明显
表面亮度	大	大	较大	较大	大	较大	大	大	大
电压变化对光通的影响	大	较大	较大	大	较大	大	大	较大	较小
环境温度对光通的影响	小	大	较小	较小	较小	小	小	小	小
耐振性能	较差	较好	好	较好	好	较好	差	好	特好
所需附件	无	镇流器启辉器	镇流器	镇流器	镇流器触发器	漏磁变压器	无	镇流器触发器	电子整流器

注:LED单管功率为0.06~4W,可集合组装成各种功率的灯具。家庭常用3~25W。

33. 常用 LED 灯有哪些技术参数?

几种 LED 灯的技术参数见表 2-13;常用 LED 灯的技术数据见表 2-14;常用 LED E27 灯泡的主要参数见表 2-15。

表 2-13 几种 LED 灯的技术参数

参数名称	LED 明装筒灯	LED 泛光灯	LED 球泡灯
灯具功率/W	30	5、50、100	3、5、11
防护等级	IP50	IP65	IP20
输入电压/V	AC220 (使用范围 90~305)	同左	同左
防触电保护等级	Classl	同左	同左
频率/Hz	50/60 (使用范围 47~63)	同左	同左
发光角度 (°)	100	100	180
灯具光效/lm/W	>80	>80	>80
功率因数	>0.95	>0.95	>0.95
总谐波电流	<20%	<20%	<20%
光源色温/K	2700~6000 可选	2700~6000 可选	2700~6000 可选
结温 T_j/℃	<75	<75	<75
显色指数 Ra	>70	>70	>70
使用寿命/h	>30000	>50000	>50000
工作环境温度/℃	-35~45	-35~45	-35~45

表 2-14 常用 LED 灯技术数据

型号	电源/V	LED 颗数/个	色温/K	光通量/lm	功率/W	发光角度 (°)	类型
DTL045 - C	AC85~264	36	3000~5000	2800	45	135	隧道灯
DTL065 - C		54		4300	65		
DTL100 - C		72		6700	100		
DST045 - C/W - /Y	AC85~264	36	3000~5000	2500	45	130	小区灯
DST055 - D/W - /Y		48		3400	55		
DST065 - C/W - /Y		54		3800	65		

（续）

型号	电源/V	LED 颗数/个	色温/K	光通量/lm	功率/W	发光角度（°）	类型
DRL004 – B	AC100 ~ 240	20	3800 ~ 6000	100	4	140	嵌入灯
DRL006 – B		40		230	8		
DRL015 – C		120		550	15		
DCL003 – B	AC100 ~ 240	20	3800 ~ 6000	100	3	140	筒灯
DCL006 – B		40		230	6		
DCL015 – D		60		700	15		
DPA015 – C	AC110 ~ 240	24	3800 ~ 6000	600	15	140	层板灯
DPA024 – C		36		950	24		
DPA030 – C		48		1300	30		
DMR003 – C	AC/DC 12	3	3800 ~ 6000	250	3、5	30、60	平面射灯
DMR003 – E	AC10 ~ 240	1		130		6	
DMR003 – K		3		250		45、60、130	
DMR003 – C	AC100 ~ 240	1	3800 ~ 6000	130	3.5	45	球面射灯
DAD007 – A	AC100 ~ 240	5	3800 ~ 6000	400	7	30、45、60	PAR 射灯
DAD010 – B		7		600	10		
DAD015 – A		12		1000	15		
DCL004 – C	AC100 ~ 240	3	38000 ~ 6000	240	4	150	球泡灯
DCL006 – D		5		380	6		
DCL008 – A		6		420	8		
DCL004 – H	AC100 ~ 240	3	3800 ~ 6000	165	4	150	蜡烛灯
DGL050	AC100 ~ 240	360	4200 ~ 6500	2000	45	120	格栅灯
DLA101	AC100 ~ 220	2	RGB	—	8	360	草坪灯
DLA201		3			12		
DLA301		1			6		

注：德士达光电照明科技有限公司生产。

表 2-15　常用 LED E27 灯泡的主要参数

型号	LED 颗数	发光效果	灯泡颜色	功率/W	尺寸/mm	电压/V
LBB – B02 – 220V – E27 – LED19 – 01 LBB – B02 – 110V – E27 – LED19 – 01	19	变色	红、绿、蓝	2		
LBB – B02 – 220V – E27 – LED12 – 01 LBB – B02 – 110V – E27 – LED12 – 01	12	单色	红、绿、蓝、黄	1	φ58 × H102	220/110
LBB – B02 – 220V – E27 – LED7 – 01 LBB – B02 – 110V – E27 – LED7 – 01	7	单色	红、绿、蓝、黄	0.5		
LBB – B02 – 220V – E27 – LED19 – 02 LBB – B02 – 110V – E27 – LED19 – 02	19	变色	红、绿、蓝	2		
LBB – B02 – 220V – E27 – LED12 – 02 LBB – B02 – 110V – E27 – LED12 – 02	12	单色	红、绿、蓝、黄	1	φ58 × H104	220/110
LBB – B02 – 220V – E27 – LED7 – 02 LBB – B02 – 110V – E27 – LED7 – 02	7	单色	红、绿、蓝、黄	0.5		
LBB – B02 – 220V – E27 – LED19 – 03 LBB – B02 – 110V – E27 – LED19　03	19	变色	红、绿、蓝	2		
LBB – B02 – 220V – E27 – LED12 – 03 LBB – B02 – 110V – E27 – LED12 – 03	12	单色	红、绿、蓝、黄	1	φ58 × H95	220/110
LBB – B02 – 220V – E27 – LED7 – 03 LBB – B02 – 110V – E27 – LED7 – 03	7	单色	红、绿、蓝、黄	0.5		
LBB – B02 – 220V – E27 – LED18 – 07 LBB – B02 – 110V – E27 – LED18 – 07	19	变色	红、绿、蓝	2	φ100 × H144	220/110
LBB – B02 – 220V – E27 – LED18 – 08 LBB – B02 – 110V – E27 – LED18 – 08	18	变色	红、绿、蓝	2		

34. 光色、照度和色温对人的心理有什么作用？

(1) 光色

不同电光源发出的光颜色是不相同的，为了评判在灯光下观看某物体的颜色与在白天日光下观看该物体颜色的差别程度，我们使用了光源的显色性，即显色系数 Ra 这一概念。在住宅照明中，Ra 值应在 80 左右。当然，不同光色还对人的心理也产生不同作用，这在布置家庭照明时也应加以考虑。不同光色对人的心理作用见表 2-16。

表 2-16　不同光色对人的心理作用

光色	心理作用
红、橙、黄、棕	暖色，有温暖感、柔软感
蓝、绿、青	冷色，有寒冷感、光滑感，有宁静作用
红、橙	有兴奋作用
紫	有抑制作用
黄、桃红、玫瑰红	有刺激作用，利于肌肉活动
橘黄	有舒适感，利于消化

作为家庭照明最常用的光源——白炽灯、荧光灯和 LED 灯，它们的特性比较见表 2-17。

表 2-17　白炽灯、荧光灯和 LED 灯特性比较

参数	白炽灯	荧光灯	LED 灯
发光效率/（lm/W）	10 ~ 18	25 ~ 67	>80
光色	偏红、暖色	偏青白、冷色	冷色、暖色等多种颜色
显色性（色彩还原）	好	一般	好

（2）照度和色温

照度是指单位面积上接受的光通量，单位为勒克司（lx）。光源的色温是这样定义的：光源辐射的光谱分布（颜色）与黑体在温度 T 时所发出的光谱分布相同，则温度 T 称为光源的色温。色温的单位一般以绝对温度开氏度（K）表示。色温与光源的实际温度无关。

各种光源的色温见表 2-12。

由于色温可以影响室内的气氛，因此光源的色温要与照度相适应。一般随着照度的增加，色温也要相应提高。

人对照度和色温的感觉见表 2-18。

表 2-18　人对照度和色温的感觉

照度强弱/lx	人的感觉		
	暖色	中间色	冷色
≤500	愉快	中间	冷感
500～1000	愉快	中间	冷感
1000～2000	刺激	愉快	中间
2000～3000	刺激	愉快	中间
≥3000	不自然	刺激	愉快

35. 什么是眩光？如何降低眩光？

眩光就是由视野中出现过高的亮度或过大的亮度比，所造成的视力不适或视力降低的现象。眩光可分为直射眩光和反射眩光两种。前者为光源光线直接射入人眼造成；后者为光源通过光滑的桌面、镜子、墙面等物面反射而射入人眼造成。

视线与光源角度与眩光程度有直接影响，见表 2-19。

表 2-19　视线与光源角度与眩光程度的对应关系

光源角度	眩光程度	光源角度	眩光程度
0～14°	极强烈眩光区	45°～60°	微弱眩光区
14°～27°	强烈眩光区	60°以外	无眩光区
27°～45°	中等眩光区		

眩光限制措施见表 2-20。

表 2-20　限制眩光的基本措施

眩光类型	限制措施	内容要求
直接眩光	限制灯具折光角	一般灯的平均亮度在 1～20kcd/m² 范围，需要10°的遮光角。20～50kcd/m² 范围，需要15°的遮光角。在 50～500kcd/m² 范围，需要20°的遮光角；在大于等于500kcd/m² 时，遮光角为30°
	限制光源亮度	表 5-22 适用于长时间有人工作的房间或场所内各种灯的平均亮度值

（续）

眩光类型	限制措施	内容要求
光幕眩光、反射眩光	避免将灯具安装在干扰区内	灯布置在工作位置的正前上方40°角以外区域；灯具布置在阅读者的两侧
	应采用低光泽度的装饰材料	采用无光漆、无光泽涂料、麻面墙纸等漫反射材料
	限制灯具本身的亮度	采用格片、漫反射罩等，限制灯具表面亮度不宜过高
	照亮顶棚和墙表面	降低亮度对比，减弱眩光，但要注意不要在表面上出现光斑

36. 现代家庭对照明光色有什么要求？

　　现代家庭讲究室内装饰，对居室照明也有更高的追求。居室的色彩会对人的生理和心理产生影响，因此布置居室照明时，应考虑色彩的选配，以求光色与居室布置的和谐，获得典雅、大方、舒适及现代感之效果。照明色彩可以通过适当布置装饰灯具或节日彩灯来达到，也可以采用白色光源，配以各色玻璃或灯罩来达到。LED 灯有各种颜色的，很适合居室布置。

　　居室色彩选配的一些基本原则如下：

（1）根据不同房间处理居室色调

　　室内色调必须统一协调，也就是说不同房间，其家具、摆设、墙壁、天花板和地面等色调与光源光色的选配要相协调。例如，起居室、客厅的色彩应具有热烈、欢快之意，主色调应为橘黄色、乳黄色、浅红色和褐红色等，可配置深红色、深褐色、米黄色、灰色或深绿色地毯，灯具的选择要创造一种华丽、亲切的良好气氛。为了造成强烈的现代感，可以用白色光配以茶色、奶白色、淡绿色、杏黄色玻璃及灯罩或适当采用一些彩色装饰灯。卧室要求有温暖、宁静和私密性，最好选用浅蓝色、白色或灰白色的墙面，深绿色、暗红色或褐色地毯；橘黄色、乳黄色、褐红色、白色和木材本色等的家具；床单及窗帘色彩可鲜艳些；灯具的选择要典雅、光色柔和，亮度最好可调。厨房和卫生间最重要的是清洁卫生，应选用白色、浅蓝色或浅绿色。厨房还可选用褐红色、褐金色等基色。

（2）根据年龄差别处理居室色调

不同年龄的人对色彩有不同的要求。例如，儿童天真、好奇，喜欢鲜艳、生动、对比强烈的色彩，应以暖色为基调，如采用鲜红色、橙色、黄色和绿色等；老年人讨厌喧闹，需求宁静、简洁、稳重，应选用偏暖色调，如中灰色、青色、檀紫色、栗色等，以求心情舒畅；青年人爱好学习，讲究美观，应选用奶黄色、米黄色、奶白色等优美的色调；中年人大都喜欢稳重色彩，可以选用檀紫色、栗色、青色为基调。

（3）根据性格差异处理居室色调

对于兴奋型性格的人，可选用偏冷或冷色调；对于性格内向的人，可选用暖色和跳跃性的色调，以求和谐。

（4）根据职业不同处理居室色调

对于从事冶炼、司炉等工作的人员，因为工作中长时间凝视红光，居室应选用冷色调，如浅蓝色等，这样容易使他们恢复体力；对于从事纺织、粮食加工等工作的人员，每天多接触白色的原料，由此带有职业性的"冷凝心理"，居室应选用暖色调为好；对于脑力劳动者，由于经常连续工作、学习，神经高度紧张，居室宜配以冷色基调，以求轻松和宁静。

（5）根据季节不同处理居室色调

夏天天气炎热，宜选用冷色调，如荧光灯，使人产生凉快之意；冬天天气寒冷，宜选用暖色调，如暖色调的 LED 灯，使人感到温暖。

墙与天花板的颜色，除儿童卧室外，一般均采用白色墙漆，以增加室内亮度和清洁感；也可采用浅色彩的装饰墙纸等，以营造温馨的氛围。

37. 怎样布置整体照明和局部照明？

室内照明的布置及灯具的选择，不但关系到照度，而且关系到房间整体布置的美观与协调。室内照明分整体照明（一般照明）和局部照明。

　　室内照明应根据需要，采取混合照明的方式，即整体照明（一般照明）与局部照明有机结合。

　　采用整体照明的目的是把光线投射到很宽的范围内，能照亮顶棚和墙面，但对它的照度要求较低。作为整体照明的灯具，通常采用均匀漫射的吸顶灯或吊灯。如果使用直接－间接型照明灯具则效果更好，它以均匀漫射的方式，在近水平面的角度上只发射出少量的光，因此可降低炫光的干扰。目前，市场上供应的橄榄形乳白玻璃吊灯就是其中一种，但从节电角度考虑这种灯不理想，现已逐渐被 LED 灯取代。

　　采用局部照明的目的是增强某活动面、工作面局部范围内的照度，以利于学习和工作，对照度要求较高。作为局部照明灯具，通常采用投射型的台灯、落地灯、壁灯和悬吊式带灯罩的灯。

　　局部照明和整体照明搭配的总体构想是：局部照明要达到标准照度的要求；整体照明要保证适当的照度，光线以漫射光为主。在两种照明方式的搭配上要注意两点：一是局部照明的亮度与整体照明的亮度的比值要合适，使人的眼睛能较快适应两种方式的亮度；二是在选择照度时要考虑顶棚、墙面、桌面等表面的反射系数，避免对人的眼睛造成刺激。

38. 灯具按防触电保护分类可分为哪几类？

　　灯具按防触电保护可分为 0、Ⅰ、Ⅱ和Ⅲ四类，每一类灯具的主要性能及其应用情况见表 2-21。

表 2-21　灯具的防触电保护分类

灯具等级	灯具主要性能	应用说明
0 类	保护依赖基本绝缘，即在易触及的外壳和带电体间的绝缘	适用于环境好，且灯具安装、维护方便的场合，如空气干燥、尘埃少、木地板等条件
Ⅰ 类	除基本绝缘外，易触及的部分及外壳有接地装置，即使基本绝缘失效，也不致有危险	用于金属外壳灯具，如投光灯、路灯、庭院灯等，提高了安全程度

（续）

灯具等级	灯具主要性能	应用说明
Ⅱ类	除基本绝缘外，易触及的部分及外壳有接地装置，即使基本绝缘失效，也不致有危险	绝缘性好，安全程度高，适用于环境差、人经常触摸的灯具，如台灯、手提灯等
Ⅲ类	采用特低安全电压，交流有效值小于50V，且灯内不会产生高于此值的电压	灯具安全程度最高，用于恶劣环境，如机床工作台灯、儿童用灯等

从电气安全角度看，0 类灯具的安全保护程度最低，目前有些国家已不允许生产；Ⅰ、Ⅱ类安全保护程度较高，一般情况下可采用Ⅰ类或Ⅱ类灯具；Ⅲ类安全保护程度最高，在使用条件或使用方法简陋的场所应使用Ⅲ类。

39. 起居室（客厅）照明布线如何设计?

（1）起居室照明布置要求

起居室是家庭进行活动和接待客人的地方，其照明布置要求如下：

1）较大的起居室可采用整体照明和局部照明两种方式。整体照明：对于豪华型客厅，可装华丽的花灯；对于一般客厅，可采用普通吊灯（吊灯灯罩宜向下，以便于清洁灯具。而向上的灯罩易积尘，不便于清扫和更换灯泡）、多管式节能荧光灯、多组式 LED 灯（吸顶，40W～70W）。局部照明，通常安装一、二组漂亮的壁灯（安装高度为 1.7～1.9m）或落地灯（通常安置在沙发后面）；较矮的装饰天花板的客厅，可安装嵌入式灯具，也能收到美化效果。另外，筒灯和射灯也常用来装饰客厅。整体照明安装在屋顶的中央，开关装在房门口。整体照明宜采用调光灯或多组灯泡，可以随不同要求而调节亮度。86 系列电器的 P86KT 调光开关，可对纯阻性灯具实行无级调光，使用的灯具分别为 100W 和 200W 两种。

起居室一般照明用灯具如图 2-7 所示。

图 2-7　起居室一般照明用灯具

2) 为了创造出温暖、热烈的气氛，应采用暖色调节能灯作为光源。若考虑明亮和经济，也可采用 LED 灯、三基色节能型荧光灯、细管荧光灯。

3) 沙发处及放置收录机、VCD、DVD 等音响设备的地方应采用局部照明，宜用落地灯（见图 2-8）。落地灯灯罩下沿的高度应在眼睛水平（一般 0.95 ~ 1.1m）或在眼睛水平以上（1.1 ~ 1.25m）的地方。前者，灯具要放在人的左侧或右侧；后者，应放在人的左、右侧或后侧，两者都要紧靠沙发。

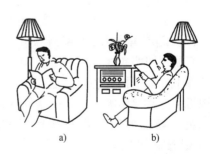

图 2-8　落地灯的安装位置

a) 看书　b) 听音乐

4) 若电视机放在起居室，为使看电视时周围环境不太暗，可开一盏台灯、落地灯或壁灯，最好用光线较弱的红色灯。如果室内的照明全部关闭的话，屏幕上的亮度与周围环境的亮度之比可达几十倍 ~

几百倍，这样易出现视觉疲劳现象。看电视时不应看到灯具光源中发出来的光线（见图2-9），否则会产生严重的眩光。灯具也不应在屏幕上产生亮斑。

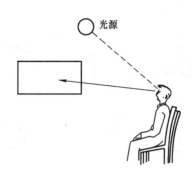

图2-9　光源光线不要进入看电视者的眼中

5）为了节约用电，尽可能少用灯罩口向上的乳白玻璃罩灯具，因为光源的光线通过乳白玻璃罩灯具后亮度会大大降低。

6）起居室电视柜背景墙上应设置3个以上电源插座。

7）起居室设置相应的电视、电话、宽带网等插座。

（2）起居室照明布线实例

起居室照明布线实例如图2-10所示。由图中可见，大门入口处，在顶棚上安装了两盏筒灯；起居室中间安装一组吊花灯（调光灯）；电视机上方在墙角吸顶安装一盏节能荧光灯。以上灯具的开关均设在大门处。局部照明是设在沙发旁的落地台灯。照明一支路采用 $2.5mm^2$ 塑料铜芯线。

起居室内设有电话、有线电视等弱电插座。起居室一般是家用电器比较集中的地方，有电视机、空调器、VCD、DVD、音响设备、电扇等，应有足够数量的电源插座。除柜式空调器应采用25A插座和 $4mm^2$ 塑料铜芯线外，其余插座均采用16A和 $2.5mm^2$ 塑料铜芯线。室内设有电源插座共10个。

各插座的安装位置及高度在图中已标出。

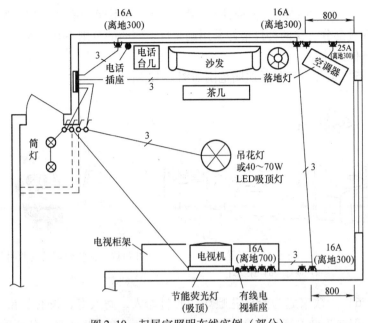

图 2-10 起居室照明布线实例（部分）

注：图中数据单位为 mm。

40. 卧室照明布线如何设计？

（1）卧室照明布置要求

1）卧室是晚间休息、看电视及读书、看报的场所，可采用整体照明和局部照明的方式。灯光应以柔和、暖色为主，以构成宁静、舒适的环境。

2）整体照明灯具应没有眩光，眼睛不能直接看到光源。要在房间里产生一个均匀不太亮的环境。光线要柔和，平均照度不超过 50lx。

3）整体照明可采用吸顶灯、小型吊灯或荧光灯，最好采用调光灯，以便根据需要调节照明亮度。局部照明可采用台灯、床头灯或壁灯。

4）许多人有坐在床上读书、看报的习惯，为此可在床头墙壁上方安装一盏带开关的壁灯（见图 2-11a），也可以在床头柜上安置床头灯（见图2-11b）。但应注意，灯具的位置不能造成头影或手影遮住视看部分。这两种灯最好采用调光灯，照明的范围不宜太大，以免影响他人休息。

5）梳妆台灯具的照明范围如图2-12所示。

图2-11　床头灯的安置方式　　　图2-12　梳妆台灯具的照明范围
a）壁灯　b）床头灯

6）少数家庭为给婴儿喂奶，照料老人、病人等，设有长夜灯。它一般应安装在离地100～200mm处，整夜亮着昏暗的光，便于晚上随时起床活动。

7）卧室床头两侧应设置电源插座。使用电话的用户，可在床头一侧设置电话插座。习惯使用手机的用户，则可不必设置电话插座。

8）卧室应设计为双控开关，一个在房门处，一个在床头一侧。

9）卧室的空调器不要设计对着床。

（2）卧室照明布线实例

卧室照明布线实例如图2-13所示。

由图中可见，卧室中央安装一盏大型吸顶灯（40W圆形管荧光灯），如果房间高度大于2.8m，也可安装一组小型吊花灯，亮度可调。该灯的开关采用双控开关，一个设在房门口处，一个设在床头柜旁，以便关上门后可由床头柜旁的开关控制；在窗户上方墙角吸顶安装一盏荧光灯（40W），开关设在阳台门处；床头灯为一组两盏玉兰灯罩的LED灯（2×8W），自带开关，且在床头柜旁也设有开关，以方便使用。

卧室中设有有线电视插座和电话插座；空调器电源插座采用

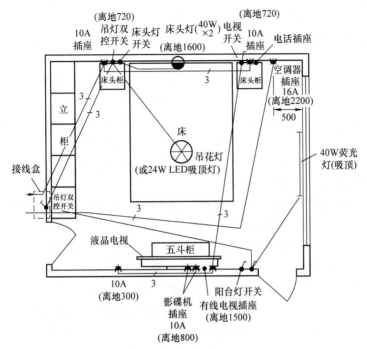

图 2-13　卧室照明布线实例

16A；其余 6 个插座为 10A。空调器导线采用 2.5mm² 塑料铜芯线自配电箱单独供用；照明一支路和插座一支路的导线均采用 2.5mm² 塑料铜芯线。各插座的安装位置及高度在图中已标出。

41. 书房照明布线如何设计?

(1) 书房照明布置要求

书房为阅读，写字和上网等用，书桌面上的照明好坏直接影响学习的效率和眼睛的健康。书房照明布置如下：

1) 采用整体照明和局部照明的方式。两者的照度之比以 1∶3 为宜。

2) 整体照明仅提供一个稍亮的环境，局部照明则提供学习所需要的充分照明。要求桌面上的光照均匀，没有从书本上来的反光。局部照明可采用移动式台灯和落地灯（见图 2-14），荧光灯管应用 8～

10W，LED 灯应用 8W。注意灯罩的下沿不要比处在正确姿势的人眼高度降低或抬高很多，以避免直接眩光。

3）台灯放置的位置应在读书人的左上方，而不应放置在右上方或正前方。因为右上方的灯光会造成阴影，影响写字，降低亮度；正前方的灯光容易造成刺眼和眩光，有害眼睛。

4）注意工作面与周围环境的亮度比。因为一个人在灯下看书写字，一小时内有意无意要抬头 20 次左右，视线忽而在灯光明亮部分，忽而在较暗部分，瞳孔忽大忽小，要是瞳孔放大缩小逆差大，也会引起视力疲劳，影响学习效果，因此采用一般照明和局部照明结合。如果是采用在灯罩上端设有"漏光"装置的台灯，或具有透光的灯罩，则等于增设了辅助灯光，可以不打开一般照明。一般说来，桌面上所需照度是环境照度的 3 ~ 5 倍，对于精细工作的为 7 ~ 10 倍。

5）计算机工作台的照明，要求键盘及书稿面上的照度达到 300 ~ 500lx，照度越高越容易看清。但屏面（显示管）上的照度不能过高（屏幕上的垂直照度不应大于 150lx），否则会使屏面的对比度降低，影响操作者对文字和图形的识别。另外在屏面上不能有灯具及窗等的映像，以免影响操作者的操作及引起视觉疲劳。

为了防止炫光和反射光的影响，要求屏幕上沿处于眼位置的下方。屏幕上沿与眼的连线和屏幕上沿端水平线的夹角，大致规定在 10°以内，如图 2-15 所示。

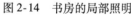
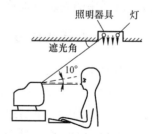

图 2-14　书房的局部照明　　图 2-15　电脑屏幕和照明灯具映入的关系图

为了不让室内照明灯具等映入屏幕，其照明布置应使遮光角和遮光角内的亮度在规定允许的范围。国际照明委员会（CIE）要求遮光角应在 35° ~ 45°范围内。遮光角内的亮度，最大可取 $200cd/m^2$。若在 50cd/m^2 以下，则屏幕上几乎没有映入照明灯具的感觉。

（2）书房照明布线实例

书房照明布线实例如图 2-16 所示。

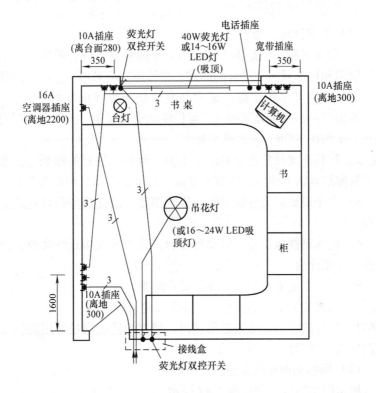

图 2-16 书房照明布线实例

由图中可见，书房中央安装一组小型吊花灯（6×15W U 形管荧光灯），也可安装一盏 LED 吸顶灯（16～24W），开关设在房门口处；在窗户上方墙角吸顶安装一盏荧光灯（40W）或 LED 直管灯（16W），采用双控开关，一个设在房门口处，一个设在书桌边；局部照明采用台灯（10W 荧光节能灯）。

书房中设有电话、电视、计算机（宽带）插座；空调器电源插座采用 16A；其余 8 个插座为 10A。空调器导线采用 2.5mm^2 塑料铜芯线自配电箱单独供电；照明一支路和插座一支路的导线均采用

2.5mm² 塑料铜芯线（电脑电源插座最好单独一支路）。各插座的安装位置和高度在图中已标出。

42. 厨房照明布线如何设计?

（1）厨房照明布置要求

1）厨房面积一般都不大，大多数家庭餐桌不设在厨房，可采用整体照明和局部照明相结合的形式。整体照明可采用一盏吊灯或吸顶灯；局部照明可采用壁灯（通常装在壁橱下方或洗涤盆上方）；另外，抽油烟机本身带有照明灯，可供晚间烹饪时用。操作台的照明要充分，平均在200lx，显色性要好。

2）灯具不要吊挂在灶具的正上方，否则烹饪时的油烟气、水蒸气容易使灯具沾上油污，使灯头受潮，甚至造成漏电和炸裂事故。

3）由于厨房灯具容易脏污，影响照度，因此要加强灯具的清洁工作。

4）电冰箱摆放位置不宜靠近灶台，也不宜太接近洗菜池。摆放位置应方便开启。

5）厨房的电器较多，应多预留些插座。

6）厨房相关电器、插座、线路都要避开燃气表。

7）厨房的电管线尽量走吊顶内，竖直的管线则最好用能拆装的防潮板或不锈钢板做成的柜子封闭。

（2）厨房照明布线实例

厨房照明布线实例如图 2-17 所示。

由图中可见，厨房中央装饰板上安装一盏小型吸顶灯（22W 圆形管荧光灯或 16W LED 灯），开关设在门口处；局部照明为抽油烟机自带的照明灯（40W）。

电饭锅、电水壶、电炉是厨房用电大负荷，3 个电源插座采用16A，导线采用 4mm²（考虑不同时使用几种电热器不超过 2500W，也可采用 2.5mm²）塑料铜芯线由配电箱单独供电。其余 4 个插座（包括电冰箱插座）为 10A，单独一支路；照明一支路。它们均采用2.5mm² 塑料铜芯线。抽油烟机的电源插座安装在上排橱柜内，采用瓷质防潮插座（注意防火措施）；消毒柜的电源插座安装在橱柜内壁

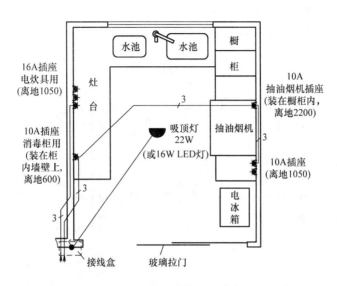

图 2-17　厨房照明布线实例

（壁板开孔）的砖墙上，这样当消毒柜放置橱柜内后，其电源线看不见，较美观。各插座的安装位置及高度在图中已标出。

43. 餐厅照明布线如何设计?

(1) 餐厅照明布置要求

1）宜采用整体照明和餐桌上方照明相结合的形式。

2）整体照明可采用吊灯、吸顶灯等灯具，装在房间中央。餐桌上方的照明为增加餐桌上的亮度，照明美味的菜肴，增进食欲，可采用 LED 灯或荧光灯。餐桌上方吊灯的安装高度一般离桌面 1.2～1.3m（见图2-18），桌面照度应比周围环境照度高出 3～5 倍。餐厅灯光应以柔和的灯光为主。

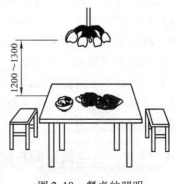

图 2-18　餐桌的照明

（2）餐厅照明布线实例

餐厅照明布线实例如图2-19所示。

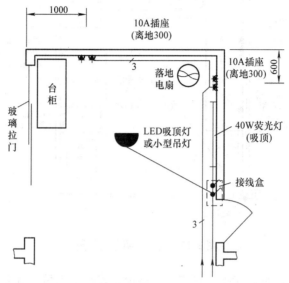

图2-19　餐厅照明布线实例

由图中可见，餐厅（餐桌）中央安装一组小型吊花灯（如数只LED灯泡），也可安装一盏吊灯（如数只节能荧光灯泡）。考虑到该餐厅自然光较少，在墙角吸顶安装一盏荧光灯（40W），阴雨天时可开启。两照明灯的开关设在门口处或其他使用方便的地方。在靠墙角安置一落地电扇，以便天热时使用。如果餐厅与起居室相通，可利用起居室内的空调器供冷或供热。

餐厅设有4个电源插座均为10A，供电扇及临时用电用。照明一支路，插座一支路，均采用2.5mm² 塑料铜芯线。各插座的安装位置及高度在图中已标出。

44. 浴室、卫生间照明布线如何设计？

（1）浴室、卫生间照明布置要求

1）灯具应避免安装在坐便器的后方和浴缸的上方。注意灯具的安置不要使人影投到窗帘上。

2）宜采用一开即亮的灯具。一般照明为了美观常采用在装饰板上安装小型吸顶灯的方式。

3）洗脸间（处）宜安装镜前灯。灯具应装在以人眼水平视线为中心的120°锥角视线外，以避免眩光。镜前灯也有装饰作用，通常采用细管状镜前荧光灯或投射效果良好的卤素灯。

4）浴室（处）上方装饰板上应安装浴霸。线路为单独分路。

5）电热器必须安装牢固，可安装在墙上或吊挂在天花板（水泥板）上。线路为单独分路，电线线径一般为 $2.5 \sim 4mm^2$。

6）如果房间较大，可将洗衣机放入。

7）排风机开关采用带指示灯型，以提醒住户。

8）插座尽可能远离浴缸及洗脸池，可采用防溅型。

（2）浴室、卫生间照明布线实例

浴室、卫生间照明布线实例如图2-20所示。

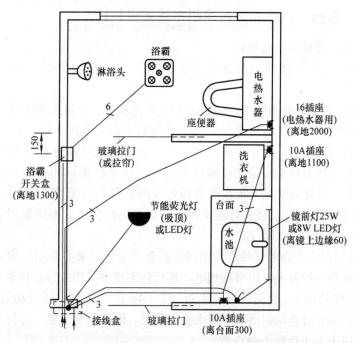

图2-20　浴室、卫生间照明布线实例

由图中可见，一般照明采用小型吸顶灯（如22W圆管形荧光灯或16W LED灯），安装在装饰板（木档）上，开关设在门口处。如果开关安装位置有困难，也可安装在洗脸池台面边侧上方30cm处（与镜前灯开关一起）；镜前灯为细直管式装饰荧光灯（25W或8W LED灯），其长度根据镜的宽度而定（一般略小于镜宽）；浴霸安装在浴室正上方的装饰板上，隔层墙外应设有一排气孔，浴霸的功率约1kW。浴霸的控制开关宜安装在浴室外。电热水器一般为50~80L，功率2.5~3kW。其插座采用16~25A，宜安装在浴室外，也可安装在浴室内，但安装高度必须大于2m，以免受水溅，最好采用防潮防溅插座。电热水器采用2.5mm^{2}塑料铜芯线自配电箱单独供电；其余2个插座（包括洗衣机插座）为10A，单独一支路；照明及浴霸一支路。它们均采用2.5mm^{2}塑料铜芯线。各插座的安装位置及高度在图中已标出。

45. 楼梯、门厅和阳台照明布线如何设计？

（1）楼梯照明的设计

1）走廊和楼梯一般采用壁灯、吸顶灯和射灯等低照度照明灯具。

2）走廊可采用吸顶灯的形式装在天花板上，也可采用壁灯的形式装在墙上，安装高度约为1.8m。走廊灯具的开关宜一灯一个。

3）楼梯灯不宜安装在上、下楼时影子能遮住前进方向的位置上。既可用平灯头安装在楼梯转弯的楼板（平台板）的下面（见图2-21），也可用壁灯安装在楼梯转弯处的墙壁上（见图2-21b）。安装高度约为1.8m。楼梯灯应采用一开即亮的白炽灯，不应采用荧光灯，功率为15~25W即可。

4）过去走廊和楼梯灯常用两地控制开关，后来多采用触摸式延时开关和声控开关，以节约用电。现代住宅楼多采用人感式自动开关（兼光控功能）。晚间，当人走近（2~4m）开关时，灯自动点亮，经1~3min灯自动熄灭，不需人操作开关，既安全又卫生、方便；而且在白天人走近也不会点亮。

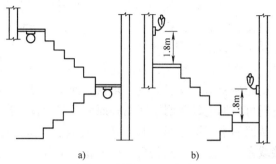

图 2-21　楼梯灯的安装位置

a）安装在楼板（平台板）下方　b）安装在墙上

（2）门庭和阳台照明设计

1）门庭可安装一盏或两盏壁灯，有雨篷的门庭，可安装半圆球吸顶灯，其开关均安装在室内。门庭口安装门铃按钮。

2）阳台上可安装吸顶灯或壁灯，以供夜间到阳台晾衣、乘凉等活动。

3）阳台上要安装多个插座。

4）进门处的顶灯设计。进门处的顶灯通常采用一只圆形节能吸顶灯，或采用两只小型镶嵌灯（筒灯）（见图 2-22）。灯泡可用 LED 灯或节能灯。

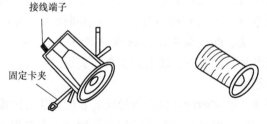

接线端子

固定卡夹

图 2-22　镶嵌灯

46. 怎样预算电气安装材料？

（1）材料预算内容及依据

照明电气安装材料包括导线、灯具、开关、调光器、插座（电源插座、电话、有线电视、网线等插座）、调速器、吊扇、接线盒、灯座盒、开关盒、配电箱、断路器、漏电保护器、熔断器、各类预埋件，以及不同布线方式所需要的 PVC 管、线槽、卡钉和木螺钉、铁钉、水泥钉、膨胀螺钉、穿线铁丝、绝缘胶带等。如果需安装防雷、接地设施，则还需避雷装置、圆钢、角铁、预埋件等。

预算材料可依据电气照明平面图和照明系统图及图样上的说明等进行计算。从照明平面图上可直接计算出灯具、开关、插座、吊扇、调速器、接线盒、灯座盒、开关盒、配电箱、木台等的数量。从照明系统图上可知配电箱内的电气设备、电能表型号规格，以及干支线的导线截面、型号等。

（2）预算考虑的因素

为了计算导线长度，需要准确地知道房间的尺寸及各电气设备（如灯具、插座、开关、接线盒等）的安装位置。电气设备的安装高度都有规定，可从照明平面图及图样上的说明了解。另外，计算导线长度需有一定的实际施工经验，了解施工工艺，因为导线长度还与线路的敷设方式有关。如采用塑料线槽、塑料护套线等明敷，走线必须与建筑物横平竖直，用线就多。如采用暗管布线，则不必考虑横平竖直，只要便于埋设，便可与电气设备走直线敷设，这样用线就较少。同时，在顶棚内敷线，不必考虑美观，可走直线，用线就少。另外，如能巧妙地利用拱头线和采用合理的敷设方案，也能节省用线量。

但采用塑料护套线布线应尽量避免中间接头，为此，常用"走回头线"的方法。即把接头设在灯座盒或开关盒、接线盒中，这样用线量也会多些，但能使布线更为安全与美观。在计算导线用量时还要计入接头预留长度。

如上所述，要准确计算出所用导线的长度是非常困难的，按照明平面图计算的导线用量与施工敷线的实际用量总会有出入。因此，在计算导线用量时要考虑多种因素，使计算用量更符合实际。

根据导线的走向，可以估算出管材、线夹、线槽等材料的数量。

需要注意的是，相线、零线和保护零线应使用不同颜色的导线，统计总量时应分开。

如果自家搞电气装修，材料预算也不必追求过分准确（实际上也是困难的）。现在电气材料商店服务都较好，一般多购了可退货；如果装修材料不够可零购，因此十分方便。

以下是根据住宅面积大概估算导线用量的经验值。导线为每卷 100 ± 5 m。

$45 \sim 65$ m^2 一室一厅的住宅：1.5mm^2 单芯导线大约需要 2 卷，2.5mm^2 单芯导线大约需要 3 卷。

$75 \sim 90$ m^2 两室一厅的住宅：1.5mm^2 单芯导线大约需要 3 卷，2.5mm^2 单芯导线需要 $4 \sim 5$ 卷，4mm^2 单芯导线大约需要半卷。

$100 \sim 130$ m^2 三室两厅的住宅：1.5mm^2 单芯导线大约需要 5 卷，2.5mm^2 单芯导线大约需要 6 卷，4mm^2 单芯导线大约需要 1 卷。

160 m^2 复式楼：1.5mm^2 单芯导线大约需要 7 卷，2.5mm^2 单芯导线大约需要 10 卷，4mm^2 单芯导线大约需要 1.5 卷。

47. 怎样计算电气材料的损耗率和预留量?

所有电气材料都应计算合理损耗。几种材料的损耗率见表 2-22。

表 2-22　几种材料的损耗率

序号	材料名称	损耗率（%）	序号	材料名称	损耗率（%）
1	绝缘导线	1.8	5	铝片卡、塑料线钉	8
2	PVC 管	5	6	开关、插座、灯头	2
3	塑料线槽	5	7	木螺钉、圆钉、水泥钉	8
4	塑料护套线	8			

照明线路的预留管、线长度见表 2-23。

表 2-23　照明线路预留管、线长度

序号	名称	内容	管长/m	线长/m	说　明
1	由低压配电盘来电源线	地下进出线	0.5	1.5	已包括管子在地下埋设深度
2	照明配电箱	地下进线，安装高度顶端离地2m	1.5	1.0	已包括管子在地下埋设深度

（续）

序号	名称	内容	管长/m	线长/m	说　　明
3	照明配电箱	顶端进线（标高 2m）两立管长度	1.5	1.0	
4	各种小开关	地下进线，安装高度顶端离地 1.5m	1.6	0.2	已包括管子在地下埋设深度（不分明暗装）
5	插座	地下进线，安装高度顶端离地 1m	1.1	0.2	已包括管子在地下埋设深度（不分明暗装），如安装高度不同，另按长度计算
6	电扇		—	0.5	
7	灯头线、接线头		—	0.3	
8	荧光灯镇流器、电容器集中安装		—	1.0	
9	电能表箱		—	0.5	
10	进户线	铁管伸出建筑物外	0.2	1.0	
11	进户线	地下铁管伸出防水坡	0.5	1.0	

各种灯具引下线长度见表 2-24。

表 2-24　各种灯具引下线长度

序号	名　称	规　格	长度/m	序号	名　称	规　格	长度/m
1	软线吊灯	花线 2×21/0.15	2	6	吊链式荧光灯	花线 2×21/0.15	1.5
2	吊链灯	花线 2×21/0.15	1.5	7	吊管式荧光灯	BX-1.5	2.4
3	半圆球吸顶灯	BX-1.5	0.4	8	嵌入式荧光灯	BX-1.5	2
4	一般弯脖灯	BX-1.5	1	9	吸顶式荧光灯	BX-1.5	0.4
5	一般壁灯	BX-1.5	1.2				

48. 怎样编制塑料护套线布线材料预算单？

塑料护套线布线材料预算单见表2-25。具体数量按房间实际情况采用第46问的方法统计。

表2-25 塑料护套布线材料预算表例

序号	材料名称	型号规格	单位	备 注
1	塑料护套线	BVV－70 2×2.5mm²	m	双芯
2	塑料护套线	BVV－70 2×1.5mm²	m	双芯
3	塑料护套线	BVV－70 3×2.5mm²	m	三芯（其中一根保护零线）
4	塑料铜芯线	BV－500V 1.5mm²	m	拱头线等用
5	胶质线（花线）	BVS－70 0.75mm²	m	
6	铝片卡	1号	只	或塑料线钉1号
7	铝片卡	2号	只	或塑料线钉2号
8	灯吊盒	胶木	个	
9	灯吊盒	瓷质	个	厨房用
10	插口灯座	胶木 250V 3A	个	
11	防水灯座	瓷质 250V 3A	个	厨房用
12	螺口平灯座	瓷质 250V 3A	个	浴室内
13	插座	250V 10A	个	单相二极式
14	插座	250V 16A	个	单相三极式
15	平开关	250V 10A	个	
16	接线盒	塑料 65×135（mm）	个	
17	圆木台	75×32（mm）	块	
18	双连木台	150×75×32（mm）	块	
19	平头木螺钉	φ4 长48mm	只	固定木台
20	平头木螺钉	φ4 长20mm	只	固定灯座、插座、开关
21	水泥钉或鞋钉	T20×20	只	若为塑料线钉，则配套固定水泥钉
22	平头木螺钉	φ6 长32mm	只	
23	黄蜡带		卷	
24	黑胶带		卷	

注：如果采用拉线开关，则塑料护套线及鞋钉等用量可以减少。

49. 怎样编制塑料线槽布线材料预算单？

塑料线槽布线材料预算单见表 2-26。

表 2-26　塑料线槽布线材料预算表例

序号	材料名称	型号规格	单位	备　　注
1	塑料铜芯线	BV－500V　2.5mm²	m	需三种颜色
2	塑料铜芯线	BV－500V　1.5mm²	m	需两种颜色
3	胶质线（花线）	RVS－70　0.75mm²	m	
4	塑料线槽（副）		m	
5	阳角		个	
6	阴角		个	
7	直转角		个	
8	平转角		个	
9	平三通		个	
10	顶三通		个	
11	左（右）三通		个	
12	连接头		个	
13	终端头		个	
14	接线盒插口		个	
15	灯头盒插口		个	
16	接线盒	SM51	副	带盖板 SM61
17	接线盒	SM52	副	带盖板 SM62
18	灯头盒		副	带盖板
19	平头木螺钉	φ4 长 20mm	只	固定灯座、插座、开关
20	平头木螺钉	φ6 长 32mm	只	固定调速器
21	水泥钉	T20×20	只	固定底板等用（也可用木螺钉）
22	黄蜡带		卷	
23	黑胶带		卷	

注：开关、插座、灯吊盒未计入，可根据具体情况选择。开关、插座可采用 86 系列等，以便与接线盒配套。

50. 怎样编制 PVC 管布线材料预算单？

PVC 管布线材料预算单见表 2-27。

表 2-27　PVC 管布线材料预算表例（暗敷）

序号	材料名称	型号规格	单位	备注
1	塑料铜芯线	BV－500V　2.5mm²	m	需三种颜色
2	塑料铜芯线	BV－500V　1.5mm²	m	需两种颜色
3	胶质线（花线）	RVS－70　0.75mm²	m	
4	PVC 管	φ16	m	
5	直接		个	
6	90°弯头		个	
7	45°弯头		个	
8	异径接头		个	
9	三通		个	
10	灯吊盒	胶木	个	
11	灯吊盒	瓷质	个	厨房用
12	插口灯座	胶木 250V　3A	个	
13	防水灯座	瓷质 250V　3A	个	厨房用
14	螺口平灯座	瓷质 250V　3A	个	浴室内
15	一位暗开关	86 式 250V　6A	个	
16	二位暗开关	86 式 250V　6A	个	
17	一位单相三极插座	86 式 250V　16A	个	
18	三位单相三极插座	86 式 250V　16A	个	
19	一位双用暗插座	86 式 250V　10A	个	
20	二位双用暗插座	86 式 250V　10A	个	
21	二位暗插座，2 极～3 极	86 式 250V　10A	个	
22	暗装接线盒	86 式 65×65（mm）	个	
23	暗装接线盒	86 式 65×135（mm）	个	
24	平头木螺钉	φ4 长 20mm	只	
25	黄蜡带		卷	
26	黑胶带		卷	

PVC 可挠管和 PVC 软管也可以参考本表内容进行材料预算。

第三章 ▶ ▶ ▶ ▶ ▶

家庭电气布线施工

51. 户外明敷布线有哪些要求？

户外明敷布线不当，容易造成触电、火灾等事故，这在农村尤为突出。低压户外敷设明线，不管是永久的还是临时的，都必须遵照下列规定：

1）户外布线一律采用绝缘导线或电缆，不许使用裸导线，以防触电。

2）导线的最小截面积必须满足机械强度要求，一般铜导线不应小于 2.5mm²，铝导线不应小于 4mm²。

3）户外线路可安装在沿墙角铁上或电杆横担上，最大档距不得超过 25m。

4）沿墙布线当跨距在 3m 以内时，水平或垂直敷设的绝缘导线的线间距离不小于 20cm，导线对地面距离不应小于 3m。

5）导线跨越院内人行道时，若跨距超过 3m，则线间距离不得小于 30cm，导线对地面距离不小于 3.5m。

6）导线对树木的最小距离，无论是垂直距离还是水平距离，都应在 1m 以上。

7）接户线的安装高度及要求必须符合规定要求，请见第 52 问。

52. 什么叫接户线？对它有什么要求？

所谓接户线，是指低压线路至住宅第一个支持点之间的一段架空线。接户线的做法有如图 3-1 和图 3-2 所示的几种。

接户线由电力部门施工。接户线架设高度，以及与窗户、阳台、屋顶等建筑物的最小距离应符合表 3-1 中的规定，以确保安全。

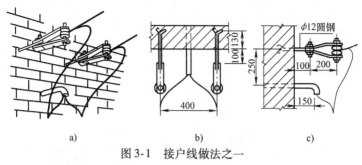

图3-1　接户线做法之一

a）立体图　b）平面图　c）侧面图

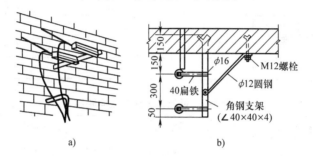

图3-2　接户线做法之二

a）立体图　b）平面图

表3-1　接户线跨越交叉的最小距离

接户线	最小距离/m
对地距离	2.5
跨越通车的街道	6.0
跨越通车困难的街道、人行道	3.5
跨越里、弄、巷	3.0
跨越阳台、平台	2.5
跨越电车线	0.8
与通信、广播线交叉	0.6
离开屋面	0.6
在窗户上和民用屋脊上	0.3
在窗户、阳台下	0.8
与窗户、阳台的水平距离	0.75
与墙壁、构架的水平距离	0.05

低压接户线的档距不宜超过 25m。若低压线路至住宅第一个支持点的距离大于 25m，就要设置接户杆，接户杆的档距不应大于 40m。接户线应该用绝缘导线，不许用裸导线，导线截面积应按负荷计算电流和机械强度确定。根据机械强度要求，接户线的最小允许截面积应符合表 3-2 中的规定。接户线的线间距离不应小于表 3-3 中所列的数值。

表 3-2　低压接户线的最小截面

架设方式	档距/m	最小截面积/mm²	
		绝缘铜线	绝缘铝线
自电杆上引下	<10	2.5	4.0
	10~25	4.0	6.0
沿墙敷设		2.5	4.0

表 3-3　低压接户线的线间距离

架设方式	档距/m	线间距离/mm
自电杆上引下	≤25	150
	>25	200
沿墙敷设	≤6	100
	>6	150

如果接户线和进户线是由住宅小区变配箱通过电力电缆直接引至住宅楼集中电能表箱（现在城市住宅大多采用此方式），那么就不存在所谓的架空线式的接户线。进户线也将通过电缆或电线穿管暗敷的方式引入住户配电箱。

53. 什么叫进户线？对它有什么要求？

所谓进户线，是指接户线至屋内第一个配电设备的一段低压线路。城市住宅的电源进线一般都很方便。当有集中电能表箱时，可以直接从集中电能表箱的每户电能表的下桩头引入；当每层楼梯道上设有总配电箱时，可以从总配电箱的断路器或熔断器下桩头引入。用户的配电箱可设在室外过道的墙上（暗埋式）。现在为了使用方便和安全，大多设在户内。

农村住宅的电源进线还有以下三种做法：

1）进户点离地高于 2.7m 时，应采用单根绝缘导线分别穿瓷管进户，如图 3-3 所示。

2）楼房采用底层进户而进户点离地低于 2.7m 时，应采用塑料护套线穿瓷管、绝缘导线穿钢管或硬塑料管支持在墙上，放到接户线处搭头，如图 3-4 所示。

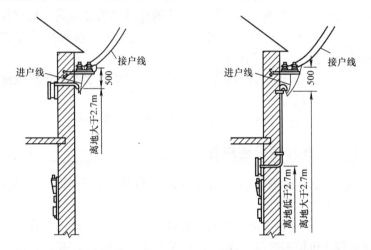

图 3-3　绝缘导线穿瓷管进户　　图 3-4　绝缘导线穿钢管或 PVC 管支持在墙上进户

3）低矮房屋进户点离地低于 2.7m 时，应加装进户杆，以塑料护套线穿瓷管、绝缘导线穿钢管或硬塑料管进户。

进户线的施工要求如下：

1）进户线应采用塑料、橡胶绝缘导线或塑料护套线，中间不允许有接头。

2）进户点离地高于 2.7m 时，应采用单根绝缘导线分别穿瓷管进户；低矮房屋进户点离地低于 2.7m 时，应加装进户杆，以塑料护套线穿瓷管、绝缘导线穿钢管或硬塑料管进户。

3）进户线根据允许的机械强度要求，其最小截面积应符合：铜芯绝缘导线 1.5mm^2；铝芯绝缘导线 2.5mm^2。

4）进户线导线截面积应按负荷计算电流选择。就目前我国家庭用电状况及发展趋势看，进户线最好采用 $6 \sim 16mm^2$ 的塑料绝缘铜芯线。

5）进户管在户外的一端应有弯头，埋设时略向外倾斜，以防雨水浸入室内及配电板（箱）内。进户管的截面积不应小于穿管导线总截面积的 140%，普通家庭可采用内径 $15 \sim 20mm$ 的管子，管壁厚不应小于 $2mm$，且管子无裂缝。

6）进户线穿钢管进户时，同一回路的导线必须穿在同一根钢管内，对于普通家庭，可将一根相线、一根零线和一根保护接零线（若有的话）穿在同一根钢管内进户。

7）进户线引入进户管前应有一个垂弧，以防止雨水沿进户线流入户内配电箱（板）。

8）进户线穿过屋面时，要加瓷管或硬塑料管等保护。

54. 怎样选择和埋设进户管？

1）进户管可选用瓷管、钢管或硬塑料管。进户管一端应有弯头。

2）进户管的管径由进户线的根数和截面来决定，要求穿管导线的总截面积（包括绝缘层）不应大于管子有效截面积的 40%，普通住家可选用内径为 $15 \sim 20mm$ 的管子。

3）进户管埋设时略向外倾斜，进户管户外的一端弯头向下，以防雨水由管子进入户内配电箱（板）。进户线穿瓷管进户时，应一管一根线；穿钢管进户时，同一回路的导线必须穿在同一根钢管内。

55. 怎样做进户线的防水弯头？

为了防止雨水沿进户线流入室内引发短路、漏电、接地事故，进户线在穿墙时要做一个滴水弯头。

通常的做法如图 3-5 所示。进户线引入进户管前应有一个垂弧，对 $35mm^2$ 及以上的导线，应在垂弧的最低处横向把绝缘割开一个口子，这样可以阻止雨水沿进户线流入室内配电箱（板）。

由于进户线绝大多数使用塑料绝缘导线，导线绝缘层的密封良好，如果只在穿墙时做一个滴水弯头，仅能防止塑料绝缘导线外面的雨寸进入室内，但在进户线 T 接头处还可能有雨水沿绝缘导线内部进入室内。为此可按图 3-6 的做法，即在 T 接点处再做一个向上弯的滴水弯头（图中虚线部分），这样能把雨水彻底拒之室外。

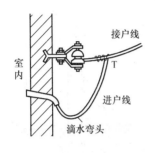

图 3-5　防水弯头做法之一

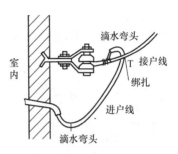

图 3-6　防水弯头做法之二

56. 树木对输电线路有何危害?

在输电线路附近的树木长得过高时，刮大风引起树枝摆动可能触及导线造成漏电（下雨天更危险），甚至砸断导线。在输电线下面的树木，过高时，也可能触及导线造成漏电、短路，甚至引起停电事故。因此，每年春、夏两季，要对线路附近的树木进行修剪，以保护线路及人身安全。修剪树枝必须在晴天无风的天气进行，工作时切勿触及导线并要注意不要让锯断的树枝压断导线造成事故。修剪工作要两人进行，其中一人监护。

输电线路经过居民区上空时，若区域内的树木已长至接近表 3-4 中的距离，则应及时修剪。如果发现树木过分接近输电线，应通知电力部门，由他们来处理，切不可自己处理，以免造成触电事故。

表 3-4　导线与树木的最小允许距离

线路电压/kV	≤1	10
垂直距离/m	1.0	1.5
水平距离/m	1.0	2.0

57. 怎样在墙上预埋角铁支架？

外线路及进户线常采用角铁作支架埋设在墙上。埋设方法与角铁受力情况有关。对于终端一字形角铁支架，埋设方法如图 3-7 所示；终端带拉脚角铁支架埋设方法如图 3-8 所示；中间角铁支架埋设方法如图 3-9 所示；冂形角铁支架埋设方法如图 3-10 所示。

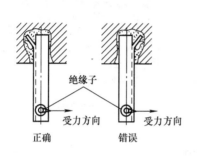

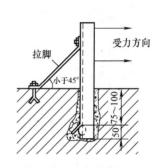

图 3-7　终端一字形角铁支架埋设方法　　图 3-8　终端带拉脚角铁支架埋设方法

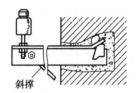

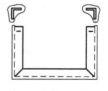

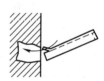

图 3-9　中间角铁支架埋设方法　　　　图 3-10　冂形角铁支架埋设方法

角铁支架埋设时应注意以下几点：

1）角铁支架的埋设应在配线敷设前数天进行，时间太短，水泥尚未凝结，敷线时支架容易被拉出或松动。

2）埋设支架的水泥标号不应低于 400 号，与粗砂以 1:2~1:3 的比例加水调匀。填塞用的石子质地要坚硬，填塞的位置要适当，如图 3-8 和图 3-9 所示。

3）埋设前应将孔洞内的粉粒除去，用水将孔壁和底部浇湿，以便水泥与砖墙固结。角铁支架埋设好后，几天内不要用手去扳，以免使支架松动。

4）为防止水泥未干时角铁支架下垂，可将角铁支架用绳子吊牢或木棒支撑。

58. 怎样在墙上圬埋开脚螺栓和拉线耳环？

开脚螺栓的圬埋应尽量利用砖缝。孔口凿成狭长形，略大于螺栓开脚的宽度，孔底要比孔口的狭面宽大，如图 3-11 所示。开脚螺栓放入后在孔内旋转 90°，固定开脚螺栓的 A 点、B 点用硬石子塞紧。

拉线耳环的圬埋方法类似开脚螺栓。因为拉线耳环一般受向外的拉力，故应在开脚内塞满石子，圬埋方法如图 3-12 所示。

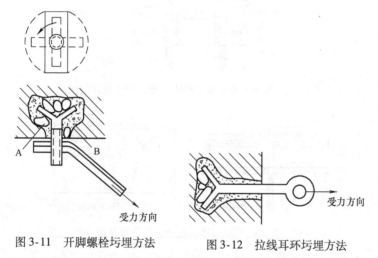

图 3-11　开脚螺栓圬埋方法　　　图 3-12　拉线耳环圬埋方法

59. 怎样预埋弯头螺栓、挂钩螺栓和铁板？

为了吊装重量大的大型灯具或其他电气设备，常需预埋弯头螺栓、挂钩、螺栓或铁板等。

在现浇楼板预埋弯头螺栓、挂钩螺栓的做法如图 3-13 所示；在多孔预制板楼板或预制板缝吊挂螺栓的做法如图 3-14 所示；在现浇梁、柱、楼板上预埋铁板的做法如图 3-15 所示。铁板尺寸由被固定电气设备的重量、尺寸决定。家庭用一般取 60mm × 60mm 的正方形铁板，板厚约 4mm。弯脚钢筋或螺栓焊接在铁板上，弯脚长约

50mm。预埋时用铁钉紧靠铁板四周把铁板固定在模板上。注意铁板应平整地紧贴在模板上，否则浇灌了混凝土，拆除模板后不容易找到预埋铁板的正确位置。

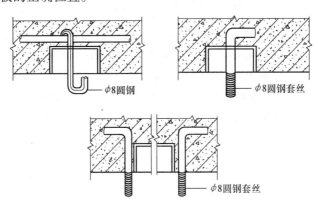

图 3-13　在现浇楼板预埋弯头螺栓、挂钩螺栓的做法

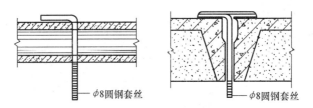

图 3-14　在多孔预制板楼板或预制板缝吊挂螺栓的做法

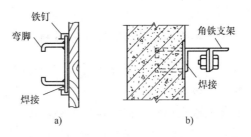

图 3-15　在现浇梁、柱、楼板上预埋铁板的做法

a）模板上置放带弯脚的铁板　b）柱上预埋铁件焊接角铁

60. 怎样预埋铁件和接线盒?

固定圆木台用的铁件及接线盒、灯座盒都需埋设。多孔预制板楼板用弓板固定圆木台的做法如图 3-16 所示;接线盒或灯座盒预埋在砖墙（或水泥墙）内的做法如图 3-17 所示。

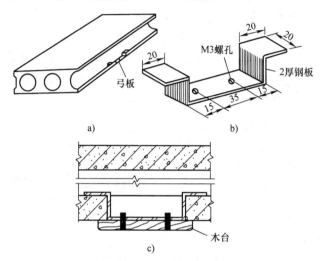

图 3-16　多孔预制板楼板用弓板固定圆木台的做法
a）弓板安置位置　b）弓板尺寸　c）具体做法

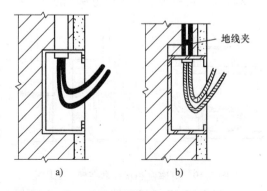

图 3-17　接线盒或灯座盒预埋的做法
a）PVC 管布线　b）钢管布线

61. 怎样在现浇楼板、梁柱内预埋线管及接线盒、开关盒?

这一工作需要与土建施工紧密配合，及时把线管及接上管子的接线盒、灯座盒、开关盒等用铁丝及钉子固定在钢筋及模板上。灯座盒和开关盒等的位置必须准确无误。管子可走捷径，如果两管子交叉，则可利用钢筋将其错开，避免互相挤压，如图3-18所示。在现浇楼板、梁柱内敷设的管子，一般采用PVC波纹管或软铠装塑料管，也可用PVC管。线管的布置在浇筑和捣固混凝土时应能灵活地避开（如尽量沿钢筋布设），这样任何力都不会作用到管子所连接的接线盒、灯座盒、开关盒等上。

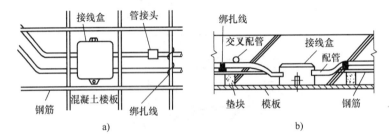

图3-18　在现浇楼板上固定线管及接线盒
a）俯视图　b）侧视图

灯座盒、接线盒等在模板上的固定方法如图3-19所示。

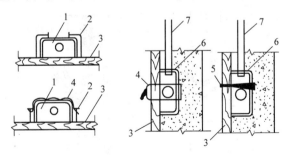

图3-19　灯座盒和接线盒在模板上固定
1—灯座盒　2—铁钉　3—模板　4—铁丝　5—螺钉
6—接线盒　7—PVC管

62. 怎样制作预埋木砖和木榫？

在电气布线施工中，常常需要预埋木砖和木榫，以便在它们上面安装开关、插座、瓷夹板、塑料线钉、灯座、灯具、电风扇调速器和配电板等。

木砖和木榫均应选用干燥的松木制作，要求木纹直，质地不宜过硬，也不宜太软，以木螺钉容易旋进、且能旋紧为准。潮湿的木材不能用，否则埋入或打入时是紧的，但过些日子木材干燥后就会发生松动。

木砖的厚度为 50～70mm，两面为正方形，靠墙面的一面较小。尺寸由被固定的电气设备重量、尺寸决定，其形状如图 3-20 所示。

图 3-20　木砖的形状

木榫的形状最好做成四方棱柱体，稍有斜度，但不能太大，否则木榫不易榫牢。四方棱柱体的木榫榫紧时四只角有弹性变形的余地，容易榫紧。木榫的尺寸要与榫孔的尺寸相配套，木榫太细了，打入后容易脱出；太粗了，不易打入，甚至造成木榫开裂。木榫的长度应比榫孔稍短一些，因为打榫时，孔内的碎屑会掉下来，因此要考虑这一间隙。木榫的长短还要与木螺钉配合，一般木螺钉旋进木榫的长度不宜超过木榫长度的一半。削制木榫时，应顺着木材的纹路。四方榫孔或圆形榫孔所配的四方棱柱木榫的尺寸如图 3-21 所示。

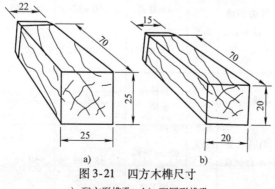

图 3-21　四方木榫尺寸

a) 配方形榫孔　b) 配圆形榫孔

固定铝片卡用的木榫可削成矩形或正八边形，长约 25mm。木榫尾部大、头部尖。尾部大约比所凿孔大 2mm。矩形木榫尺寸约为 12mm×10mm，正八边形则对边长为 8~10mm，如图 3-22 所示。不可将木榫削成锥体形，否则埋设不牢固。

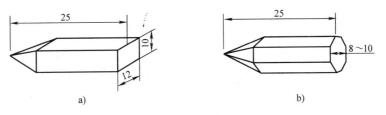

a) b)

图 3-22 固定铝片卡用木榫的尺寸
a) 矩形木榫 b) 正八边形木榫

63. 怎样选用木榫、竹榫和塑料胀管？

木榫、竹榫和塑料胀管等的选用及施工数据见表 3-5。

表 3-5 榫的选用和施工数据

建筑结构	安装内容	安装方向	榫及胀管的选用	冲击电钻钻头或墙铣规格/mm	榫孔深度/mm	木螺钉或水泥钉规格/mm
预制板	圆木台、人字木台	朝天	木榫	$\phi 6 \sim 8$	25~35	木螺钉 $\phi 3.4 \sim 4.5$
砖墙	插座、开关用的圆木台、双连木台、方板等	水平	塑料胀管	$\phi 10 \sim 12$	60~65	木螺钉 $\phi 5 \sim 6.3$
			木榫	遇砖缝用平口凿		木螺钉 $\phi 5 \sim 6.3$
混凝土柱、梁、墙	护套线布线	水平朝天	竹榫或木榫	$\phi 6$	20~25	水泥钉或鞋钉长 12~19
	插座、灯座、开关等的圆木台、双连木台、人字木台		8~10mm 塑料胀管，也可用木榫	$\phi 8 \sim 10$	50~65	木螺钉 $\phi 4.5 \sim 5$

（续）

建筑结构	安装内容	安装方向	榫及胀管的选用	冲击电钻钻头或墙铣规格/mm	榫孔深度/mm	木螺钉或水泥钉规格/mm
混凝土柱、梁、墙	铁壳开关、三相插座用的方板	水平	塑料胀管或木榫	$\phi10 \sim 12$	60～65	木螺钉 $\phi5 \sim 6.3$
	大型方板	水平	塑料胀管或木榫	$\phi10 \sim 12$	60～65	木螺钉 $\phi5 \sim 6.3$
			金属胀管		超过胀管5mm	—

注：1. 水平是指装于墙、柱和梁上，榫体轴线与地面平行；朝天是指装于梁和楼面上，榫体轴线与地面垂直。

2. 采用木榫时，榫孔深度可以减小些。

64. 怎样预埋木砖和木榫？

预埋木砖应配合土建工作进行。当土建进行到预先设定的木砖埋设位置时，将木砖砌入砖墙内或埋入混凝土梁内。此项工作必须预先做好准备工作，并随时留意土建的进度情况，以便及时将木砖埋入。如果遗留了，只能待土建结束，用凿洞水泥圬埋的方法处理，这时不但麻烦，而且埋设牢度也受影响。木砖的预埋方法如图3-23所示。

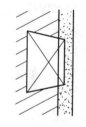

图3-23　木砖的预埋

打木榫的方法如下：

榫孔可以是方的，也可以是圆的。砖墙可以用凿子凿，也可以用冲击电钻打；混凝土结构应用冲击电钻打。砖墙上打榫孔，应尽量利用砖缝，如图3-24所示。榫孔尺寸要与木榫相配合，孔大了榫木榫不紧；孔小了木榫榫不进，甚至将木榫榫裂。榫孔的孔口、孔底宽狭尺寸不应相差太大，以利木榫榫紧。

当两榫孔之间的距离较小时，打榫应注意：榫孔不宜排在同一横线或垂线上，以免砖块断裂、松动，使木榫榫不紧。同时，应先把所有榫孔凿好后，放入木榫，一一交替榫紧。

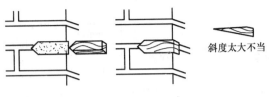

斜度太大不当

图 3-24　在砖墙上打榫

有时凿榫孔时将孔凿得太大（或榫孔处在松散的地方），这时干脆将榫孔扩大，改埋木砖的方法补救。这时的木砖厚度不应小于70mm，木砖的宽面朝内，狭面朝外。埋设前将孔内的粉尘除去，用水将孔壁和底部浇湿，在木砖底部和四侧抹上水泥砂浆，然后放入孔内，用水泥砂浆填塞孔的间隙。另外需注意，电气安装一定要在固定木砖的水泥基本固化后才能进行。

65. 怎样使用和埋设膨胀螺栓？

膨胀螺栓的胀管分塑料、金属和橡皮制几种，最常用的是塑料膨胀螺栓（钉），它由聚乙烯、聚丙烯材料制成。膨胀螺栓是靠木螺钉或螺帽拧紧，使胀管胀开，压紧建筑物孔壁而固定住。各式膨胀螺栓配件组合图如图 3-25 所示。

施工时，先用电钻或冲击电钻（混凝土时）根据榫体的直径在预埋位置钻好孔（不宜用凿子凿，以免榫孔过大）。清除孔内碎屑并将胀管塞入，将要安装的设备上的固定孔与胀管孔对准，放好垫圈，将木螺钉旋入即可。

塑料膨胀螺栓施工的牢固程度取决于胀管直径、榫孔直径以及木螺钉直径的相互配合情况，榫孔的深度要稍大于胀管的长度。

榫孔直径与膨胀螺栓规格的配合见表 3-6。

表 3-6　膨胀螺栓钻孔规格

螺栓规格	M6	M8	M10	M12	M16
榫孔直径/mm	10.5	12.5	14.5	19	23
榫孔深度/mm	40	50	60	70	100

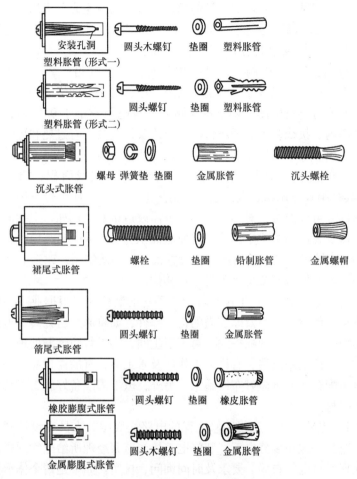

安装孔洞
塑料胀管 (形式一)　圆头木螺钉　垫圈　塑料胀管

塑料胀管 (形式二)　圆头螺钉　垫圈　塑料胀管

沉头式胀管　螺母 弹簧垫 垫圈　金属胀管　沉头螺栓

裙尾式胀管　螺栓　垫圈　铅制胀管　金属螺帽

箭尾式胀管　圆头螺钉　垫圈　金属胀管

橡胶膨腹式胀管　圆头螺钉　垫圈　橡皮胀管

金属膨腹式胀管　圆头木螺钉　垫圈　金属胀管

图 3-25　各式膨胀螺栓配件组合示意图

66. 装修电工工作流程是怎样的?

装修电工工作流程反映了装修操作过程的先后顺序及具体工作。一般工作流程如下:

1) 电路设计。如果是请家装公司装修,电路图已设计好,装修电工在施工作业前会得到电路交底。如果是请个体承接家装、业主自装时，电工师傅应在电路设计时陪同参观，与业主充分沟通，了解业主对电器的布局、开关、插座、灯具等要求，并根据住宅的等级（见第 27 问）及用电情况，绘出相应电路图。

2）施工前的检测。检测的项目有：①配电箱；②原开关、插座、灯具；③电气线路；④电视线路、电话线路和网络线路。

对原有电路检测，要求每支路的绝缘电阻不小于 0.5MΩ；查看配电箱内、接线盒内、插座盒内的导线及接头是否有过热和导线绝缘老化现象。如果一切正常，则可考虑保留原有线路。另一方面，需根据业主的需要，检查原有电路是否合理，导线截面积、插座容量（尤其是柜式空调器、电热水器、厨房电器等）选择是否正确。对合理的部分可以保留，对不合理的部分需改造重敷。例如，卫生间的电热水器及客厅的柜式空调器，若原截面积为 2.5mm² 铜芯导线，宜改用 4mm² 导线；又如原厨房插座设置太少，不便使用，改造时应增设插座。若原插座安装位置欠妥，可移位。

3）施工前的准备工作。对于二手房的装修，可根据业主要求凿去不准备保留的建筑及原装潢的构、部件，如将原厨房瓷砖、地砖及旧橱柜拆掉，将旧地板拆除；对于卫生间，需进行防渗漏处理。对于新购商品房电路改造，有许多工作涉及木工活，有的需预先做好，或与电工配合，方可做好布线施工。另外，电工需准备好施工工具和必要的器材。

4）电路交底。正规装修工程的电路交底相关人员有设计师、业主、监察经理和装修电工。装修电工接受监察经理所给电气图样，并且在现场对电气布局、要求及时间询问、核实。如果是请个体承接家装或业主自装时，则应结合前面的工作，与业主充分协商，最终确定电气装修施工方案。电气图样主要包括照明电路图（参见第 9 问）和照明布线图（参见第 10 问）。通过电气图以确定开关、插座、灯具等具体排布位置；弱电线路的位置；配电箱内总断路器、漏电保护器及分支回路断路器的规格、参数。

5）电路定位。由装修电工（业主可配合）在相应墙面用彩色粉笔画出准确的开关、插座、线路走向等具体位置和尺寸，以供开槽及开接线盒孔之用。电路定位要做到精准、全面、一次到位。

6）材料计划。根据电气图，在电路定位后，列出材料清单，确定所购电线、电气元器件数量及规格。通常材料清单交给业主，由业主采购。对于包工包料的工程，则材料由电工按清单购买。

7）材料验收。对所购电线及电工器材，逐一验收，核对生产厂家、品牌、数量及型号。主要是防止伪劣电气产品混入安装材料，给今后用电埋下隐患。材料验收时监察经理要在场。如果是包工包料的工程，最好在施工前要求业主验收材料。材料验收是装修中关键的一环。

8）开槽。开槽的方法请见第84问。

9）接线盒安装。将接线盒（开关盒、插座盒、吊扇调速器盒等）安装就位。

10）布管、穿线。对于住宅电气翻修改造，若原有线路合理、导线截面积选用正确、绝缘良好，则电气线路可以留用。有时可留用PVC管线，而将旧电线换掉。若原有导线抽出困难，可将线管在适当位置截断，抽出导线后，在截断处设置接线盒，再穿线。若在施工中不慎凿破了线管，可用管接头连接好后再穿线。对于重新敷管布线的线路，需安置好线管及套好连接的管接头后，再穿线。为了便于穿线，线管拐弯越少越好。天花板内、吊顶内的布线，电线需穿PVC阻燃线管保护。另外，电视线、电话线、网络线不应放在同一管内。

11）电路核对。对所敷设安装好的线路进行认真核对，检查有无遗漏或不合理的地方。若有问题，需及时补救与纠正。

12）整理电路图。完成布线后，如果有变动的布线，需要整理和重新绘制电路图，包括强电布置图和弱电布置图。

13）封堵。核对电路，确认正确无误后，便可封槽。即采用1:3的水泥砂浆抹面保护。

14）安装开关、插座、面板及灯具。灯具一般最后安装。

15）调试。全部电气装修安装完成后，即可进行检查、调试。

67. 布线施工前有哪些重要的准备工作？

为了使布线施工顺利进行，施工前必须做好以下准备工作：

1）核对电气施工图样，根据设计图样和进一步征求业主要求，确定用电器具、开关、灯具、插座的位置，确定电视线路、电话线路、网络线路等路数及走向。注意，绝缘电线与暖气、热水、燃气管之间的平行距离不应小于 300mm（管道上），200mm（管道下），100mm（交叉）。

开关、插座的常规安装高度（距地面高度）如下：

柜式空调器	300mm	悬挂式空调器	2000mm
壁挂式电视机	1100mm	普通电视机	650mm
洗手台	1300mm	洗衣机	1300mm
床头柜	650mm	书桌、厨房操作台	1000mm
电热水器	1700mm	普通开关	1300mm
普通插座	350mm		

以上为常规尺寸，如有特殊情况，按实际情况为准。

强、弱电交叉时，为避免干扰，必须用锡箔纸在交叉处进行屏蔽，长度在交叉处各 250mm。强电线管在上，屏蔽层在弱电线管上。

2）核对导线的走线及截面积；核对总断路器、分支断路器、漏电保护器的型号、规格，以及它们的配接是否合理。

3）核对导线、管材、电器件等数量及产品型号、规格，以及产品合格证。保证所安装的器材是合格产品。

4）检查预、坊埋件、特殊的加工件是否符合质量要求，核对其数量。

5）检查布线施工所有电工工具、加工工具、量具、仪表，以及绝缘胶带、接线鼻子、焊接工具等。

68. 对电器材料有哪些质量要求？

1）电器、电料的规格、型号应符合设计要求及国家现行电器产品标准的有关规定。

2）电器、电料的包装应完好，材料外观不应有破损，附件、备件应齐全。

3）塑料保护管、接线盒必须是阻燃产品，外观不应有破损及变形。

4）金属保护管、接线盒的外观不应有折扁和裂缝，管内应无毛刺，管口应平整。

5）配电系统的开关、插座与通信系统的终端盒、接线盒，宜选用同一系列产品。

69. 室内布线有哪些基本要求？

室内布线的原则（即基本要求）是安全、可靠、美观、经济。

1）安全。布线必须保证人身安全（避免触电）和财产安全（避免电气火灾等）。从选择材料、敷设方式、导线连接、接地（接零）线的安装等，均应考虑到人身、设备及建筑物等的安全。

2）可靠。布线应保证对住宅安全可靠地供电，同时要方便电气设备的使用和维修。

3）美观。现代住宅十分讲究美观，因此布线敷设应美观大方，尽量采用暗敷。所选用的开关、插座、灯具等的布置、摆设应与房间结构相协调。

4）经济。在保证安全、可靠供电的前提下，考虑用最合适的布线方式和施工方案，以求得节省材料和人力，方便安装和检修。对于对美观没有什么要求的房间，如地下室、储藏室、仓库等，不一定都采用暗敷方式，可采用塑料护套线等明敷。

具体要求如下：

1）绝缘导线的耐压等级应高于线路的工作电压。对于 220V 或 380V 电源，应使用耐压不小于 500V 级的；导线应有足够的截面积，即导线的安全载流量（见第 143 问）应大于用电负荷电流；导线应具有足够的机械强度。

2）布线要避开烟囱表面、暖气管、电冰箱散热器等发热体。

3）明布线路的最低高度，对于不同敷设方式有不同要求。如瓷夹板明敷时距地面不小于 2.5m，垂直线路不低于 1.3m。若低于上述高度时，均应装设预防机械损伤的装置。导线与建筑物之间的距离不小于 10mm。

4）明布线路导线与导线交叉、导线与其他管道交叉以及导线穿墙时，均需用绝缘套管（硬塑料管、瓷管）作隔离处理；过墙管两端伸出墙面不小于 10mm。

5）应尽量减少导线接头，尤其要避免铜铝接头。因为接头往往是故障所在，处理不当或使用日久，容易造成断路、短路，甚至发生火灾。

6）为确保安全，新敷设线路的绝缘电阻不应小于 0.5MΩ。

70. 为了使住宅供电安全可靠，具体布线时应注意哪些事项？

为确保安全供电，布线时应注意以下事项：

1）敷设的导线应便于检查、更换。暗敷配线一般应穿管进行，并设置适当的接线盒，以便于检查处理故障及更换导线。

2）应尽量避免导线接头。多一个接头就多一处引起故障的可能。尤其要避免铜铝接头。接头连接必须可靠。导线连接和分支处，不应受到机械应力的作用。穿管敷设的导线，在任何情况下都不能有接头。接头应放置在接线盒或灯头盒内。

3）布线要避开暖气管、烟囱等表面发热体。当必须通过时，应做好隔热处理（如采用石棉等隔热）。

4）在建筑物顶棚内，严禁采用瓷（塑料）夹板、瓷柱（包括鼓形绝缘子及针式绝缘子）布线。

5）明配线路的最低高度，一般距地面不小于 2.5m，垂直线路距地面不小于 1.8m［瓷柱、瓷（塑料）夹板明敷时为不小于 1.3m］。若低于上述高度时，应将导线穿管保护。导线与建筑物之间的距离不小于 10mm。

6）明敷导线穿墙、过楼板时，均需设保护管保护，过墙管两端伸出墙面不小于 10mm。

7）在有火灾、爆炸危险及潮湿的场所，一律采用暗敷，禁止明线敷设。

8）应正确配置线路的保护装置，合理选择断路器、隔离开关、熔断器、漏电保护器等。在设计供电线路时，大功率家用电器要使用单独供电线路，要将照明支路与插座支路分开等。此外，还要合理选择导线类型、导线截面积及线管的管径等。

71. 怎样选择室内布线方式？

室内布线的方式很多，有瓷夹板、瓷柱、瓷瓶明敷，塑料线槽敷设，PVC 管敷设，钢管敷设，塑料护套线敷设等。敷设的方法有明敷和暗敷两类。明敷，施工方便，预埋工作量小，但欠美观；暗敷，施工较难，预埋工作量大，但美观、更安全。具体选择哪种布线方式，应根据不同房间的用途、环境和安装条件及安全要求等因素决定，基本原则如下：

1）干燥少尘的房间，可采用塑料线槽、塑料护套线、瓷夹板、瓷柱、瓷瓶布线。为了美观，越来越多的住宅采用 PVC 管等暗敷布线。农村仓库、畜禽舍、放置杂物的房间多采用塑料护套线、瓷夹板、瓷柱或瓷瓶布线。因为这几种布线方式成本低，而且这些房间没有什么美观要求。对于用电量较大的线路，如农村场园及个体作坊动力用电等，宜用瓷瓶、瓷柱敷设。

2）潮湿多尘的房间，如浴室、厨房、卫生间、作坊，宜采用钢管或 PVC 管明、暗敷设，或瓷珠、瓷柱及塑料护套线明敷。浴室和厨房都较潮湿，尤其是厨房，不但温度较高，空气中的油烟、二氧化碳、二氧化硫会对电气设备造成腐蚀，因此不宜用木槽板敷设。木槽板易受潮，导线受潮后易漏电、易老化，并且容易发生短路事故。现在木槽板已被塑料线槽代替。同样，开关等不宜安装在厨房、浴室内；插座不宜安装在浴室内。如果浴室与卫生间等合用，则开关、插座安装应远离淋浴处。

3）易燃、易爆场所可用钢管（镀锌焊接钢管）明敷或暗敷，也可用 PVC 管暗敷。PVC 管布线的防火、防爆性能及机械强度均较钢管布线差，但它较经济，且防腐蚀性能很好。

从经济角度看，以瓷夹板、瓷珠、瓷柱布线最廉；以下依次是塑料护套线、塑料线槽、PVC 管、钢管布线。各种室内布线方式的适用场所见表 3-7。

表 3-7 各种布线方式的适用场所

布线方式	周围环境特性						说　明
	干燥	潮湿	腐蚀	易爆	易燃	多尘	
瓷瓶布线	○	○	○		○	○	适于用电量较大、线路较长的场所
瓷（或塑料）夹板布线	○						适于用电量小的场所
塑料线槽布线	○		○			√	适于用电量较小的场所，整齐美观，较配管布线经济
塑料护套线布线	○	√				√	适于用电量较小的场所，用铝片卡、塑料卡钉固定
SIFLA 扁电线*布线 NYM 护套线*布线	○	○	○			○	适于用电量较小的场所，用水泥钉固定，可在灰砂层内敷设
PVC 塑料管明敷	○	○	○			○	适于用电量较大的场所，布线较方便，较钢管布线经济
钢管明敷	○	(√)	(√)	○	○	○	适于用电量较大又易碰撞线路的场所
JDG 导管明敷	○	√	√	○	○	○	

注：○表示适用；√表示可用；(√) 表示钢管镀锌并刷防腐漆时可用；
　　*表示此种导线为德国产品。

72. 瓷夹板、瓷柱布线如何进行?

瓷夹板、瓷柱布线的步骤如下：

1) 定位、划线。根据照明电气施工图确定好布线走向，以及灯座、插座、开关等位置，然后划线。划线应尽可能沿房屋线脚、墙角等处进行。

2）凿孔、埋设预埋件和保护管。用钢凿及电钻在墙上预定的位置凿孔，并在孔内打入木榫及埋设木砖等。在导线穿墙或过楼板的地方，应预埋钢管、瓷管或硬塑料管等保护管。

3）将瓷夹板或瓷柱用木螺钉固定在砖墙的预埋木榫上或木结构材料上。对于水泥梁，可用冲击电钻打孔，用膨胀螺丝固定，也可用黏结法固定。

4）敷设导线。固定瓷夹板导线时，将导线嵌入瓷夹板内，左手拉直导线，右手拧紧固定螺钉。固定瓷柱导线更为简单，只要掌握绑扎方法即可。

73. 瓷夹板、瓷柱布线应注意哪些事项？

1）必须采用绝缘良好的导线，严禁采用裸导线。

2）瓷夹板布线的转角、绕梁和交叉的做法如图3-26所示。

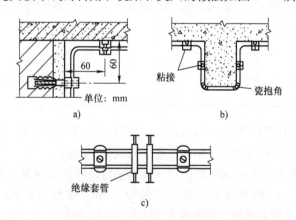

图3-26 瓷夹板布线的转角、绕梁和交叉的做法
a）转角做法 b）绕梁做法 c）交叉做法

3）导线绑扎在瓷柱上的做法如图3-27所示。绑扎时，不应损伤导线的绝缘。

4）导线在转弯、分支和接入电气设备时，均应装设支持件，支

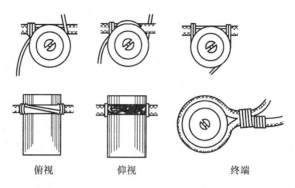

俯视　　　　　仰视　　　　　终端

图 3-27　导线绑扎在瓷柱上的做法

持件与转弯中点两侧、分支点和电气设备边缘的距离，对于瓷夹板布线为 40～60mm；对于瓷柱布线为 60～100mm。

5）室内布线的绝缘导线固定点最大间距见表 3-8。

表 3-8　室内布线的绝缘导线固定点最大间距

布线方式	导线截面积/mm²	固定点最大间距/mm
瓷夹板布线	1～4	600
	6～10	800
瓷柱布线	1～4	1500
	6～10	2000
	16～25	3000

6）瓷柱布线的绝缘导线固定点间距在 1.5m 以下时，导线的最小间距对于室内布线为 35mm，室外布线为 100mm。

7）绝缘导线对地距离：当导线水平敷设时，室内为 2.5m，室外为 2.7m；当导线垂直敷设时，室内为 1.8m，室外为 2.7m。垂直配线达不到上述要求时，应穿保护管。

74. 胶黏法布线的环氧树脂如何配制？

当瓷夹板、瓷珠或铝片卡要在混凝土预制板面或现浇楼面上敷设时，可采用胶黏法布线，效果较好。环氧树脂胶黏剂配比见表 3-9。

表 3-9 环氧树脂胶黏剂配比（重量比）

环氧树脂石棉 粉胶黏剂		6101 环氧树脂	苯二甲酸 二丁酯	二乙烯 三胺	石棉粉
		100	20	6 ~ 8	10
环氧树脂水泥 胶黏剂	方案	6101 环氧树脂	苯二甲酸 二丁酯	乙二胺	水泥
	1	100	30	13 ~ 15	300
	2	100	40	13 ~ 15	300
	3	100	50	13 ~ 15	400

注：1. 表中水泥应为 400 号 ~ 500 号硅酸盐水泥。

2. 表中方案 1 适用于夏季施工，方案 2 适用于冬季施工。

配制时，先将环氧树脂和苯二甲酸二丁酯按比例调和，再加入石棉粉或水泥，搅拌均匀然后加入二乙烯三胺（或乙二胺）充分搅拌成糊状，即可使用。

75. 怎样用胶黏法安装插座？

对于钢筋混凝土及砖墙结构的住宅，要在墙上安装插座比较困难，通常是在墙上用打孔机打孔，然后嵌入木桩或膨胀螺钉将插座固定。由于一般家庭较难做到，这里介绍一种简便易行的安装方法。

采用表 3-10 中的胶黏剂，或者采用 600 号水泥和适量的白乳胶混合调成糯糊状的胶黏剂。使用时先将安装处的墙壁表层铲除，露出混凝土或砖面，并将粉末清除干净；将插座固定在圆木上，然后在混凝土或砖面上和圆木底部涂上一层黏接剂，稍等片刻，将圆木压在墙上，待 24h 后即可使用。

76. 塑料护套线布线如何进行？

塑料护套线布线具体方法如下：

1）定位、划线。当灯座、插座、开关、调速器等安装位置确定以后，就可以进行划线工作。敷设塑料护套线应多沿墙壁，少走平顶。在多孔预制板的平顶上敷设时，以走在两块板的接缝处或圆孔正中处为宜。

2）凿孔、埋设木榫、固定铝片卡。木榫的尺寸见图 3-22（第62 问）。打入的木榫，其头部端面与墙面平。

在埋设的木榫上、木结构上或抹有灰层的墙面，用铁钉（最好用鞋钉）将铝片卡钉上。铝片卡之间的距离一般为 150 ~ 200mm，最大不超过 300mm。在距离灯座、插头、开关、调速器线路终端、转弯中点、接线盒等 50 ~ 100mm 处，都应设铝片卡。

3）敷设导线。先将导线从线卷中舒展开，对于较短的线路，可剪取所需长度后进行敷线；对于较长的线路，可用绳子、钩架等将导线吊起来再进行敷线。舒展导线需平直、清洁，否则会影响美观。如果导线已扭结弄弯，可以将导线两端拉紧，用螺钉旋具木柄来回刮直。塑料护套线的放线方法如图 3-28 所示。

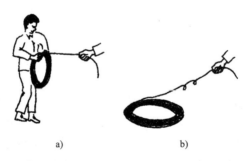

a)   b)

图 3-28　放线方法

a）正确　b）错误

塑料护套线应置于铝片卡中间，每夹持 4 ~ 5 个铝片卡后，应做一次检查，用螺钉旋具柄等工具将导线轻轻拍平、敷直，紧贴墙面。垂直敷设时，应自上而下进行。

转角时，塑料护套线的弯曲半径不应小于导线宽度的 6 倍。导线穿墙或穿楼板时，应先套好保护管。

4）铝片卡固定导线的操作步骤如图 3-29 所示；护套线支持点的位置如图 3-30 所示。

塑料线钉布线要求与铝片卡布线几乎相同，只是将铝片卡改为塑料线钉而已（塑料线钉外形见图 3-31，第 80 问）。

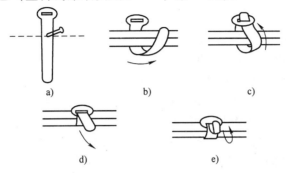

图 3-29　铝片卡夹持导线的操作步骤

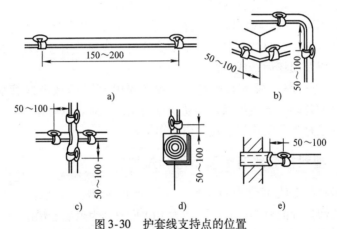

图 3-30　护套线支持点的位置

a）直线部分　b）转角部分　c）十字交叉　d）进入木台　e）进入管子

77. 塑料护套线布线应注意哪些事项？

塑料护套线布线应注意以下事项：

1）导线与建筑物应横平竖直，并与建筑物贴平。

2）塑料护套线与自来水管、下水道管等不发热的道管及接地导线紧贴交叉时，应加绝缘管保护。

3）塑料护套线应尽量避免中间接头。为此可用"走回头线"的方法解决，即把接头改在灯座盒、插座盒、开关盒及接线盒中进行。

4）塑料护套线敷设在多孔预制板的孔内时，不得损伤导线的护套层；导线在板孔内不得有接头。

5）塑料护套线进入灯座盒、插座盒、开关盒及接线盒连接时，应将护套层引入盒内。明装的电器则应引入电器内。

6）铝片卡或塑料线钉应与护套线配合适当。铝片卡或塑料线钉太大，导线易松垮；太小，导线又不易固定牢。具体配合参见第79问和第80问的表3-11和表3-12。

7）禁止直接将塑料护套线埋入墙内或混凝土中使用。在以下场合需要采取防护措施：

① 塑料护套线穿过墙壁的孔洞时，应用钢管或硬塑料管或瓷套管加以保护，以防止导线绝缘损伤。保护管管口应光滑。

② 塑料护套线敷设在天花板或吊顶内时，应用PVC管、金属软管等加以保护，目的是防止被小动物咬伤，或短路引起天花板或吊顶着火，以及损坏后造成检修困难。

③ 在房屋地板下的塑料护套线必须用PVC管或电线管加以保护，目的是防止导线绝缘被小动物咬伤及损坏后难以修理。对于木制地板，也是为了防止导线短路引起火灾。

78. 塑料护套线有哪些型号和规格？

塑料护套线可分为两大类：一类为BVV型，为聚氯乙烯绝缘、聚氯乙烯护套的铜芯线；另一类为BLVV型，为聚氯乙烯绝缘、聚氯乙烯护套的铝芯线。护套线有单芯、双芯和三芯几种，家庭电气安装中多采用双芯线（当住宅实行保护接零时，可采用三芯线）。塑料护套线的规格及载流量见表3-10。

表3-10 BVV型和BLVV型塑料护套线规格、结构尺寸及参考载流量

标称截面积 /mm²	导电线芯结构		绝缘厚度 /mm	护套厚度 /mm		最大外径 /mm			BVV 参考载流量/A			BLVV 参考载流量/A		
	根数	直径 /mm		单双芯	三芯	单芯	双芯	三芯	单芯	双芯	三芯	单芯	双芯	三芯
1.0	1	1.13	0.6	0.7	0.8	4.1	4.1×6.7	4.3×9.5	20	16	13	15	12	10
1.5	1	1.37	0.6	0.7	0.8	4.4	4.4×7.2	4.6×10.3	25	21	16	19	16	12

（续）

标称截面积/mm²	导电线芯结构		绝缘厚度/mm	护套厚度/mm			最大外径/mm			BVV 参考载流量/A			BLVV 参考载流量/A		
	根数	直径/mm		单双芯	三芯	单芯	双芯	三芯	单芯	双芯	三芯	单芯	双芯	三芯	
2.5	1	1.76	0.6	0.7	0.8	4.8	4.8×8.1	5.0×11.5	34	26	22	26	22	17
4.0	1	2.24	0.6	0.7	0.8	5.3	5.3×9.1	5.5×13.1	45	38	29	35	29	23
5.0	1	2.50	0.8	0.8	1.0	6.3	6.3×10.7	6.7×15.7	51	43	33	39	33	26
6.0	1	2.73	0.8	0.8	1.0	6.5	6.5×11.3	6.9×16.5	56	47	36	43	36	28
8.0	7	1.20	0.8	1.0	1.2	7.9	7.9×13.6	8.3×19.4	70	59	46	54	45	35
10.0	7	1.33	0.8	1.0	1.2	8.4	8.4×14.5	8.8×20.7	85	72	55	66	56	43

79. 铝片卡有哪些规格，如何选用？

铝片卡又称钢精轧头，厚度一般为0.35mm。其尺寸如图3-31所示，其尺寸及与塑料护套线的配用见表3-11。

a)　　　　　　　　b)

图 3-31　铝片卡尺寸

a）式样一　b）式样二

表 3-11　铝片卡规格尺寸及与塑料护套线的配用

规格	总长 L/mm	条形宽度 B/mm	配用塑料护套线的截面积/mm²	
			双芯	三芯
0号	28	5.6	0.75~1（单根）	—
1号	40	6	1.5~4（单根）	0.75~1.5（单根）
2号	48	6	0.75~1.5（两根并装）	2.5~4（单根）
3号	59	6.8	2.5~4（两根并装）	0.75~1.5（两根并装）
4号	66	7	—	2.5（两根并装）
5号	73	7	—	4（两根并装）

用铝片卡固定塑料护套线的缺点是牢固度差，工序多，施工比较费时。采用塑料线钉能克服这一缺点。

80. 塑料线钉有哪些规格？如何选用？

塑料线钉又称塑料钢钉电线卡，用于明敷电线、塑料护套线、电话线、闭路电视同轴电缆等。其外形如图3-32所示。塑料线钉的规格及与塑料护套线的配用见表3-12。

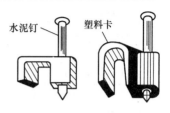

图3-32　塑料线钉的外形

当需固定三芯护套线时，可选用大一档的塑料线钉或用电工刀把塑料线钉的凹槽切去一些。但凹槽宽度应等于或略小于护套线的宽度，以防护套线在线钉凹槽内晃动。

表3-12　塑料线钉的规格及与塑料护套线的配用

规格	固定方式	配用塑料护套线的截面积/mm²
0号	单边	1（双芯单根）
1号	单边	1.5（双芯单根）
2号	单边	2.5（双芯单根）
3号	双边	1（双芯两根并联）
4号	双边	1.5（双芯两根并装）
5号	双边	2.5（双芯两根并装）

81. 塑料线槽布线如何进行？

塑料线槽布线具体方法如下：

（1）定位、划线、凿孔、埋设预埋件和保护管

此项工作基本上与瓷夹板、瓷柱布线方法相同。定位、划线时应沿房屋的线脚、墙角、横梁等较隐蔽的地方。为了便于施工，敷设位置也不能紧靠墙角。线槽应与建筑物的线条平行或垂直，做到整齐、美观。塑料线槽不能穿越顶棚、墙壁和楼板。当导线需穿墙或穿过楼板时，应埋设保护管。线槽底板可用水泥钉固定，但当用塑料线槽敷设导体截面为6mm²以上的导线时，为了牢固，必须埋设木榫。

（2）固定底板和明装盒

在划线的路径上一段一段地固定线槽底板。槽板不够长时，可将两根槽板对接，但底板和盖板的接口不宜在同一地方。

槽板在转角处连接时，应把两根槽板端部分别用钢锯锯成45°斜角；分支处应成T形叉接。

在固定底板时，应在距底板起点和终点30mm处应用螺钉或水泥钉固定；起点和终点固定水泥钉之间，两钉的距离一般应不大于500mm。

如果开关、插座采用明盒安装，则预先在安装处理设木砖或木榫或塑料胀管，将其固定好，将底板直接插入明装盒内。当线槽的终端进入圆木安装开关、插座或吊线盒时，需将圆木用电工刀开口，以便卡住线槽。

当开关、插座为暗装时，开关面板或插座面板不能直接固定在线槽的盖板上，应该先埋设接线盒（开关盒、插座盒），再把开关面板或插座面板与接线盒连接。

（3）敷线、盖盖板

预先按线路走向和尺寸把盖板料下好，由于在拐弯分支处要加附件，盖板下料时要控制好长度，盖板要压在附件下8～10mm。直线段对接时，上面可不加附件。敷线时将导线放入底板内，再把盖板盖上。

塑料线槽安装如图3-33所示。相应的附件如图3-34所示。塑料接线盒及盖板型号规格见表3-13。

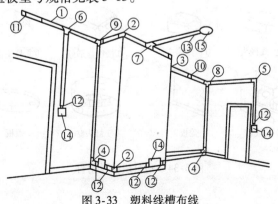

图3-33　塑料线槽布线

表3-13　塑料接线盒及盖板型号规格

型号		规格尺寸/mm				编号
		A	B	H	D	
接线盒	SM51	86	86	40	60.3	HS1151
	SM52	116	86	40	90	HS1152
	SM53	146	86	40	121	HS1153
盖板	SM61	86	86	—	60.3	HS1161
	SM62	116	86	—	90	HS1162
	SM63	146	86	—	121	HS1163

注：A表示长；B表示宽；H表示高；D表示安装孔距。

实际施工中，也可以不采用附件，布线也更美观。

图3-34　塑料线槽及附件

82. 常用聚氯乙烯塑料电线管有哪些规格？

在建筑电气安装中，由于聚氯乙烯塑料管具有质量轻、安装方便、耐腐蚀性强及价格低廉等优点，因此应优先选用。常用的塑料管材有聚氯乙烯半硬质电线管（FPC）、聚氯乙烯硬质电线管（PVC）和聚氯乙烯塑料波纹电线管（KPC）等三种。以上三种塑料管均为阻燃材质，其极限氧指标不小于27%。常用聚氯乙烯塑料电线管的规格见表3-14。

表3-14　常用聚氯乙烯塑料电线管规格

管材种类（图注代号）	公称口径/mm	外径/mm	壁厚/mm	内径/mm	内孔总截面积/mm²	内孔%时截面积/mm²		
						33%	27.5%	22%
聚氯乙烯半硬质电线管（FPC）	16	16	2	12	113	37	31	25
	18	18	2	14	154	51	42	34
	20	20	2	16	201	66	55	44
	25	25	2.5	20	314	104	86	69
	32	32	3	26	531	175	146	117
	40	40	3	34	908	300	250	200
	50	50	3	44	1521	502	418	335
聚氯乙烯硬质电线管（PVC）	16	16	1.9	12.2	117	39	32	26
	20	20	2.1	15.8	196	65	54	43
	25	25	2.2	20.6	333	110	92	73
	32	32	2.7	26.6	556	183	153	122
	40	40	2.8	34.4	929	307	256	204
	50	50	3.2	43.2	1466	484	403	323
	63	63	3.4	56.2	2386	787	656	525
聚氯乙烯塑料波纹电线管（KPC）	15	18.7	峰谷间 2.45	13.8	150	50	41	33
	20	21.2	2.60	16.0	201	66	55	44
	25	28.5	2.90	22.7	405	134	111	89
	32	34.5	3.05	28.4	633	209	174	139
	40	45.5	4.95	35.6	995	328	274	219
	50	54.5	3.80	46.9	1728	570	475	360

83. 穿线管敷线的基本原则是怎样的?

1) 管线的敷设应横平竖直。沿地坪暗埋的管线可就近敷设。对于 PVC 管,管壁厚度应不小于 1mm。

2) 管线的敷设应尽可能减少弯头,弯管要用硬弹簧穿入后现弯,严禁使用弯头连接,避免维护时对导线造成损伤。当线管、导线超长时,应在中途加设过渡暗盒,以便穿越、施工。不得在转弯时采用 90°弯头和三通接头。

3) 导线穿管,必须待线管敷设完成后(包括连接的套管)进行,以保证顺利穿线和日后导线能进行更换。不得将导线穿入线管内再进行敷设。

4) 严禁将管线敷设在厨房、卫生间地砖下及地毯、复合地板下。敷设在木地板下的线管应有固定措施。

5) 吊顶内的导线必须穿管敷设。照明灯需一只灯配一只接线盒。穿线盒和接线盒不得固定在吊杆或龙骨上;使用软管接至灯位,其长度一般不大于 1.2m,软管两端采用专用接头与接线盒、灯具连接,应牢固。

6) 穿入线管的导线严禁有接头,接头必须放置在接线盒内。

7) 穿管导线的总截面积不得大于线管内径的 40%;不同性能用途(如强电与弱电)的导线严禁混穿于同一线管内。

8) 导线管与其他管线间隔距离规定见表 3-15。

表 3-15　导线管与其他管线的距离　　　　单位:mm

类别位置	导线管与燃气管、水管间距	电气开关、插座与燃气管间距	导线管与压缩空气管间距
同一平面	≥100	≥150	≥300
不同平面	≥50	≥150	≥100

9) 导线进入接线盒、灯头盒内必须留有足够的长度,不得小于 150mm,以便插座、开关的安装、检修及更换。

10) 同一住宅内配线的颜色应统一。导线颜色的选用见第 148 问。

84. PVC 管暗敷布线如何进行？

PVC 管即聚氯乙烯阻燃管，具有耐酸、碱腐蚀等优点。暗敷PVC 管要求能承受一定的正压力，有较高的软化点，富有弹性，管壁厚度不小于 3mm，明敷时管壁厚度应不小于 2mm，且必须具有离火即熄的性能。禁止使用软塑料管暗敷。

(1) PVC 管暗敷的步骤

1）测量敷设长度，进行锯断、弯管、连接工作。

2）将 PVC 管与灯座盒、开关盒等插接好，并在灯座盒、开关盒内塞满废纸，以防土建施工时水泥、砂石等进入。

3）将 PVC 管和灯座盒、开关盒等固定在模板（最好在未扎钢筋前进行）或墙上（沿敷设方向预先凿好沟，或在砌墙施工过程中预埋入）。注意管子埋入要有一定的深度。

4）随时检查布管等有无遗留或错误。

5）应避免有三个以上的弯头，否则应增设接线盒。对于较难穿线的地段，可在布管完工前将钢丝穿入管内，以便于穿导线。

6）暗敷管子最好敷设在预制板楼板拼装缝中。如果不能利用缝槽，则只能敷设在预制板的上表面，这时可在预制板装灯具的部位凿一洞，把管子弯一个头，穿至预制板下表面，以便与灯座盒相接。敷好后在预制板上再浇一层水泥，将管子盖没。

7）线管内若有细砂、灰尘（二手房电气装修中会碰到），穿导线时可能会割伤导线的绝缘层及影响穿线，需将细砂、灰尘清除。清除方法：对于不甚严重时，可用嘴用力在线管一端吹，杂物会在线管另一端喷出；对于杂物较多、砂粒较大时，可用空压机吹除。

线管内若有沥青等类黏稠物时，引导钢丝也很难穿过，这时可将烧开的水灌入管内，将其溶化，再用钢丝绑上小块条布反复拉，把黏稠物清除，再用干布将管内拉擦干净，过一段时间再穿导线。这种做法对于埋设于钢筋混凝土中的线管，又不便重新敷设的情况下是可行的。

(2) PVC 管坞埋的步骤

1）开槽、凿孔。采用 PVC 管暗敷，可在砖墙上用斜管凿或凿子凿槽。有条件时可用 ZIC - 01 - 26 型锤凿两用机及手提式石料切割机（云石机）开槽。开槽宽度应以能放入所选用的 PVC 管为度，深度则应保证嵌入后的线管外表面至墙砖外面距离不小于 15mm。通常，PVC 管直径为 16mm 单槽宽度为 20mm，双槽宽度为 40mm，槽深度为 30mm；PVC 管直径为 20mm，单槽宽度为 25mm，双槽宽度为 50mm，槽深度为 30mm。暗装开关盒、插座盒、接线盒均需预先凿孔，安装深度以盒口平面凸出墙面 3～4mm 为宜。凸出部分为接线盒凸缘。这样，盒盖装上后，其周围正好与墙面贴平。凿孔内埋设木榫或塑料胀管，以便用于固定接线盒。对不受拉力的接线盒，也可省略木榫或塑料胀管。

需要指出的是，钢筋混凝土结构上禁止开槽，如果不得已，则开槽时绝不能伤及钢筋结构，或者使钢筋露在外面。在钢筋混凝土的墙上开槽时，应使用云石机切割，不宜使用电锤。电锤容易使埋线槽周围的墙体松动，破坏墙体结构。

室心板顶棚，禁止横向开槽。

开槽一般遵循横平竖直、就近、方便、合理、高效、美观的原则；一般强电走上，弱电在下；同一房间、同一线路禁止错开开槽，应一次开到位。

2）PVC 管加工及埋设。根据需要对 PVC 管进行截断、弯曲、连接等加工，然后将 PVC 管埋入槽内。固定 PVC 管：地面 PVC 管每间隔 1m，转弯和分路各终端须双头固定；地槽 PVC 管每间隔两米须固定；墙槽 PVC 管每间隔 1m 须固定；PVC 管多根并排时，骑马卡应在同一水平线上，间隔均匀。线管采用 1：3 的水泥砂浆抹面保护，保护层厚度不应小于 15mm；接线盒与墙洞空隙处，应用水泥砂浆补牢，与墙面持平。

（3）注意问题

当设计无要求时，埋设在墙内或混凝土内的绝缘线管，应采用中型以上的线管。可以从绝缘线管外表面印刷标记来确认线管类型。标记为 10 位数。例如，315/1200001，其中，第一位数是机械性能代号，用 1、2、3、4、5 分别表示超轻型、轻型、中型、重型和超重型。现举例的"3"，即是符合规定的埋设于混凝土内机械性能要求的中型线管。后两位数"15"表示温度性能，可在 – 15℃ 环境温度下敷设。斜线后面相邻的"1"表示其可弯曲性能为刚性（2 为可弯曲，3 为可弯曲自恢复）。其后面的"2"表示电性能属于可做附加绝缘。"0000"表示对塑料绝缘线管不作要求。最后一位数是阻燃性能代号，1 表示阻燃（非扩燃），2 表示扩燃。

在施工现场，可用以下简易方法检测是否是"中型"：切长为 20cm 的样品，放置在室温 24h 后，加 750N 压力 30s 后，经 60s 恢复，压扁度不大于 10%。通常让一个普通身体的人在样品上踩压，即可知管材的基本情况。

85. PVC 管怎样加工?

布线准备中的一个重要工作是 PVC 管的加工。

（1）弯曲

PVC 管可采取冷弯法将其弯成所需的角度。弯管前管内应穿入相应的弯管弹簧。常用的弯管弹簧有 4 种规格，即 16mm、20mm、25mm、32mm，分别适用于相应的 PVC 弯管。弯管弹簧内穿入一根绳子，绳子与弹簧两端的圆环打结连接后留有一定的长度，用绳子牵动弹簧，使其在 PVC 管内移动到需要弯曲的位置。弯曲时用膝盖顶住 PVC 管需弯曲处，用双手握住管子两端，慢慢使其弯曲，如果速度过快，易损坏管子及管内的弹簧。弯曲后，一边拉拴住弹簧的露在管子外的绳子，一边按逆时针方向转动 PVC 管，将弹簧拉出。

（2）截断

PVC 管可用截管器或 PVC 剪刀轻松截断，也可用钢锯锯断。PVC 管厂提供的专用剪刀可以切割 φ16～40mm 的管子。用截管器或专用剪刀切割管子，管口光滑。若用钢锯切割，管口毛糙，需光洁处理后方可进行下一道工序。

（3）连接

PVC 管的连接有插入法和采用专用配件法两种。采用这两种方法连接时，在接合面均应涂上专用接口胶（胶黏剂）。即使在暗敷的管子，连接处也不能遗漏涂胶。涂抹接口胶时，接口面应保持干燥，套管的内表面和管子的外表面都应涂抹接口胶。如套管稍大，可在管头上缠绕塑料胶布然后涂胶。涂胶后立即扭动插入，至少放置 15 s 后方能继续施工。

连接 PVC 管的专用配件有直接头、90°弯头、45°弯头、异径接头和活接头等。它们的连接方法如图 3-35 所示。

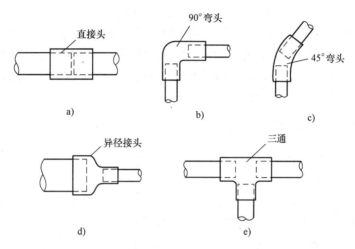

图 3-35　PVC 管采用专用配件的连接方法

86. PVC 管明敷布线如何进行？

（1）配管的固定

PVC 管的固定方法大体可以分为 4 种：第 1 种，用鞍形管夹或管码（管卡）固定在支架上；第 2 种，直接固定在建筑物的墙壁或梁柱上；第 3 种，采用管卡、塑料胀管、木螺钉固定；第 4 种，用 U 形卡固定在钢支架上。

若 PVC 管固定在墙上，应采用有底座管码。用一只塑料胀管固定底座后，再用自攻螺钉把管码连同 PVC 管一起固定在底座上。当然也可用无底座管码，但需用两只塑料胀管固定管码，而且两只塑料胀管的相对位置要对正，否则管码无法固定。该方法不但增加成本，还增加施工难度，故一般不采用。

家庭明敷线管的固定方法如图 3-36 所示。

（2）布线要求

1）明敷线管应排列整齐，固定点间距应均匀，管卡间最大距离应符合表 3-16 的规定。管卡与终端、转弯中点、电气器具或盒（箱）边缘的距离为 150 ~ 500mm。

表 3-16　PVC 管管卡间最大距离

敷设方法	管内径/mm		
	≤20	25 ~ 40	≥50
吊架、支架或沿墙敷设	1.0	1.5	2.0

2）明管布线采用明装式塑料接线盒（开关盒、插座盒）。由于这种接线盒是安装在墙面上，所以接线盒盒体无明显的敲落孔，安装时可根据实际需要另行开孔。明装式开关的安装如图 3-37 所示。

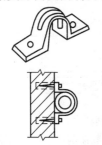

图 3-36　家庭明敷线管的固定方法

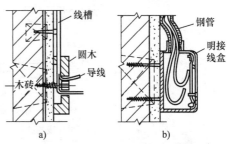

图 3-37　明装式接线盒的安装

a）在圆木上安装　b）在灰砂层上安装

3）如果明管布线有可能使插座、开关受到机械损坏，则插座、开关应采用暗装式。

87. PVC 管怎样穿线？

穿线工作一般在布管全部结束后进行。大致包括以下几个步骤：

1）穿引线铅丝。一般采用直径为 1.6mm（16 号）铁丝或 1.2mm（18 号）钢丝，头部弯成钩状。如果碰到铅丝穿不通时，可以在管子两头同时穿引铅丝，如图 3-38 所示的方法，将两铅丝相互绞在一起，再向外接出。

2）将导线结扎在引线上（见图 3-39），要求结扎牢固，结头光滑。

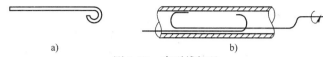

图 3-38　穿引线钢丝

a）引线钢丝外形　b）互穿引线钢丝

3）拉线。拉线时至少要两人配合，一人拉，一人送。送线时要防止将导线弄乱、出小弯勾。

4）导线留头。导线穿好后，要剪去多余部分，留出必要的长度，以便日后接线。注意留头不可太短，以免接线不便以及今后检修时没有余量。

5）给导线标上记号。若管子内有颜色相同的导线时，应做好记号，以便日后正确接线。

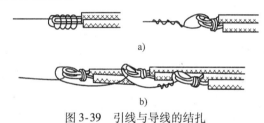

图 3-39　引线与导线的结扎

a）二根导线的结扎　b）数根导数的结扎

88. PVC 管有哪些规格？如何选用？

PVC 管及配件的规格是以直径来表示的，常用的规格有 φ16、φ20、φ25、φ32、φ40、φ50 和 φ63 等几种。住宅装修中最常用的有前 4 种。

绝缘导线允许穿 PVC 管根数及相应最小管径见表 3-17。

表 3-17　BV、BLV 型塑料线穿 PVC 管时管径选择

导线截面积/mm² ＼ 穿管导线根数 线管直径/mm	2	3	4	5	6	7	8	9	10	11	12
1	16	16	16	16	16	16	16	16	16	16	16
1.5	16	16	16	16	16	16	20	20	20	20	20
2.5	16	16	16	16	16	20	20	20	20	20	25

（续）

穿管导线根数 线管直径/mm 导线截面积/mm²	2	3	4	5	6	7	8	9	10	11	12
4	16	16	16	20	20	20	20	25	25	25	25
6	16	16	20	20	20	25	25	25	25	32	32
10	20	20	25	25	32	32	32	40	40	40	40
16	25	25	32	32	32	40	40	40	40	50	50
25	32	32	32	40	40	40	50	50	50	50	50
35	32	32	40	40	50	50	50	63	63	63	
50	40	40	50	50	50	63	63	—	—	—	—

89. PVC可挠管有哪些特点？

PVC可挠管又称可弯硬塑管，是一种半硬塑料管。它是采用改性无增塑刚性阻燃PVC塑料制成的。PVC可挠管的性能与PVC阻燃管相似，强度高、韧性好，且可用手工直接弯曲成所需角度，施工省事省力，在住宅、公用设施及工厂现浇混凝土结构的电气安装中得到广泛应用。但它不易伸直，所以明敷时较少采用。PVC可挠管可分为轻型（320N）、中型（750N）和重型（1250N）三种。选用时，需注意区分。如埋设在墙内或混凝土内，应采用中型或重型可挠管。

PVC可挠管具有以下主要特点：

1）耐腐蚀，防虫害。PVC可挠管具有耐一般酸碱的性能，故可在这类恶劣环境中敷设（钢管则不行）。另外，它不含增塑剂，因此不怕虫害。

2）强度高，可弯性好，抗老化。施工中即使把管子压扁到它的直径的一半，也不破裂，因此敷设在现浇混凝土结构中，不怕振捣器振动和施压。由于可用手工弯管，克服了钢管或硬塑料管施工的困难。冬季施工时仍可手工弯曲，不会开裂。

3）安全可靠。PVC可挠管具有自熄性能，同时它的传热性能差，因此能很好地保护导线不受高热影响。另外，它的电绝缘性能较好。

4）施工简单方便。与 PVC 管相似，截断和弯曲管子只需专用剪刀或钢锯和弯管弹簧即可；接管可用专用接口胶。

5）投资较低。PVC 可挠管价格比钢管低，而且重量轻，搬运方便。

90. PVC 可挠管布线如何进行?

PVC 可挠管布线的施工方法和要求基本上与 PVC 管相同。可开槽预埋在墙内和地下，以及埋在现浇混凝土内。这里结合 PVC 可挠管的特点提几点补充要求：

1）PVC 可挠管的连接可采用套管粘接法，如直径为 20mm 的 PVC 可挠管可用直径为 25mm 的 PVC 可挠短管套接，套接长度不应小于连接管外径的 2 倍。

2）PVC 可挠管水平敷设时，应沿两预制楼板拼接缝中布置，也可敷设在楼板面上的水泥砂浆层中。

3）PVC 可挠管较 PVC 管更适合在现浇混凝土楼板中敷设。

4）敷设 PVC 可挠管宜减少弯曲，当直线段长度超过 15m 或直角弯超过 3 个时，应增设接线盒。

5）管子弯曲处曲率半径不应小于管外径的 4 倍，并且弯曲要均匀。

6）刚性导管（如钢管、PVC 管）及 PVC 可挠管经柔性导管（如镀锌金属软管、PVC 波纹管）与电气设备、器具连接时，柔性导管的长度在动力工程中不大于 0.8m，在照明工程中一般不大于 1.2m。

91. 什么是 PVC 波纹管? 它有哪些规格?

PVC 波纹管又称聚氯乙烯塑料波纹管，系一次性成型的柔性管材，其外形如图 3-40 所示。

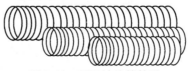

图 3-40　PVC 波纹管外形

PVC 波纹管具有质轻、韧性好、难燃、耐腐蚀、抗老化、绝缘性能好、可任意弯曲、价格便宜等优点，很适宜于住宅暗敷布线。

PVC 波纹管的规格有（直径）10mm、12mm、15mm、20mm、25mm、32mm、40mm、50mm 等多种。10~15mm 的 PVC 波纹管每卷长 100m；20mm 和 25mm 的每卷长 50m；32~50mm 的每卷长 25m。

92. PVC 波纹管布线如何进行？

PVC 波纹管布线的施工方法和要求与 PVC 管及 PVC 可挠管一样，可开槽预埋在墙内和地下，以及埋在现浇混凝土内。这里仅就 PVC 软管施工的特点，补充几点要求：

1）PVC 波纹管之间的连接可通过专有的 A 型或 B 型接头实现，如图 3-41a 所示；A 型与 B 型接头外形如图 3-41b 所示；PVC 波纹管与塑料接线盒的连接，同样可通过 A 型或 B 型接头实现，如图 3-41c 所示。

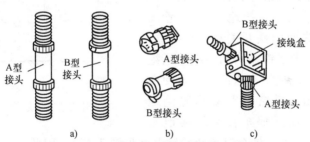

图 3-41 PVC 波纹管之间及与接线盒的连接

a）波纹管之间连接 b）接头外形 c）波纹管与接线盒连接

2）PVC 波纹管与塑料接线盒的连接还可以采用钢圈卡固定。即将 PVC 波纹管用钢锯锯开两道口子，并将其插入接线盒敲落孔内，然后用钢圈卡顺口卡入即可，如图 3-42 所示。

3）用 PVC 波纹管暗敷布线时，宜适当增加接线或过线用的接线盒，以便于穿线和日后维修。

4）PVC 波纹管宜减少弯曲，以方便穿线。当直线段长度超过 15m 或直角弯超过 3 个时，应增设接线盒。

5）在贴有瓷砖、华丽板等装饰的部位，可将 PVC 波纹管、PVC 可挠管或铝塑管等暗敷在它们的里面，通过接线盒引出开关、插

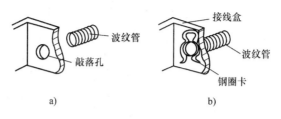

图 3-42　PVC 波纹管用钢圈卡与接线盒连接
a）插入　b）卡住

座等。

93. 为什么 PVC 管配线中禁止使用铁开关盒？

PVC 管配线中需采用塑料开关盒、接线盒。钢管配线中需采用金属开关盒、接线盒，并在金属体上采取保护接零（接地）。PVC 管配线中如果使用铁开关盒、接线盒、插座盒，则当铁盒内的导线一旦绝缘层损坏或接线头松脱，铁盒便会带电。由于铁盒与 PVC 管是绝缘的，使铁盒无保护接零（接地），

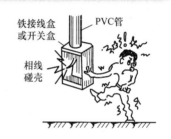

图 3-43　PVC 管配线使用铁开关盒等的危险

从而当人体触及铁盒时会造成触电（见图 3-43），因此 PVC 管配线只能用塑料材料的开关盒、接线盒和插座盒，禁止使用金属制品。

94. 钢管布线如何进行？应注意哪些事项？

在有易燃、易爆物质及有酸、碱等腐蚀性介质的场所，宜采用钢管布线。在有易燃、易爆物质的场所，宜采用明敷或暗敷；在有酸碱等腐蚀性介质的场所，宜采用暗敷。

钢管布线的方法与 PVC 管布线的方法基本相同，但施工工艺较复杂、难度也大。施工时应注意以下事项：

1）钢管质量必须良好，管子不应有折扁、裂缝、砂眼、锈蚀、管内无铁屑、管口无毛刺。

2）所配用的开关盒、接线盒、插座盒及灯座盒等，均采用铁制品，禁止使用塑料制品，以防可能发生的触电事故。

3）凡钢管之间、钢管与开关盒、接线盒、插座盒、灯座盒、配电箱等电气设备之间均用金属导线跨接，并紧密连接，使整个线管系统的金属外壳连成一体，并采用保护接零（接地），以确保安全。跨接地线的尺寸参见第95问。

钢管之间的连接有丝扣连接和套管连接两种方法。薄壁钢管、电线管的连接必须用丝扣连接或套管紧定螺钉连接。

① 丝扣连接。先将欲连接的两根钢管的管端，用绞管牙绞出螺纹，螺纹长度应不小于管接头长度的1/2，然后用套接头将两根钢管连接（必要时可加防松螺母）。绞管时一般用台虎钳把管子固定住进行。管径较细的薄壁钢管、电线管，可用圆板牙扳手绞牙；管壁较厚的钢管可用螺纹板牙扳手绞牙。常见型号有 GJB – 60W 型和 GJB – 114W 型。常用的台虎钳如图 3-44 所示。管子连接好后，需在管接头两端跨接地线，如图 3-45 所示。图 3-45a 所示的焊接法是过去的做法，现已废止。因为用此法必然破坏内外表面的镀锌保护层，外表面可用刷油漆补救，而内表面则无法刷漆，日久会造成锈蚀。丝扣连接的螺纹连接处需涂防锈漆。

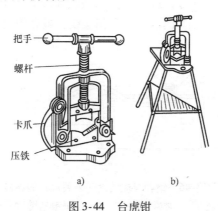

图 3-44　台虎钳
a）龙门式　b）三脚式

② 套管连接。适用于暗配管，套管长度为连接管外径的 1.5 ~ 3

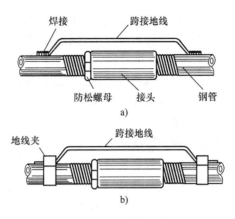

图 3-45　钢管的连接

a）跨接地线焊接（已废止）　b）跨接地线用地线夹连接

倍，连接管的对口处应在套管中心。采用套管紧定螺钉连接时，螺钉应拧紧；在振动的场所，紧固螺钉应有防松弹簧垫圈。

钢管与开关盒、接线盒、插座盒、配电箱等之间用锁紧螺母连接，如图 3-46 所示。锁紧螺母由钢板冲制而成，表面防锈层镀锌或涂机油。螺纹与同规格钢管相配合。安装时，先将钢管管端绞出螺纹，在管子上旋上一个薄螺母，将管端穿入接线盒或开关盒等的敲落孔中，再旋上盒内螺母，让管子露出 2 ~ 3 扣螺纹，最后用扳手把盒外螺母旋紧，再套上护线圈。钢管与接线盒、开关盒等之间要用导线跨接。

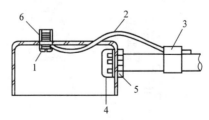

图 3-46　钢管与接线盒（开关盒）的连接

1—M4 机螺钉（带弹簧垫圈）　2—4mm² 裸铜线　3—地线夹

4—护线圈　5—锁紧螺母　6—套塑料软管（也可用纸胶带粘）

4）金属导管严禁对口熔焊连接；镀锌和壁厚不大于 2mm 的钢管

不得采用套管熔焊连接。

5）在现浇混凝土中埋管，应在编钢筋时进行。钢管外径如果超过混凝土厚度的1/3时，不宜在此埋管。

6）在伸缩缝或沉降缝处，两侧均应设接线盒。导线长度留有余地，从两盒通过。

7）薄壁钢管（壁厚不大于2mm）采用紧定连接、扣压连接，连接处可以不做跨接接地线。

95. 跨接地线和接地夹有哪些规格？如何选用？

（1）跨接地线的尺寸（见表3-18）

表3-18　跨接地线尺寸

公称直径/mm		跨接地线尺寸/mm	
电线管	水、煤气管	圆钢直径	扁钢
≤32	≤25	6	—
40	32	8	—
50	50	10	—
70~80	70~80	—	25×4

（2）接地夹

地线夹是一种专门用于连接接地线的夹具，使安装速度加快。过去跨接地线可用焊接法连接，现已废止。

地线夹如图3-47所示，螺钉采用A2-3线材，箍头采用B2-3F型碳素冷轧钢带，箍条采用B2-3F型普通碳素钢。地线夹型号规格见表3-19。

表3-19　地线夹型号规格

型号	适用管径/mm	型号	适用管径/mm
XJ16	16~25	XJ51	51~70
XJ25	25~38	XJ70	70~89
XJ38	38~57	XJ85	85~100

同一直径的钢管上压接地线时，可单夹、双夹或多夹使用。压接导线应不小于4mm² 裸铜线。

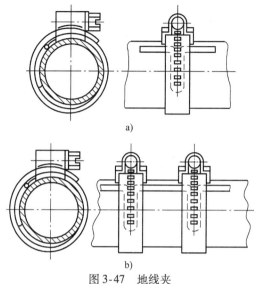

图 3-47　地线夹

a）地线夹单夹的使用　b）地线夹双夹的使用

96. 布线用钢管有哪些规格？如何选用？

作为布线用的钢管有厚壁钢管和薄壁钢管。前者为水煤气钢管，其壁厚约为 3mm；后者为电线管，其壁厚约为 1.6mm。电线管仅限用于干燥场所的布线。

钢管的规格数据见表 3-20。

表 3-20　钢管的规格数据

种类	公称直径		外径	壁厚	内径	内截面积
	mm	in	/mm	/mm	/mm	/mm²
水、煤气钢管	15	⅝	21.25	2.75	15.75	195
	20	¾	26.75	2.75	21.25	354
	25	1	33.5	3.25	27	572
	32	1¼	42.25	3.25	35.75	1003
	40	1½	48	3.5	41	1320
	50	2	60	3.5	53	2205
	70	2½	75.5	3.75	68	3630
	80	3	88.5	4	80.5	5087
	100	4	114	4	106	8820

（续）

种类	公称直径		外径	壁厚	内径	内截面积
	mm	in	/mm	/mm	/mm	/mm²
电线管	15	⅝	15.87	1.6	12.67	126
	20	¾	19.05	1.6	15.85	197
	25	1	25.4	1.6	22.2	387
	32	1¼	31.75	1.6	28.55	640
	40	1½	38.1	1.6	34.9	956
	50	2	50.8	1.6	47.6	1779

　　现有一种套接紧定式镀锌钢线管（JDG 导管），适用于电压为 1kV 及以下电气线路敷设的新型保护用薄壁型导管。它是针对国标 GB 50303—2002《建筑电气工程施工质量验收规范》中关于镀锌钢管和薄壁钢管采用螺纹连接的连接处跨接接地线不得采用熔焊连接，而应用专用接地卡卡接，以及针对金属线管螺纹套丝与焊接连接的施工工艺复杂和施工综合成本高等缺点而进行设计制造的。由于 JDG 导管结构简单、施工便捷，因此在民用建筑的电气线路敷设中得到广泛的应用。

　　该线管采用优质 Q235 冷轧钢带，经高频焊管机组自动焊缝成型，导管的内、外壁均有镀锌保护。规格有 1～40mm（外径），定长为 4m；标准型壁厚为 1.60mm，薄型壁厚为 1.20mm，其中薄型线管仅适用于在建筑物的吊顶内敷设。

　　线管的附件有直管接头、螺纹接头和弯管接头。施工时需用紧定扳手、弯管器等工具。

　　JDG 导管适用于无特殊规定的正常情况下不处于阴潮或潮湿状态的室内干燥场所，对暂时处于阴潮状态的场所也可采用。JDG 导管明敷或暗敷均可。

97. 怎样对线管、接线盒等材料做进场验收的检查？

　　线管（导管）、接线盒等材料进场验收的检查要点如下：

　　1）检测线管的管径、壁厚及均匀度。可用游标卡尺测量。直径为 15 ~ 50mm 的焊接钢管壁厚为 2.5mm，直径为 70 ~ 100mm 的壁厚为 3.0mm。

2）检查线管外观。钢管内壁应光滑，焊缝均匀，无劈裂、砂眼、棱刺和凹扁。非镀锌钢管无严重腐蚀；镀锌钢管镀层覆盖完整，表面无锈斑。PVC 线管无碎裂，表面有制造厂标及技术性能标记。

3）接线盒（包括插座盒、开关盒等）盒体的外观检查。盒体应完整、无碎裂，镀锌层覆盖完整。钢制接线盒壁厚应不小于 1mm；具有阻燃性能的塑料绝缘材料制作的接线盒，其壁厚应不小于 3mm。

98. 为什么暗敷导线不允许有接头？

导线的接头，由于接触氧化、虚焊、绝缘不良或绝缘老化，容易发生故障。如果将它穿在钢管、PVC 管、塑料线槽或金属线槽内，容易引起过热、短路，甚至发生火灾事故。另外，一旦发生故障也很难查找故障点，给检修带来麻烦，甚至无法修理而报废管线。

因此规定，凡穿管敷设的导线，其接头一定要放置在接线盒内。线槽内的导线接头，原则上也要放置在接线盒内。若有困难，必须将接头用黄蜡带包缠后再用绝缘胶带包缠，必要时可在槽板上做上记号，以便日后出了故障方便检修。

99. 能否将塑料护套线直接埋设在墙内或两楼板间的缝隙内？

有的居民，为了房间布线美观及施工方便，将塑料护套线直接暗埋在墙内或楼板缝中，这是很不安全的，是不允许的。其原因如下：

1）塑料护套线的绝缘与机械强度是按照明线敷设设计、制造的，一般只能用于室内、外明线敷设或穿管敷设。如果直接埋设在墙内或楼板内，不但在基建时容易碰伤导线，而且日后会受到建筑物的压力及机械应力的作用而损伤导线。

2）塑料护套线直接埋入墙内或楼板缝中，由于看不见导线在何处，当用户钉钉子或按画钉时，很可能伤及导线，造成触电事故。

3）当暗埋的塑料护套线发生故障时无法检修，只得将导线废弃。要是废弃的导线没有与电源完全切除，会留下隐患。

100. 能否将塑料护套线直接埋设在墙的砂灰层内？

在旧房装修改造中，有的居民在将原来的明敷布线改为暗敷布线时，采用在墙上凿去砂灰层，直接将塑料护套线埋设在墙的砂灰层内。这种做法是否妥当？

众所周知，电线、橡皮电缆、塑料护套线均不能直接埋设在墙中使用。这在国内外都有明文规定。因此要求新建的住宅进行暗敷布线时必须严格按照要求进行，均不可将电线、橡皮电缆、塑料护套线直接埋设在墙内，而应穿管预埋。

对于城乡个人住宅，在装饰房屋过程中，将明敷布线改为暗敷布线，可以考虑直接将橡皮电缆、塑料护套线直接埋入砂灰层内。这主要是因为：

1）在一般家庭条件下，没有专用工具，要将砖墙凿进去能放置线管并使线管外表面至墙砖外面距离不小于 15mm 的深度是很难实现的。

2）改为暗敷布线后，往往采用装饰板或墙纸美化，只要不在敷设导线的路径上钉钉子（自己家里，导线敷设路径清楚，因此一般可以做到），就能避免触电及漏电事故的发生。橡皮电缆和塑料护套线直接埋入墙内，其绝缘强度仍能保证。

家庭采用直埋暗敷布线应注意以下事项：

1）必须采用绝缘良好的新线（橡皮电缆或塑料护套线），切忌使用旧线，更不能有导线接头。导线应采用铜芯线，不可用铝芯线。

2）不许将普通电线直接埋入砂灰层内。有的场合只需单根导线时，可将塑料护套线的其中一根芯线两头剪短不用（或不剪短，用绝缘胶带包缠好，作备用线），只用另一根芯线。

3）各支路导线应在接线盒内与干线相连接。这样，万一某支路导线出故障而又无法处理时，可在接线盒内将该支路导线接头与干线断开，以确保安全。

4）凡进户线穿墙、导线穿墙、穿楼板处，均应使用保护管保护。

5）敷线施工完毕，在未抹水泥或纸筋灰前，测试一下布线的绝缘电阻，符合要求后再抹水泥或纸筋灰，抹完后应再测试一遍绝缘电阻，要求绝缘电阻不小于 0.5MΩ，最小限值不小于 0.22MΩ。

6）用这种方式暗敷布线，墙内的导线应从插座盒、开关盒等处垂直向上敷设。这样，一看到插座盒、开关盒等，就知道导线在墙上的位置，因而钉钉子时可以避开它。如果导线在墙内还有水平等其他敷设，则施工完毕，应画一张暗敷导线走向图，尺寸要准确，以便日后需在墙上钉钉子时避开导线。

7）尽量避免在墙上钉钉子。

8）不许在住宅公共场所（如走廊、楼梯）的墙上采用上述直埋方式敷设，以确保安全。也不允许在新房装修中采用此法（个别、局部地方可采用此法，但要做好记录，以便日后核查）。

101. 怎样在预制楼板层中暗敷施工？

在预制楼板层中暗敷施工有以下几种方法：

1）将塑料护套线直接穿入多孔预制板的孔内敷设，但不可用普通塑料绝缘导线。这种方法施工方便，省材。但必须注意：

① 导线绝缘性能必须良好，在孔内不许有接头，否则一旦在接头处发生故障，就很难修理。

② 施工必须谨慎，因为孔内及孔口往往有粗糙的棱角，不小心容易损伤导线绝缘。所以施工时不要硬拉导线，并要采取防护措施，如套上一些护圈或用木条挡住粗糙的棱角等。

2）将暗管敷设在预制板拼接缝中。如果灯具的位置正好在两块预制板的拼接处，则这种方法更好。

3）如果不能利用缝槽，则可以在预制板的上表面敷设。这时需在预制板安装灯具、吊扇的部位凿一洞，把管子弯头后穿至预制板下表面，以便与灯座盒等相接。用这种方法施工对楼板表面所浇的水泥层的厚度有要求：浇注后能牢固地覆盖住管子。如果水泥层过薄，日后会在管子敷设方向产生裂痕。基于这一考虑，管子宜细，且不可交叉敷设。

102. 怎样在顶棚内敷设软管?

顶棚内的电线不准裸露,因此顶棚内金属灯头盒至照明器具间的电线要用金属软管保护;塑料灯头盒至照明器具间的电线要用塑料波纹管保护。用于顶棚内的塑料管及金属软管的塑料护层必须是阻燃的。

在顶棚内敷设软管应注意以下事项:

1)灯头盒位置设置应尽可能合理,以减少软管的长度,一般不大于 1.2m,特殊场合最长不应超过 2m,安装时软管要有适当的裕量。

2)金属软管不应有脱开松散现象。采用包塑金属软管(见表3-21)可避免脱开松散现象。

表 3-21　P3 系列包塑镀锌金属软管　　　　单位: mm

内径	6	8	10	12	13	15	16	19	20
外径	9.0	11.8	14.5	16.5	17.5	20.2	21.2	24.5	25.5
内径	22	25	32	38	51	64	75	100	
外径	28.7	31.7	39.6	46.6	59.5	73.5	84.5	109.5	

3)软管中间不应有接头,与灯头盒的连接应采用软管专用接头(见表3-22)

表 3-22　D96-5 系列金属软管接头

包塑管内径/mm	接头外径/mm	连接螺纹/in
6	M14×1.5	$G\frac{1}{4}$
8	M16×1.5	$G\frac{3}{8}$
10		
12	M20×1.5	$G\frac{1}{2}$
15	M24×1.5	$G\frac{3}{4}$
	M27×2	

（续）

包塑管内径/mm	接头外径/mm	连接螺纹/in
20	M30 ×2	G1
20	M33 ×2	G1
25	M36 ×2	$G1\frac{1}{4}$
25	M42 ×2	$G1\frac{1}{4}$
32	M48 ×2	$G1\frac{1}{2}$
38	M60 ×2	G2
51	M75 ×2	$G2\frac{1}{2}$
64		G3
75		$G3\frac{1}{2}$
100		G4

注：接头用合金制成，防腐蚀。

4）地下室等潮湿场所使用软管时，应采用包塑镀锌软管或塑料软管。

103. 在有火灾和爆炸危险等特殊场所如何布线？

在储存汽油、柴油等液体及煤、木柴、刨花等固体物质的场所和加工鞭炮等作坊，属有火灾与爆炸危险的场所，电气布线应按如下要求施工：

1）导线应采用额定电压不低于 500V 的不延燃性护套（如聚氯乙烯护套）的绝缘导线。在仅有火灾危险的场所，导线可采用铝芯绝缘导线和电缆，但应有可靠的连接和封端。

2）在仅有火灾危险的场所，导线敷设方式可用 PVC 管配线明敷；当远离可燃物质时，可采用鼓型绝缘子明敷，但导线不应沿未抹灰的木质吊顶、木质墙壁和可燃液体管道的栈桥，以及木质吊顶内敷设。

3）在有爆炸危险的场所，导线敷设方式一般应采用钢管配线，并要密封，使导线与危险物品隔离；采用电缆明敷时，一般采用铠装；单相线路中的相线与零线均有短路保护装置（如熔断器或断路器），并选用双极开关。

4）导线不许有接头。因为接头一旦接触不良、松动，便会冒火花，从而引发火灾或爆炸事故。导线端头与电气设备接线端子的连接，应采取防止自动松脱的措施（如采用防松弹簧垫等）。

5）在有爆炸危险的场所，应将所有设备的金属部分、金属管道，以及建筑物的金属结构全部接零（接地），并连成连续整体。

6）不准装设插座或敷设临时线路。严禁使用电热器具。

7）在高温场所应采用有瓷管、石棉、耐热绝缘的耐燃线；有在腐蚀介质的场所应采用铅皮线或穿硬塑料管敷线。

8）特殊场所的电气布线，可按表 3-23 要求选择。

表 3-23 特殊场所电气布线的选择

场所类别		导线及安装方式
火灾危险		铝芯绝缘导线穿钢管敷设或铝芯非铠装电缆（H-1 级、H-3 级 500V 以下的线路可用硬塑料管导线明敷）
爆炸危险	Q-1 级和 G-1 级	不小于 2.5mm² 的铜芯绝缘导线穿水或煤气钢管敷设，或同样芯线的铠装电缆
	Q-2 级	不小于 1.5mm² 的铜芯绝缘导线（固定设备可用大于 4mm² 的铝芯绝缘导线）穿水或煤气钢管敷设，或同样芯线的铠装电缆（1000V 以下的线路可采用塑料护套电缆，照明线路可采用非铠装电缆）
	G-2 级和 Q-3 级	不小于 2.5mm² 的铝芯绝缘导线穿水或煤气钢管敷设，或用同样芯线的铠装电缆（1000V 以下的线路可采用非铠装电缆）
潮湿或特别潮湿		有保护的绝缘导线明设或绝缘导线穿管敷设
高温		耐热绝缘导线穿瓷管、石棉管或沿低压绝缘子敷设
腐蚀性		耐腐蚀的绝缘导线（铅皮导线）明敷或耐腐蚀的穿管敷设

注：1. 爆炸危险场所内有剧烈振动处的线路，应采用铜芯绝缘导线或铜芯电缆。

2. 爆炸危险场所和火灾危险场所内的绝缘导线或电缆，额定电压不应低于 500V。

3. 移动设备应采用不同型式的橡皮套软线（橡皮电缆）。

104. 在有火灾和爆炸危险的场所如何选择电气设备？

在有火灾危险的场所选用电气设备时，应根据场所等级、电气设备的种类和使用条件，按表3-24进行选择。在有爆炸危险的场所选用电气设备时，应根据爆炸危险场所的类别、等级和电火花形成的条件，并结合爆炸性混合物的危险性，按表3-25进行选择。

表3-24　火灾危险场所电气设备选型

场所等级			可燃液体（H-1级）	悬浮状、堆积状可燃粉尘或可燃纤维（H-2级）	固体状可燃物质（H-3级）
电气设备及其使用条件	电机	固定安装	防溅式①	封闭式	防滴式②
		移动式和携带式	封闭式	封闭式	封闭式
	电器和仪表	固定安装	防水型防尘型充油型保护型③	防尘型	开启型
		移动式和携带式	防水型防尘型	防尘型	保护型
	照明灯具	固定安装	保护型	防尘型⑤	开启型
		移动式和携带式④	防尘型	防尘型	保护型
	配电装置		防尘型	防尘型	保护型
	接线盒		防尘型	防尘型	保护型

① 电机正常运行时有火花的部件（如滑环）应装在全封闭的罩子内。
② 正常运行时有火花的部件（如滑环）的电机最低应选用防溅型。
③ 正常运行时有火花的设备，不宜采用保护型。
④ 照明灯具的玻璃罩应用金属网保护。
⑤ 在可燃纤维火灾危险场所，固定安装时，允许采用普通荧光灯。

表 3-25　电气设备按爆炸危险场所的危险程度选型举例

场所等级		有可燃气体、易燃液体的场所			有可燃粉尘、纤维的场所	
		正常情况下能达到爆炸浓度的场所（Q-1级）[①]	事故或检修时才能达到爆炸浓度的场所（Q-2级）	事故或检修时不易在整个区域达到爆炸浓度的场所（Q-3级）	正常情况下能达到爆炸浓度的场所（G-1级）	事故或检修时才能达到爆炸浓度的场所（G-2级）
电机		隔爆型、防爆通风充气型	任意一种防爆类型	封闭式[②③]	任意一级隔爆型、防爆通风充气型	封闭式[③]
电气设备及其使用条件	电器和仪表 固定安装	隔爆型、防爆充油型、防爆通风充气型、防爆安全火花型	任意一种防爆类型[④]	防尘型、防水型[⑤]	任意一级隔爆型、防爆通风充气型、防爆充油型	防尘型
	电器和仪表 移动式	隔爆型、防爆通风充气型、防爆安全火花型	除防爆充油型外任意一种防爆类型	除防爆充油型外任意一种防爆类型、密封型、防水型	任意一级隔爆型、防爆通风充气型	防尘型
	电器和仪表 携带式	防爆型、防爆安全火花型	除防爆充油型外任意一种防爆类型	除防爆充油型外任意一种防爆类型、密封型、防火型	任意一级隔爆型	防尘型
照明灯具	固定安装及移动式	隔爆型、防爆通风充气型	任意一种防爆类型	防尘型	任意一级隔爆型	防尘型
	携带式[⑥]	隔爆型	隔爆型	隔爆型、防爆安全型	任意一级隔爆型	防尘型

（续）

场所等级	有可燃气体、易燃液体的场所			有可燃粉尘、纤维的场所	
	正常情况下能达到爆炸浓度的场所（Q-1级）①	事故或检修时才能达到爆炸浓度的场所（Q-2级）	事故或检修时不易在整个区域达到爆炸浓度的场所（Q-3级）	正常情况下能达到爆炸浓度的场所（G-1级）	事故或检修时才能达到爆炸浓度的场所（G-2级）
变压器	隔爆型、防爆通风充气型	任意一种防爆类型	防尘型	任意一级隔爆型、防爆充油型、防爆通风充气型	防尘型
	隔爆型、防爆充油型、防爆通风充气型、防爆安全火花型	任意一种防爆类型	密封型	任意一级隔爆型、防爆充油型、防爆通风充气型	防尘型
	隔爆型、防爆通风充气型	任意一种防爆类型	密封型	任意一级隔爆型、防爆通风充气型	防尘型

① 正常情况下，连续或经常存在爆炸性混合物的地点（例如储存易燃液体的储罐或工艺设备内的上部空间），不宜设置电气设备，但为了测量、保护或控制的要求，可装设防爆安全火花型电气设备。

② 事故排风用电动机应选用任意一种防爆类型。

③ 电机正常运行时有火花的部件（如集电环）应采用下列类型之一的罩子，即防爆通风充气型乃至封闭式等。

④ 正常运行时不发生火花的部件和按工作条件发热不会超过80℃的电器和仪表，可选用防尘型。

⑤ 事故排风机用电动机的控制设置（如按钮）应选用任意一种防爆类型。

⑥ 照明灯具的玻璃罩应有金属网保护。

105. 在有火灾和爆炸危险的场所如何布置灯具和开关?

在有火灾和爆炸危险的场所必须选用防护型灯具和开关，严禁使用灯头开关。控制照明及其他电气设备的开关，尽可能装设在有火灾和爆炸危险房间的外面。当开关装设在有隔墙隔开的安全场所时，可以采用普通开关。严禁在有火灾和爆炸危险的场所装设插座。否则，当使用插座时会产生电火花，有可能引发火灾和爆炸事故。

有爆炸危险场所的照明灯具，其金属部分应通过专用接地线接地或接零，而不得采用引至灯具分支线的零线或吊灯钢管或其他金属部件作为接地线。专用接地（接零）线上禁止装设熔断器。

使用煤气或液化石油气的厨房是具有火灾和爆炸危险的场所。在厨房内严禁将插座、开关类电器安装在离地较近处，至少离地面 0.5m，一般为 1m 左右。

106. 怎样剖削导线的绝缘层?

在安装或检修电气设备时，经常要碰到剖削导线绝缘层的工作。如果操作不得法，会损伤导线的芯线，从而降低其机械强度和载流量。

剖削导线的绝缘层时不可损伤导线的芯线。正确的方法是：对于较细的导线最好使用专用的剥线钳（但它只能剥去导线端头一小段绝缘层）；较粗的导线使用电工刀。但在家庭条件下，一般没有剥线钳，对于较细的导线，可用尖嘴钳或电工钳的钳刃口剥去绝缘层。即一面用钳刃口轻轻剪压导线绝缘层，一面转动导线，使刃口沿导线绝缘四周剪压，估计导线绝缘层已有 70% ~ 90% 的厚度被剪压裂时，一手拉住导线，一手将钳子往外拉，从而把导线从绝缘层中拉出。这种方法通常适用剖削导线端头小段绝缘层的情况。若要剥去较长的绝缘层，也可用该方法分段剖削，但最好还是先将所需长度处的绝缘层按上述方法压裂，然后用手捏住导线向外拉，将整段绝缘一起拉出。

对于较粗的导线，可用电工刀（或钝刃剪刀）剖削。电工刀的刀口不宜太尖，略微有圆弧，剖削时把刀略微翘起，用刀刃的圆弧抵住芯线，这样不易削伤芯线。如果要剥去较短的绝缘层，可把导线放在手上剖削；如果要剥去较长的绝缘层，可把导线放在大腿上剖削。剖好导线上边的绝缘后，把剩余的绝缘层往下翻，在导线下边再削一刀。注意，不能垂直削割，以免损伤芯线。

对于双芯塑料护套线，其绝缘层的剖削，可以用刀或剪对准两芯线的中间部位，把导线一剖为二后，把外层绝缘层翻出，再按上述方法把导线绝缘层剖削掉。

几种正确的剖削导线绝缘层的方法如图 3-48 所示。

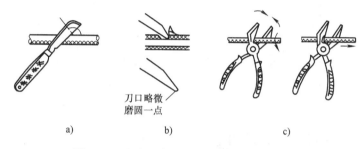

刀口略微
磨圆一点

a)   b)   c)

图 3-48　几种正确的剖削导线绝缘层的方法

有人也利用剪刀剪切导线绝缘层，由于操作时很难控制受力情况，而且刀刃垂直对着导线，因此极容易割伤芯线。若一定要使用剪刀（无其他工具），则刃口宜钝，操作时应沿导线轴向（不是横向）剪去绝缘层，同时要十分小心，不要剪及芯线。

107. 导线连接不良对家庭用电有什么危害?

如果导线连接（即接头）质量不好，使用日久，便会带来如下一些危害：

1）电路变得时通时断，不能正常用电。

2）当电路变成断电状态时人若去检修设备，因测试无电就误认为安全了，这时若又通电，便会造成触电事故。

3）电路时通时断，工作中的家用电器会频繁地受到电流的冲击，容易损坏。比如当电冰箱压缩机正工作中突然失电，而后又马上来电，会使压缩机负担过重而损坏；又如电视机显像管在电源频繁地通断中会使寿命缩短，甚至损坏。

4）导线接触不良，接触电阻增大，会使接头发热厉害，加速接头处绝缘老化，造成短路或电火花烧坏导线等设备，以致造成火灾。

5）导线接触不良引起的电火花会干扰无线电波，影响电视收看和收音机的收听效果。

6）如果 380/220V 供电的零干线接触不良，还会使电灯及家用电器群爆，造成严重的损失。

因此，对于导线连接的施工必须认真对待，保证质量，千万不可马虎。

108. 怎样用绞接法和绑接法连接导线？

小截面积（10mm^2 以下）的单芯导线多采用绞接法连接，如图 3-49 所示。绞接时，先将导线（芯线）清洁干净，然后用电工钳绞紧，使两导体紧密接触，但同时又不能损伤导体。

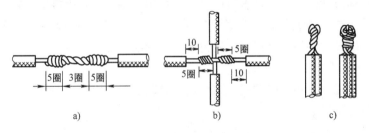

图 3-49　单芯铜导线绞接

a）直接连接　b）十字分支连接　c）双股并接头

软导线与单股导线的连接法如图 3-50 所示。先将软导线线芯往单股导线上缠绕，再把单股导线的线芯往后弯曲，然后用尖嘴钳或电工钳压紧（注意用力要适当，过分用力会将软线芯线压断），紧接着用绝缘胶带扎紧。但为了可靠起见，应先用电烙铁焊接，再包缠绝缘胶带。

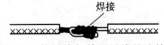

图 3-50　软导线与单股导线的连接法

大截面积（10mm^2 以上）的多芯导线，可采用缠绕法和绑接法连接，如图 3-51 所示。

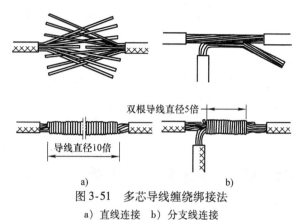

双根导线直径5倍

导线直径10倍

a)   b)

图 3-51 多芯导线缠绕绑接法

a）直线连接 b）分支线连接

铝导线之间的连接，最好采用铝线套管压接（粗导线）、钎焊、电阻焊及气焊等方法。若有困难，尚可用绞接方法。绞接前必须先除去导线端头的氧化膜，有条件时并涂上薄薄一层导电膏或中性凡士林，绞接力必须控制得当。用力太小，接触不良；用力太大，易损伤芯线。

注意：铝导线的缠绕匝数应比铜导线的多，以减少铝导线接头的接触电阻。

109. 怎样用压接法连接铝导线？

压接是将铝芯穿入铝线套管内，用压接钳压紧（见图 3-52）。这种方法一般用于相同截面积的单股铝线连接。压接前应除去导线接触面上的氧化层，并涂上导电膏或中性凡士林。铝线套管压接规格见表 3-26。

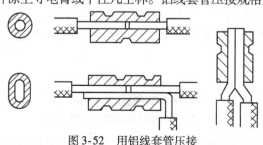

图 3-52 用铝线套管压接

表 3-26　铝线套管压接规格表

套管形式	套管型号	适用铝线规格		套管尺寸/mm			压模数	压模深度/mm
		截面积/mm²	外径/mm	内孔尺寸	壁厚	长		
单线	椭圆形	QL—2.5	2.5	1.76	1.8×3.6	1	31	4	3.0
		QL—4	4	2.24	2.3×4.6	1.2	31	4	4.5
		QL—6	6	2.73	2.8×5.6	1.2	31	4	4.8
		QL—10	10	3.55	3.6×7.2	1.3	31	4	5.5
	圆形	YL—2.5	2.5	1.76	1.8	1	31	4	1.4
		YL—4	4	2.24	2.3	1.2	31	4	2.1
		YL—6	6	2.73	2.8	1.2	31	4	3.3
		YL—10	10	3.55	3.6	1.3	31	4	4.1
绞线	椭圆形	QL—16	16	5.1	6.0×12.0	1.7	110	4	10.5
		QL—25	25	6.4	7.2×14.0	1.7	120	6	12.5
		QL—35	35	7.5	8.5×17.0	1.7	140	8	14.0
		QL—50	50	9	10.0×20.0	1.7	190	8	16.5
	圆形	YL—16	16	5.1	5.2	2.4	62.0	4	5.4
		YL—25	25	6.4	6.8	2.6	62.0	4	5.9
		YL—35	35	7.5	7.7	3.15	62.0	4	7.0
		YL—50	50	9.2	9.2	3.4	71.0	4	7.8

注：内孔尺寸，对于圆形套管为内径；对于椭圆形套管为孔宽与孔长。

110. 怎样用钎焊法连接铝导线？

钎焊法适用于单股铝导线。钎焊的操作方法与铜导线的锡焊方法相似，只是焊铝比焊铜困难。焊接时必须用砂纸砂去铝导线表面的氧化层，并用电烙铁在铝导线上搪上一层焊料，再把两导线头相互缠绕3圈，剪掉多余线头，用电烙铁蘸上焊料，把接头沟槽搪满，焊好一面待冷却后再焊另一面，使焊料均匀密实填满即可。

焊料由纯度为99%以上的锡60%，纯度为98%以上的锌40%配制成。

111. 怎样处理导线接头？

家庭布线导线与导线之间的连接、导线与接线端子的连接，都是在安装或检修中必然会碰到的工作。导线接头的连接好坏，不但影响其连接是否可靠，而且关系到用电是否安全。接头处理不好，容易引起接头过热，损坏导线绝缘层或所连接电气设备及家用电器的绝缘层，从而会酿成电气火灾和爆炸事故。另外，接头处理不好，还有可能引起短路事故或触电事故。因此必须十分认真地做好接头连接工作。导线连接应做到以下要求：

1）接头的接触电阻要小。其电阻不得大于导线本身的电阻值。因此两导体必须紧密接触。

2）接头应有足够的机械强度。其强度不得低于导线强度的80%。因此导线线芯不得损伤及断股。

3）接头的绝缘必须良好。接头处所包缠的绝缘胶带必须符合工艺要求，不使用旧的、老化的绝缘胶带。

4）接头的导电能力不得小于原导线的导电能力。为此，接头时不能损伤导线或将线芯剪去几股后进行连接。

5）接头处注意防止太阳曝晒、水淋及受到腐蚀。

为了防止导线接头可能造成的故障，还应注意以下事项：

1）布线或检修中应尽量避免不必要的接头，尤其在有火灾、爆炸危险的场所。接头尽可能安置在接线盒内，接线盒不可暗埋。

2）在有火灾、爆炸危险的场所，导线接头必须严格按规范进行。吊顶内的导线接头要严格按工艺要求连接处理。

3）移动式、携带式用电器具及家用电器的电源引线，应采用整根导线，中间不应有接头。这是因为这类电源引线经常拖地，若有接头，包缠处容易受水浸而丧失绝缘性能，造成短路事故。另外，人体也容易触及，会造成触电事故。

4）避免铜、铝导线连接。因为铜、铝连接处容易生成不导电的氧化层和对导线有腐蚀作用的物质，致使连接头接触电阻增大，导线过热，甚至烧断导线。当不可避免时，应按第117问中给出的方法处理。

5）若有多根相互靠近的导线连接时，各根导线的连接点应错开，并包缠好绝缘胶带。因为若在同一位置对接，则势必造成几个对接接头的包缠绝缘胶带处在同一位置，若包缠处受潮，或日久绝缘胶带老化脱落，就会引起短路事故。同样道理，若接线盒内有导线接头，封盖时也要注意将接头用绝缘杆相互拨开，尽量不要堆压一起。

6）导线连接必须规范，家装中的铜导线（1~10mm²）通常采用绞接法，4~10mm² 的铜导线，若绞接长度不够，认为连接不够紧密时，可用 75W 以上的电烙铁焊接。导线连接（即使临时连接）切不可采用钩状搭接，否则容易引起相线和零线短路；如果连接线一端滑脱，人体触及还有可能触电。

7）导线与接线桩头连接时，要把多芯导线绞紧，并做成环状，套在接线桩头上，垫上垫圈（必要时用防松弹簧垫圈），拧紧螺钉或螺母。导线与接线桩头为插入式连接时，导线裸头不可太短，以免螺栓压得太少；但也不可太长，以免人体触及裸露在外的线头造成触电。

8）软线与设备的连接（如灯头接线、移动插座电源引线等），应打上保险结，使结扣卡在盒盖的线孔处。这样不会使导线连接点直接受力而损伤导线，或者使导线从连接桩头脱落。拉线开关接线也同样。

112. 导线与接线桩头如何连接？

接线桩头通常有针孔式和螺栓式两种。前者如电能表、熔断器、开关及其他用电设备；后者如开关、插座、插头、灯座及其他用电设备。

（1）导线与针孔式接线桩头的连接

先估计针孔长度，并按此长度剖剥导线绝缘层，然后将芯线插入针孔，再旋紧螺栓即可。如果针孔较大或导线较细，旋紧螺栓后仍不能压紧导线，则可将导线折叠后插入（见图3-53）。

连接时要注意以下两点：

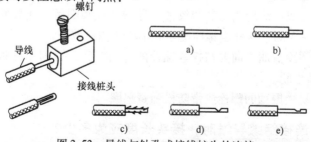

图 3-53　导线与针孔式接线桩头的连接

a）线头过长导体外露不安全　b）线头过短压不着　c）线头有毛刺易短路
d）螺栓压力过大损伤导线　e）螺栓压力适当接触紧密

1）线头根部不可露出导体，对于多股的软导线，应先绞紧后或搪锡后插入，不可有毛刺外露，以免发生短路。线头也不可过短，否则塞入针孔后，螺栓未压在导线上，而压在导线绝缘层上，造成假连接。

2）拧紧螺栓的压力要适当，既要将导线压紧，又不能过分用力，损伤导线。尤其是铝导线，机械强度差，不注意容易将导线切断。

（2）导线与螺栓式接线桩头的连接

先按接线螺栓的周长估计剖剥导线绝缘的长度，剖剥后将导线做个圆圈，套入接线螺栓并拧紧即可。导线与螺栓式接线桩头的连接见图 3-54。除了要注意上述两点外，还要注意以下几点：

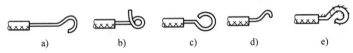

图 3-54　导线与螺栓式接线桩头的连接

a）线头过长易短路　b）圆圈导线过长不易压紧

c）圆圈弯曲方向反了压不紧　d）圆圈不完整压不紧且接触面小

e）圆圈有毛刺易短路

1）圆圈导线余头不要过短，否则压不紧且接触面太小，不可靠；但也不要过长，否则不易压紧（尤其较粗导线），且易短路。

2）多股导线应先将芯线绞紧，导线圈成圆圈后，端头要在导线上绕上 2～3 圈，这样当螺栓旋紧时不使圆圈松散开。

3）圆圈弯曲方向要与拧紧螺栓的方向一致，否则在拧紧过程中线头容易松脱。

4）易受振动的螺栓应带防松弹簧垫圈。

113. 连接绝缘导线时，接头长度应为多少？

导线接头的长度与导线种类和截面积等有关。

1）截面积在 6mm² 以下的铜导线，本身自缠不应少于 5 圈。

2）铜导线用裸绑线缠绕时，缠绕长度不应小于导线直径的 10 倍。

3）铝导线端部熔焊时，连接长度不应小于表 3-27 所列值。

表 3-27　绝缘铝导线连接长度

单股铝线		多股铝线	
截面积/mm²	连接长度/mm	截面积/mm²	连接长度/mm
2.5	20	16	60
4	25	25	70
6	30	35	80
10	40	50	90
		70	100
		95	120

114. 怎样包缠绝缘胶带?

导线接头的包缠方法如图 3-55 所示。从完整的保护层开始，自左向右，每圈压迭半幅带宽；如包两层，第二层要接在第一层的尾端，用同样方法按另一斜迭方向包缠。包缠时要将绝缘胶带拉紧，包缠紧密，使潮气不易渗入。绝缘胶带一旦老化或触及油类，将失去黏性，不可再使用。当接头处要求有更高的绝缘强度时，可先用黄蜡带包缠，然后再在黄蜡带上包缠黑胶带，在潮湿场所要用聚氯乙烯绝缘胶带，如用涤纶绝缘带则更好。

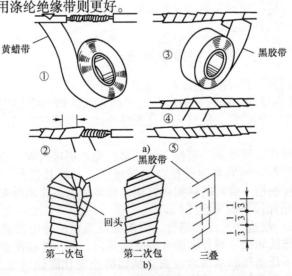

图 3-55　绝缘胶带的包缠

115. 为什么黑胶带不宜在户外使用？

黑胶带在户外使用，受太阳照射，容易老化，失去黏性而脱落；受雨淋或水浸会漏电，造成触电和短路事故。因此黑胶带只适宜于室内绝缘电线接头包缠，不适合户外使用。对于农村场园或水稻田使用的长电缆上的接头，应采用能防水的绝缘塑料带、聚氯乙烯胶粘带、自黏性橡胶带包缠，最好采用橡胶热胶补，以提高绝缘强度。

116. 铜、铝导线直接连接有何危害？

铜、铝是两种不同的金属，它们有着不同的电化学性能，要是把铜和铝导线简单地连接在一起，由于空气中含有一定的水分和少量的可溶性无机盐类，铜铝接头就相当于浸泡在电解液中的一对电极，形成原电池。在原电池的作用下，铝会很快失去电子而被腐蚀掉，造成接头的接触电阻增大。接头接触电阻增大，当电流通过时接头发热加剧，引起铝导线塑料变形，从而进一步使接头接触电阻增大，并形成厚厚一层氧化层。如此恶性循环，直至接头烧毁为止。导线接头接触电阻增大，还会使供电电压降低、电路时通时断及产生电火花，甚至引起火灾事故。

因此，应尽量避免铜铝导线连接。当无法避免时，应采取必要的措施来减少这种危害。

117. 怎样处理铜、铝导线直接连接？

当遇到铜、铝导线连接时，可按下述方法处理：

1）将铜导线一端镀锡后再与铝导线连接。因为锡铝之间原电池效应比铜铝之间的弱，能减轻电化腐蚀作用。镀锡的方法可以浸焊或电烙铁焊。

如果操作方便的话，可按下法处理：先把焊接的铜、铝导线头刮净，然后用铜导线紧紧地绞扭在铝导线上，并将其包严，涂抹松香水，将连接头浸入烧好的锡锅内吃锡，浸焊完后迅速用湿布把接头处擦净（可增加接头的光洁度）。

2）取一段适当尺寸的铝管，管内涂以适量的导电膏或中性凡士林，将铜导线和铝导线分别插入铝管两端内，用压接法使铜铝导线紧密接触，不让空气和水渗透进去，从而防止电化腐蚀（见图 3-56）。此方法通常用于较粗的导线。

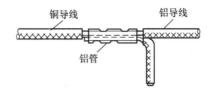

图 3-56　用铝管压接法

118. 使用铝导线应注意哪些事项？

铝导线较铜导线便宜，在少数家庭及农村作坊中有使用铝导线的，尤其是旧住宅，大多采用铝导线。由于铝导线的机械强度、导电性能等都不如铜导线，在施工时要注意以下事项：

1）同样截面积的铝导线和铜导线，铝导线的载流量约为铜导线的 3/4。例如，同样为 2.5mm² 的铝芯和铜芯塑料线，3 根穿管时的长期允许安全电流（环境温度 40℃ 时）分别为 11A 和 15A。

2）在下列情况下使用铝导线时，必须采用穿管明敷或暗敷。

① 可燃的场所或仓库。如竹、木工车间、堆放木柴、刨花、草料等场所；放置可燃油料及固体燃料等仓库；农村纺织、面粉加工等作坊。

② 住宅的吊顶内。

③ 空气中含有对铝起腐蚀作用的气体或蒸气的场合。

3）铝导线的连接必须可靠，可用熔接法、压接法或绞接法连接。先除去导线接触面上的氧化层，并涂上薄薄一层导电膏或中性凡士林；当单股铝导线与灯座、开关、插座、熔断器等的接线端子直接连接时，铝导线应擦净。

119. 哪些场合不能使用铝导线？

由于铝导线的机械强度差，容易折断，并且在导线接头处容易氧化使接触电阻增大，与铜芯导线相比，容易造成断路、短路、触电及火灾事故，所以为了安全起见，在下列场合禁止使用铝芯导线：

1）重要的仓库。

2）储存易燃易爆物品的房间。

3）敷设在有剧烈震动场所的导线。

4）家用电器的电源引线。

5）移动式、携带式用电设备及电动工具的电源引线。

120. 敷设临时线应注意哪些事项？

家庭装修房屋、制作家具，以及农村场院脱粒、安装黑光诱虫灯等，常常要拉临时电源线。有人认为临时线使用时间不长，因此安装、使用马虎，从而可能造成触电和火灾事故。

敷设临时电源线应注意以下安全事项：

1）采用绝缘性能良好的导线。对于绝缘有破损的导线和接头，必须用绝缘胶带妥善包缠好（户外使用的导线应避免接头）。户外不可用黑胶带包缠，以免受雨淋造成触电或短路事故，为此可将导线悬挂高处不被人碰到，但悬挂必须绝对牢固。

2）所使用的导线、开关、插头、灯座等的额定电压、额定电流应符合使用要求，质量要好，不可使用破损的设备。

3）临时线不应随地乱拖，以免损伤导线及绊人而造成意外事故。临时线固定要牢固，应有足够的架设高度。若户外架设可用裸导线，但导线离地不应小于5m，线间距离不小于200mm，并避免跨越粮棉堆垛及易燃物品。

4）在有火灾和爆炸危险场所敷设临时电源线，必须符合有关规定（见第103问）。

5）开关、插销、熔断器等应装在室内或置于防雨小箱内，离地1.5m左右。小箱附近应避免堆放可燃、易燃物品。临时电灯要固定牢固，并有一定的高度，灯泡下不可堆放棉花、稻草、纸等可燃、易燃物品；灯泡不许靠近木板、纸板等可燃物。

6）雷雨时应停止使用临时电源，以防雷电沿电线侵入室内。临时用电不用时，应及时切断电源，以免长期通电无人看管而发生事故。临时线路用毕后，应尽早拆除。

7）每次使用前应将临时用电线路检查一遍，没有问题方可通电使用。

8）接临时电源线时，应从负荷侧开始，最后再将线路搭接在电源上（应停电搭接）；拆临时电源线时，应先停电将搭接导线拆除，然后再拆负荷侧设备。否则会造成触电事故。

9）安装、维修或拆除临时线，应由电工完成。

10）临时施工供电开关箱中应装设漏电保护器。进入开关箱的电源线不得用插销连接。

121. 常用钉子有哪些种类？

钉子是家庭装饰装修中常用的材料，其种类有以下几种：

1）钢钉。钢钉一般用于水泥墙、地面与面层材料的连接及基层结构固定。它强度大，不易生锈。

2）圆钉。圆钉主要用于基层结构的固定。它强度小，易生锈，但价格低。

3）直钉。直钉主要用于表层板材的固定。

4）纹钉。纹钉主要用于基层饰面板的固定。

5）膨胀螺钉/螺栓。它们主要用于固定电线槽、电气件及较轻的用电器具。

122. 常用束带与扎带有哪些种类？

束带与扎带用于捆绑导线、固定导线、固定器件等。常用束带与扎带的种类见表3-28。

表 3-28 束带与扎带的种类

种类	图例	种类	图例
束带	尼龙、耐燃材料、各种颜色	铁氟龙束带	
圆头束带	尼龙、耐燃材料、各种颜色	可退式束带	
双扣式尼龙扎带	束紧后将尾端插入扣带孔,可增加拉力、防滑脱等	重拉力束带	一般属于宽宽度,能够承受力,适合大电缆线捆绑使用
尼龙固定扣环		固定头式扎带	使用束线捆绑电线后,可以用螺钉固定在基板上
双孔束带	可以固定捆绑二束电线,具有集中固定等特点	可退式不锈钢束带	
粘扣式束带	一般适用于网路线、信号线、电源线的扎绑	反穿式束带	束紧时光滑面向内,齿列状向外,不会伤及被扎物表面
插式束带			

第四章 ▶▶▶▶▶

布线施工的自查与验收

123. 电气布线施工完毕后如何自查？

家庭电气布线施工完毕后，不能马上通电使用，应先进行自查和验收，合格后方可正式通电使用，以免造成触电、短路、烧毁导线和电气设备等事故。

自查工作最好在房屋粉刷或装饰之前进行，以便发现问题进行修补和处理时不再破坏已粉刷或已装饰好的房屋。

所谓自查，就是对施工安装情况结合照明电气施工图和施工要求进行一次全面的检查。检查内容包括以下几项：

1）检查布线及灯具、插座、开关等电气设备的完整性。

2）检查布线及电气设备的安全性。

3）检查施工质量。

4）布线的绝缘性能测试。

5）通电试验。

下面仅就竣工后的自查工作做一介绍，供用户参考。

1）检查施工情况是否与原设计要求相符，检查有无遗漏的插座、开关、灯具及布线等。对于遗漏的电气设备及布线应补装上。

2）检查所安装的电气设备及布线是否完整、到位。

3）检查布线连接是否可靠；布线及开关、插座、灯具等与地面及构筑物的距离是否符合要求等。

4）绝缘性能测试。用500V绝缘电阻表测试电气线路的绝缘电阻。其中包括线对线和线对地的绝缘电阻。对于新安装的线路，绝缘电阻不应小于0.5MΩ（对于380V和220V系统）。若绝缘电阻过低，则应认真检查各导线连接处绝缘包缠情况，导线穿墙、过楼板情况；

各开关、灯座等电气元件是否良好；线路等有无受潮、水浸及或老鼠咬伤。可以逐一拉断分路开关（如灯开关）检查。如果拉断某一开关后，测得的绝缘电阻上升到规定值，则说明问题在这一分路中。

5）线路通电检查。电气线路的绝缘性能测试合格后，接着可通电检查。具体包括以下内容：

① 检查各开关是否接在相线回路（可用试电笔测试）。卸下灯泡，如果将开关断开和合上测试开关两接线端时氖泡均不亮，则说明开关接在零线上，应改正。

② 检查各插座的相线、零线及保护接零（接地）线是否按规定连接（见第 182～183 问）。

③ 合上所有开关，检查电气设备及家用电器的金属外壳是否漏电。若氖泡发亮，应检查开关、家用电器的电源引线等是否漏电；家用电器是否受潮；接零（接地）是否良好。

④ 检查开关与其对应的被控电器（如灯）是否吻合。如果打开开关，该亮的灯泡不亮，不该亮的灯泡亮，则说明开关错接临近回路，应改正。

上述各项工作自查完毕后，即可报请验收，验收合格后，方可转入正常使用。

124. 为什么要对水电隐蔽工程的实际安装情况进行记录或拍照？

现代家庭几乎都采用暗管敷设，水电管路安装完毕，一旦用水泥或瓷砖等封闭装修后，这些隐蔽管路等就看不见了。如果日后水电管路因某种原因需处理，或需在地面、墙上钻孔、钉钉子，若没有隐蔽工程的实际安装图，则就有可能大面积敲掉已装修装饰好的房子，造成很大的损失。需指出，照明电气施工及改造图中，设计人员往往采用单线图，而实际施工中管路位置是会发生偏差的，因此为了不至于在铺设地板（尤其在房间内各门口安装衔接压板条）或安装橱柜钻孔、钉钉子等作业，或日后为挂画等在墙上钉钉子，不小心碰到水电管路而发生事故，甚至得重新敲了改装造成严重损失，建议用户在装修装饰的隐蔽工程对施工现场的水电实际安装情况进行拍照或仔细绘出暗管等的安装位置（标注明尺寸），以准确地记录下水电改造的情况。有些正规的家装公司，将水电隐蔽工程的每个环节拍摄下来，然后制作成光盘给业主，让业主能很直接地了解自家水电工程是怎么施工的，各管路及有关部件、设施的具体位置又在哪里。

125. 怎样进行电气布线的完整性、安全性检查？

(1) 完整性检查

对布线及灯具、插座、开关等电气设备的完整性检查，主要是结合照明电气施工图查对有无遗漏的布线和电气设备；布线和电气设备是否完整、到位。对于遗漏的布线和电气设备应补装上。补装有困难时，应设法采取补救措施或移位安装。对于安装未到位的灯座、插座、开关等电气设备，最好重新凿洞圬埋。如果导线不够长，又不能重新放线，则可以采取如下补救措施：例如，开关安装太高了，可在应安装位置凿洞圬埋新的开关盒，在原来开关盒内作接线头，处理好绝缘，再用绝缘板嵌入开关盒内，然后用水泥封死。又如，当装在高处的灯具安装位置不妥时，可在正确的安装位置重新圬埋灯座盒，原先的灯座盒改作接线盒用。

(2) 安全性检查

布线及电气设备的安全性检查：首先按照明电气施工图核对接线是否正确，尤其是开关、拱头线以及插座的接零（接地）线的检查；其次是检查布线和灯具、插座、开关等电气设备是否按照明电气施工图的要求选取它们的型号规格。如果采用保护接地或保护接零，则应检查接地或接零线截面取得是否正确，连接是否可靠，与设备和插座的接零（接地）桩头连接是否正确。

另外，对于配电箱（板）上的设备也要做一次检查，内容有：电能表接线是否正确，断路器、闸刀开关、熔断器的容量是否符合要求，熔丝选择是否适当，各电气设备之间的连接是否可靠。检查漏电保护器整定电流及接线是否正确。

对布线及电气设备的缺损与否应认真检查，内容有：导线在墙角、穿墙穿楼板等处的绝缘层有无磨损，导线连接头绝缘是否包缠良好，接线盒内的导线接头是否连接可靠，电气设备的盒、盖是否齐全及安装妥当，灯具、吊扇等固定是否牢固，嵌入式灯具散热是否良好，荧光灯镇流器等发热元件是否考虑了防火措施等。

对于完整性、安全性及质量检查，应从电气布线施工开始到安装完毕的整个过程中不间断地进行，以便及时发现问题并处理。

126. 怎样进行电气线路的绝缘测试？

电气线路的绝缘电阻测试，包括线对线（即相线对零线）和线对地（即相线对地、零线对地）的绝缘电阻测试。

测试前应拔下配电箱（板）上的熔断器插尾或断开总开关，卸下所有灯具的灯泡，拔去插座上的家用电器，将各灯开关打在闭合位置。先测量线对线的绝缘电阻（见图4-1）：用绝缘电阻表的两根表笔（接"L"和"E"端钮），

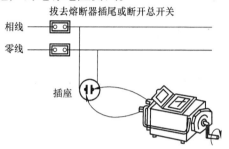

图4-1 线对线绝缘电阻的测量

分别接触在插座两孔中的导体上测量即可。由于插座接线是与整个电气线路相连的，所以测得的结果也就是整条电气线路的绝缘电阻值。再测量线对地的绝缘电阻（见图4-2）：用绝缘电阻表的一根测试笔（按"E"端钮），接触在接地体或已通水的自来水管、暖气管等金属管路上。如果住宅实现保护接零（接地）系统，则可将测试笔直接接触在保护接零（接地）桩头了，另一根测试笔（接"L"端钮）分别接触在插座的两孔中的导体上即可。

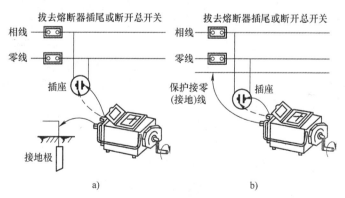

图4-2 线对地绝缘电阻的测量

线（相线和零线）对用电器具的金属外壳的绝缘电阻测量（见图4-3）。先拔下两熔断器插尾或断开总开关，打开插座盖，将家用电器的电源插头插入插座，然后用绝缘电阻两表笔（接"L"和"E"端钮）分别接触在插座两接口（相线和零线）和家用电器的金属外壳测量即可。如果有两个较近的插座，则只要将家用电器电源插头插入插座，在另一个插座测量即可，不必打开插座盖。

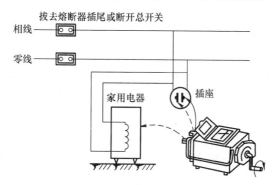

图4-3　线对家用电器金属外壳的绝缘电阻的测量

如果没有500V绝缘电阻，也可用万用表做大概判断。测试时将万用表量程开关打在高阻档（如×100kΩ档），如果测得的绝缘电阻小于0.5MΩ，说明有问题；如果大于0.5MΩ，则只能说明绝缘基本可以，但还不能确定是否真正合格。要确定是否真正合格，仍需要用绝缘电阻测量。

电气线路和电气设备及家用电器的绝缘电阻要求，见第252问。

绝缘电阻表的使用方法见第329问。

127. 测得线对线的绝缘电阻为零怎样处理？

出现这种现象有以下几种可能：

（1）灯泡没有全部卸下来，而且开关又打在闭合位置上

这时用绝缘电阻表或万用表测量相线与零线之间的绝缘电阻，相当于测量灯泡灯丝的电阻。由于灯泡灯丝的电阻很小（如100W的白炽灯，热态电阻只有484Ω，而冷却电阻要比此值小得多，仅几十欧），所以用绝缘电阻表或万用表高阻值档测量其阻值约为零。

处理方法：将灯泡全部卸下来再测量。

（2）插座上有家用电器接入

处理方法：拔掉插座上的家用电器。

（3）灯座、灯头、插座等电气设备内部碰线

处理方法：卸开盒盖检查，并消除故障点。检查时特别要留意与接线桩头的两连接导线是否有碰连情况。

（4）相线与零线短路（碰连）

检查及处理方法：

1）逐一检查各灯的开关。如果拉开某一开关后，测得的绝缘电阻升至合格值，则说明问题就出在与该开关有关的回路（分路）上，可对这一回路单独检查。

2）如果不是上述毛病，说明问题出在干线回路，则应重点检查接线盒中相线与零线的绝缘是否未包缠好，有无裸线头碰连，接头有无接错。

3）对于干线及分路支线有短路故障时，重点应检查导线连接头绝缘是否包缠好，有无裸线头碰连，以及在拐角、穿墙穿楼板等处的导线绝缘层是否有破损情况。

（5）开关两接线桩头分别接在相线和零线上

这时，当开关处在闭合位置，就短路了相线和零线。

处理方法：将开关改接在相线回路。

（6）灯座、插座等胶木绝缘击穿，丧失绝缘能力

这种情况对于新装线路可能性很小，但对于使用中的线路可能性很大。

（7）导线绝缘层被鼠咬破损，裸导体外露碰连

处理方法：认真检查导线绝缘层，尤其是敷设在吊顶内的导线。

128. 测得线对地或对家电金属外壳的绝缘电阻为零或绝缘电阻不合格怎样处理？

（1）测得线对地的绝缘电阻为零

此结果说明线（相线或零线）对地有短路故障。

检查及处理方法如下：

1）接线盒内有无裸线头碰到墙上或金属外壳（若为钢管布线）。

2）导线连接头绝缘是否包缠良好，有无裸线头碰到墙上或金属外壳。

3）对于实现保护接零（接地）系统的住宅，是否零线与保护接零（接地）线混在一起。

4）相线或零线绝缘层破损，应着重检查在拐角、穿墙穿楼板等处的导线绝缘是否有破损情况。如果布线是穿多孔预制板孔内暗敷，则是否有可能导线绝缘在穿孔时被孔边的水泥棱角刮破。

（2）测得线对家用电器金属外壳的绝缘电阻为零

此结果说明用电器具的金属外壳与线（相线或零线）有碰连现象。

处理方法：打开用电器具外壳检查，并消除引入用电器具的电源引线对外壳碰连点。应重点检查接线端子处是否连接牢固，有无导线毛头搭壳，绝缘包缠是否良好等。

（3）测得线路绝缘电阻低于规定值

此结果说明线路或电气设备绝缘不良。

处理方法：如果测得的绝缘电阻低于规定值不多，而当时天气潮湿，则有可能布线和电气设备的绝缘层是良好的。遇到这种情况，应待到天晴干燥的日子再测量。如果在天晴干燥的日子测得的绝缘电阻比规定值低得很多，则说明绝缘不良，应对线路、灯座、灯头、插座、开关等电气设备进行仔细检查。检查和处理方法同上，只是不必检查碰线等短路故障，而只检查导线和电气设备的绝缘有无受潮、水淋，导线接头包缠的绝缘层是否受潮、鼓包，电气设备是否严重覆盖灰尘、油污等。

需要指出的是，查出短路和绝缘电阻下降的原因及故障点并非易事，所以在布线和电气设备安装施工时就应认真对待，防患于未然。

129. 怎样检查照明开关是否接在相线回路？

线路绝缘性能测试合格后，便可通电检查。通电检查的目的是：确认开关是否接在相线回路，开关是否接在相应灯具或用电设备回路，插座相线、零线及保护接零（接地）线接线是否正确。

照明开关是否接在相线回路可按以下方法进行判断：接通电源，合上开关，灯应亮，这时用试电笔分别在开关两接线端子上测试，氖泡均应亮（见图 4-4a）；当断开开关，灯应灭，这时再分别测试这两个端子，则测得一个端子上氖泡亮，一个端子上不亮（见图 4-4b），说明接线是正确的。要是开关在闭合位置（灯亮），测得开关两接线端子上氖泡均不亮（见图 4-5a），而开关在断开位置（灯灭），测得其中一个端子上氖泡亮，一个端子上氖泡不亮，说明开关接在零线上（见图 4-5b），这时应改接过来。

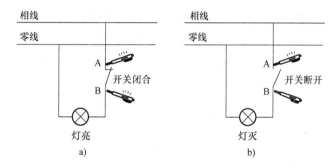

图 4-4　开关接在相线回路（正确）

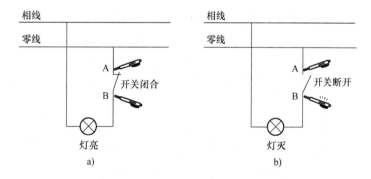

图 4-5　开关接在零线回路（错误）

130. 怎样检查开关是否接在相应的灯具或用电设备回路?

开关是否接在相应的灯具或用电设备回路可按以下方法进行判断:

1) 合上某一开关,并将其他各开关打在断开位置,该开关相应的灯应亮,而其他灯应不亮;再断开此开关,合上其他各开关,该灯应不亮,这就说明该开关是接在相应的灯回路上的,而其他开关也没有接在该灯回路内,接线是正确的(见图4-6a)。

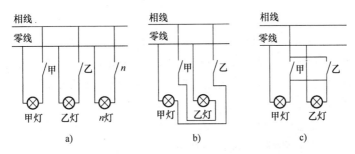

图4-6 灯开关安装的几种可能情况
a) 正确 b) 甲、乙开关错位 c) 甲、乙开关混串

2) 如果合上该开关,并将其他各开关打在断开位置,该开关相应的灯不亮,而不该亮的灯却亮了,说明该开关错接在其他灯回路上(见图4-6b),应予纠正。

3) 如果合上该开关,并将其他各开关打在断开位置,该开关相应灯亮,而其他灯也有亮,则说明这两只灯的回路混串(见图4-6c),应予以纠正。

131. 怎样对插座接线正确与否进行检查?

插座接线正确与否可用试电笔按以下方法进行检查:

1) 对于单相二孔插座,用试电笔分别测试右边(或上边)桩头,氖泡亮,测试左边(或下边)桩头,氖泡不亮,则说明接线正确(见图4-7a);如果测试结果相反,则说明接线不妥,应改接过来(当然,如果不改过来,对安全用电影响不大,但要是统一接线,了解自家插座哪个孔是相线，哪个孔是零线，则无疑是有益的）。

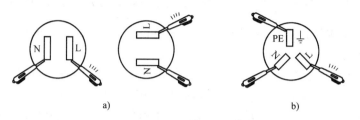

图 4-7　插座接线检查

a）单相二孔插座　b）单相三孔插座

2）对于单相三孔插座，用试电笔分别测试三个桩头，当测到右孔桩头时氖泡亮，则相线接线是正确的（见图4-7b）。测得另外两个桩头时氖泡不亮，尚不能确定哪根是零线，哪根是保护接零（接地）线。若怀疑保护接零（接地）线是否接对，可以打开插座盒盖，察看接零（接地）专用线上引入的导线颜色（应与相线和零线不同，规定为绿/黄双色线），很容易判断。

132. 布线施工完毕后怎样进行质量验收?

作为住宅照明电气安装，在自查完毕后，需会同有关单位进行验收。验收主要是采用抽查的方法对电气施工质量进行检查。验收内容除检查布线等施工是否按规定要求进行，图样与实物是否一致外，主要包括以下几方面的内容。

（1）隐蔽工程验收

电气布线施工中有部分工作是隐蔽在建筑物内部的，如预埋管线、吊顶内的管线、接地装置等。对这些工程必须边施工边验收，才能保证整体工程合格。因此要在每项隐蔽工程封闭之前请业主进行验收，合格后方可继续施工。施工前业主或装修单位将隐蔽工程拍摄或录像记录，由业主保存，以便今后可能维修之用。隐蔽工程验收的具体内容请见第 133 问。

（2）电气性能验收

电气性能验收是电气装修工程验收工作的一项非常重要的内容，

它事关安全用电。其主要包括以下内容：

1）线路绝缘电阻测量。主要测量相线之间，相线对零线和地线之间的绝缘电阻。要求各线间绝缘电阻值不小于0.5MΩ。

2）通电试验。即对每一灯具、开关、插座及用电器具逐一进行通电试验。检查开关是否接在相线上，插座各孔是否按规范分别接在相线（右孔）、零线（左孔）及保护接地（零）线（上孔）上。具体试验方法请见第129问～第131问。

另外，还要对漏电保护器进行动作性能的试验，以及各用电器具（如吊扇等）是否达到使用要求。

（3）外观质量验收

电气装修的外观质量直接影响居室的美观和使用性能。

外观质量验收的主要内容包括：施工工艺水平，布线是否平直美观，接线是否牢固可靠，接零（接地）线安装是否牢固、有效，导线截面积是否合适，插座、开关等安装高度是否一致、标高是否正确，开关及螺口灯座的中心舌片是否接在相线上，配电箱（板）上的电气元件选配是否正确，吊扇和大型灯具的吊钩是否牢固可靠，电热水器固定是否牢固，布线及电气设备的绝缘电阻是否符合规定要求等。

工程竣工后应向业主提供电气工程竣工图。

133. 居室装修电气隐蔽工程质量验收内容及标准是怎样的？

检测居室装修电气隐蔽工程施工质量检验记录见表4-1。

表4-1　检测居室装修电气隐蔽工程施工质量检验记录

编号：_____
公司：_____　　工程施工日期：_____
施工地址：_____　被检测方联系电话：_____

序号	检查内容及标准（电气类）	实测结果	复检结果	备注
1	电线铺设必须穿管，管道走向排列要求横平竖直，电线管不能用直角弯头和三通连接			
2	电线管必须用卡扣固定，接口用PVC胶粘剂粘接；卫生间、厨房间电线管道不得在地面铺设			

（续）

序号	检查内容及标准（电气类）	实测结果	复检结果	备注
3	电线管开槽深度为 1.5D，灰层厚度 15mm			
4	电线管道距燃气、水管，同一平面应不小于 100mm，不同平面应不小于 50mm			
5	电线管道距压缩空气管，同一平面应不小于 300mm，不同平面应不小于 100mm			
6	强电、弱电线管分开间距应大于 50mm，电话与音响线、有线电视线分开，不穿同一管道			
7	浴霸、电加热器，大功率电器分路排线			
8	插座离地 250～300mm，开关离地 1300mm，开关插座暗盒安装要求水平间距均等			
9	线管内导线总截面积，不应超过管内径截面积的 40%			
10	相线进开关，开关盒不得安装在门背后			
11	插座内应有 3 性线，左零右相上接地			
12	所有线头必须用压接帽（暗盒中接线）			
13	灯箱线必须套软管，软管长度应小于 1m，镜灯线在墙面出口处须用套管			
14	吊顶及木结构造型内的电线必须穿硬管，不得将线管固定在平顶的吊杆或龙骨上			
15	三相电源阻值电线对地零的绝缘电阻值应大于 0.5MΩ			

134. 塑料护套线布线怎样检查、验收？

（1）保证项目

1）导线间和导线对地间的绝缘电阻必须大于 $0.5M\Omega$。抽查 5 个回路。

方法：实测或查看绝缘电阻测试记录。

2）导线严禁有扭绞、死弯、绝缘层损坏和护套断裂等缺陷。抽查 10 处。

方法：观察检查。

3）塑料护套线严禁直接埋入抹灰层内敷设。抽查 5 处。

方法：观察检查。

（2）基本项目

1）抽查 10 处，护套线敷设应符合以下规定：

合格：平直、整齐，固定可靠；穿过梁、墙、楼板和跨越线路等处有保护管；跨越建筑物变形缝的导线两端固定可靠，并留有适当裕量。

优良：在合格基础上，导线明敷部分紧贴建筑物表面；多根平行敷设间距一致，分支和弯头处整齐。

方法：观察检查。

2）抽查 10 处，护套线的连接应符合以下规定：

合格：连接牢固，包扎严密，绝缘层良好，不伤芯线；接头设在接线盒或电气器具内；板孔内无接头。

优良：在合格基础上，接线盒位置正确，盒盖齐全平整，导线进入接线盒或电气器具时留有适当裕量。

方法：观察检查。

（3）允许偏差项目

护套线布线允许偏差、弯曲半径和检验方法应符合表 4-2 的规定。按检查项目各抽查 10 段（处）。

表 4-2 护套线布线允许偏差、弯曲半径和检验方法

项次	项目		允许偏差或弯曲半径	检验方法
1	固定点间距		5mm	尺量检查
2	水平或垂直敷设的直线段	平直度	5mm	拉线、尺量检查
		垂直度	5mm	吊线、尺量检查
3	最小弯曲半径		≥3b	尺量检查

注：b 为平弯时护套线厚度或侧弯时护套线宽度。

135. 线槽布线怎样检查、验收？

（1）保证项目

导线间和导线对地的绝缘电阻值必须大于 0.5MΩ。抽查 10 个回路。

方法：实测或检查绝缘电阻测试记录。

（2）基本项目

1）抽查 10 处，线槽敷设应符合以下规定：

合格：紧贴建筑物表面，固定可靠，横平竖直，直线段的盖板接口与底板接口错开，其间距不小于 100mm，盖板锯成斜口对接；木槽板无劈裂，塑料线槽无扭曲变形。

优良：在合格基础上，槽板沿建筑物表面布置合理，盖板无翘角；分支接头做成丁字叉接，接口严密整齐；槽板表面色泽均匀无污染。

方法：观察检查。

2）抽查 10 处，槽板线路的保护应符合以下规定：

合格：线路穿过梁、墙和楼板有保护管；跨越建筑物变形缝处槽板断开，导线加套保护软管并留有适当裕量，保护软管与槽板结合严密。

优良：在合格基础上，线路与电气器具、木台连接严密，导线无裸露现象。

方法：观察检查。

3）抽查 10 处，导线的连接应符合以下规定：

合格：连接牢固，包扎严密，绝缘层良好，不伤芯线，线槽内无接头。

优良：在合格基础上，接头设在器具或接线盒内。

方法：观察检查。

（3）允许偏差项目

线槽布线允许偏差和检验方法应符合表 4-3 的规定。抽查 10 段。

表 4-3　线槽布线允许偏差和检验方法

项次	项目		允许偏差/mm	检验方法
1	水平或垂直敷设的直线段	平直度	5	拉线、尺量检查
2		垂直度	5	吊线、尺量检查

136. 配管布线怎样检查、验收?

(1) 保证项目

1) 导线间和导线对地间的绝缘电阻值必须大于 0.5MΩ。抽查 5 个回路。

方法:实测或检查绝缘电阻测试记录。

2) 薄壁钢管严禁熔焊连接。塑料管的材质及适用场所必须符合设计要求和施工规范规定。按管子不同材质各抽查 5 处。

方法:明敷的观察检查;暗敷的检查隐蔽工程施工记录。

(2) 基本项目

1) 按管子不同材质、不同敷设方式各抽查 10 处,管子敷设应符合以下规定:

合格:

① 连接紧密,管口光滑,护口齐全;明配管及其支架平直牢固,排列整齐,管子弯曲处无明显折皱,油漆防腐层完整;暗配管保护层厚度大于 15mm。

② 盒(箱)设置正确,固定可靠,管子进入盒(箱)处顺直,在盒(箱)内露出的长度小于 5mm;用锁紧螺母(纳子)固定的管口,管子露出锁紧螺母的螺纹为 2~4 扣。

优良:在合格基础上,线路进入电气设备和器具的管口位置正确。

方法:观察和尺量检查。

2) 全数检查,管路的保护应符合以下规定:

合格:穿过变形缝处有补偿装置,补偿装置能活动自如;穿过建筑物和设备基础处加套保护管。

优良:在合格基础上,补偿装置平整,管口光滑,护口牢固,与管子连接可靠;加套的保护管在隐蔽工程施工记录中标示正确。

方法：观察检查和检查隐蔽工程施工记录。

3）抽查 10 处，管内穿线应符合以下规定：

合格：在盒（箱）内导线有适当裕量，导线在管子内无接头；不进入盒（箱）的垂直管子的上口穿线后密封处理良好；导线连接牢固，包扎严密，绝缘层良好，不伤芯线。

优良：在合格基础上，盒（箱）内清洁无杂物，导线整齐，护口、护套管齐全不脱落。

方法：观察检查或检查安装记录。

4）抽查 5 处，金属电线保护管、盒（箱）及支架接零（接地）支线敷设应符合以下规定：

合格：连接紧密、牢固，接零（接地）线截面积选用正确，需防腐的部分涂漆均匀无遗漏。

优良：在合格基础上，线路走向合理，色标准确，涂刷后不污染设备和建筑物。

方法：观察检查。

（3）允许偏差项目

按不同检查部位、内容各抽查 10 处。电线保护管弯曲半径、明配管安装允许偏差和检验方法应符合表 4-4 的规定。

表 4-4　电线保护管弯曲半径、明配管安装允许偏差和检验方法

项次	项目			弯曲半径或允许偏差	检验方法
1	管子最小弯曲半径	暗配管		≥6D	尺量检查及检查安装记录
		明配管	管子只有一个弯	≥4D	
			管子有两个弯及以上	≥6D	
2	管子弯曲处的弯扁度			≤0.1D	尺量检查
3	明配管固定点间的距离	管子直径/mm	15~20	30mm	尺量检查
			25~30	40mm	
			40~50	50mm	
			65~100	60mm	
4	明配管水平、垂直敷设任意2m段内	平直度		3mm	拉线、尺量检查
		垂直度		3mm	吊线、尺量检查

注：D 为管子外径。

137. 照明器具及配电箱（盘）怎样检查、验收？

（1）保证项目

1）大（重）型灯具及吊扇等安装用的吊钩、预埋件必须埋设牢固。大（重）型灯具全数检查。

方法：观察检查和检查隐蔽工程施工记录。

吊扇吊杆及其销钉的防松、防振装置齐全、可靠；扇叶距地面不应小于 2.5m。

2）器具的接零（接地）保护措施和其他安全要求必须符合施工规范规定。抽查 10 处。

方法：观察检查和检查安全记录。

（2）基本项目

1）抽查器具总数的 10%，器具安装应符合以下规定：

合格：

① 器具及其支架牢固端正，位置正确，有木台的安装在木台中心。

② 暗插座、暗开关的盖板紧贴墙面，四周无缝隙；灯具固定可靠，灯具及其控制开关工作正常。

优良：在合格基础上，器具表面清洁，灯具内外干净明亮，吊杆垂直，双链平行。

方法：观察检查。

2）抽查 5 台，配电箱（盘、板）安装应符合以下规定：

合格：位置正确，部件齐全，箱体开孔合适，切口整齐；暗式配电箱箱盖紧贴墙面；零线经汇流排（零线端子）连接，无绞接现象；箱体（盘、板）油漆层完整。

优良：在合格基础上，箱体内外清洁，箱盖开闭灵活，箱内接线整齐，回路编号齐全、正确；管子与箱体连接有专用锁紧螺母。

方法：观察检查。

3）按不同类别器具各抽查 10 处，导线与器具连接应符合以下规定：

合格：

① 连接牢固紧密，不伤芯线。压板连接时压紧无松动；螺栓连接时，在同一端子上导线不超过两根，防松垫圈等配件齐全。

② 开关切断相线，螺口灯座相线接在灯座的顶芯端子（中心弹舌片）上；同样用途的三相插座接线、相序排列一致；单相插座的接线，面对插座，右极接相线，左极接零线；单相三孔、三相四孔插座的接零（接地）线接在正上方；插座的接零（接地）线单独敷设，不与工作零线混同。

优良：在合格基础上，导线进入器具的绝缘层保护良好，在器具、盒（箱）内的裕量适当。吊链灯的引下线整齐美观。

方法：观察、通电检查

4）照明器具及配电箱（盘）的接零（接地）支线敷设应规范。

（3）允许偏差项目

照明器具、配电箱（盘、板）安装允许偏差和检验方法应符合表 4-5 的规定。

表 4-5　照明器具、配电箱（盘、板）安装允许偏差和检验方法

项次	项目		允许偏差/mm	检验方法
1	箱、盘、板垂直度	箱（盘、板）体高 50cm 以下	1.5	吊线、尺量检查
		箱（盘、板）体高 50cm 及以上	3	
2	照明器具	成排灯具中心线	5	拉线、尺量检查
3		明开关、插座的底板和暗开关、插座的面板	并列安装高差　0.5	尺量检查
			同一场所高差　5	
4			面板垂直度　0.5	吊线、尺量检查

以上是工程验收所达到的基本要求和规范。对于用户自己委托安装施工单位或个人进行家庭电气装修装饰的，由于电气元件、器具数量不多，且所请施工人员资质和水平也不甚了解，为确保今后的用电安全，应对每个插座、开关、调速器、灯具、吊钩等接线及安装情况进行检查；对每处接线盒的接线及绝缘层包缠进行检查；对导线的敷设、管子的埋设等进行检查；对配电箱的安装及断路器、熔断器、隔

离开关、漏电保护器等额定容量、产品厂家、接线安装等进行检查。尤其要检查家庭几个大负荷（如空调器、电热水器、厨房电炊具等）是否分支路供电；检查漏电保护器动作是否可靠（漏电保护器有试验按钮）；保护接零（接地）接线是否正确、可靠等。关于吊扇安装高度，如果住宅层高为2.6m，扇叶距地面可为2.3m。

第五章 ▶▶▶▶▶▶

家庭电气设备的选择

138. 家庭常用导线型号有哪些？各适用于何种场合？

家庭常用导线有单芯线、双芯线（如塑料护套线、双芯电缆）、三芯线（如电冰箱、空调器、电热水器、清毒柜、微波炉、电熨斗等电源线）和四芯线（如用做三相异步电动机或水泵电源线的电缆，其中三根为相线，一根为零线，零线的截面积约为相线截面积的1/3）。

导线的截面积以 mm^2 为单位，除了更小的软线，通常有以下常用规格：$1mm^2$、$1.5mm^2$、$2.5mm^2$、$4mm^2$、$6mm^2$、$10mm^2$、$16mm^2$、$25mm^2$、$35mm^2$。家庭最常用的导线，铜芯线为 $1mm^2$、$1.5mm^2$、$2.5mm^2$、$4mm^2$、$6mm^2$、$10mm^2$、$16mm^2$；铝芯线为 $2.5mm^2$、$4mm^2$、$6mm^2$、$10mm^2$、$25mm^2$。城乡个体企业使用的导线才可能用大规格的。

导线的型号规格很多，应根据负荷电流及不同的使用场合正确选择。常用导线的型号及主要用途见表5-1；常用低压电缆的型号及主要用途见表5-2。

表5-1　常用导线的型号及主要用途

结构	型号	名称	主要用途
单根芯线　塑料绝缘　绞合芯线	BV BLV	聚氯乙烯绝缘铜芯线 聚氯乙烯绝缘铝芯线	用来作为交、直流额定电压为500V及以下的户内照明和动力线路的敷设导线，以及户外沿墙支架敷设的导线
棉纱编织层　橡皮绝缘　单根芯线	BX BLX	铜芯橡皮线 铝芯橡皮线	
塑料绝缘　多根束绞芯线	BVR	聚氯乙烯绝缘铜芯软线	适用于活动不频繁场所的电源连接线

（续）

结构	型号	名称	主要用途
绞合线 平行线	RVS （或 RFS）	聚氯乙烯绝缘双根绞合软线（丁腈聚氯乙烯复合绝缘）	用来作为交、直流额定电压为250V 及以下的移动电具、吊灯的电源连接导线
	RVB （或 RFB）	聚氯乙烯绝缘双根平行软线（丁腈聚氯乙烯复合绝缘）	
橡皮绝缘 棉纱编织层 多根束绞芯线	BXS	棉纱编织橡皮绝缘双根绞合软线	
塑料绝缘 塑料护套 芯线	BVV	聚氯乙烯绝缘和护套铜芯线（双根或三根）	用来作为交、直流额定电压为500V 及以下户内、外照明和小容量动力线路的敷设导线
	BLVV	聚氯乙烯绝缘或护套铝芯线（双根和三根）	

表 5-2 常用低压电缆的型号及主要用途

型号	名称	主要用途
YHQ	轻型橡套软线	用于交流 250V 及以下的移动式受电装置，能承受较小的机械外力
YHZ	中型橡套软线	用于建筑及农业方面交流 500V 及以下的移动式供电装置，能承受相当的机械外力
YHC	重型橡套软线	同上，能承受较大的机械外力

注："YH"表示橡套电缆或软线；"Q"表示轻型；"Z"表示中型；"C"表示重型。

139. 怎样选择家装布线导线？

家装布线导线的选择要点如下：

1）认清产品的合格证。正规的导线具有"国标"认证。合格证上标明的制造厂名、产品型号、额定电压、导线线径应与导线表面印刷的标志相一致。

2）导线表面一般均标有制造厂名、产品型号、额定电压、导线线径等标志，选购时一定要选择有这些标志的导线。

3）合格的导线，其外观光滑平整、绝缘层或护层的厚度均匀不偏芯，手摸导线时无油腻感或粗糙感，导线上的标志印刷清晰。弯曲时手感柔软，弹性大。

4）一般选择单股铜芯塑料或橡胶绝缘的导线。

5）用游标卡尺检查导线线径，以确定其截面积是否正确。导体截面积对应的导体直径见表 5-3。

表 5-3　导体截面积对应导体直径

导体截面积/mm²	导体直径/mm	导体截面积/mm²	导体直径/mm
1	1.13	2.5	1.78
1.5	1.38	4	2.25

140. 什么是导线载流量？它与哪些因素有关？

电流通过导线时，由于导线有电阻，便会发热，从而使导线的温度升高，热量通过导线外包的绝缘层，散发到空气中去。如果散发的热量正好等于导线所发出的热量，则导线的温度就不再升高。如果这个温度刚好是导线绝缘层的最高允许温度（一般规定为 65℃），那么这时的电流就是该导线的安全载流量，或称导线的安全电流。若通过导线的电流超过其安全载流量，则导线的绝缘层会加速老化，甚至损坏而引起火灾。

导线的安全载流量与下列因素有关：

1）导线周围的温度。环境温度越低，允许通过的电流越大。例如，环境温度 25℃ 时，导线允许的温升为 65℃ - 25℃ = 40℃，而当环境温度为 35℃ 时，导线允许的温升为 65℃ - 35℃ = 30℃。显然，环境温度 25℃ 时所允许通过导线的电流要较 35℃ 时大。

2）导线布线的方式。不同的布线方式，其导线的散热条件也不同，导线在空气中敷设的散热条件要比在管子内敷设的好，所以允许的安全载流量也要比敷设在管子内的大。

141. 导线安全载流量为什么与导线截面积不成正比？

　　有人认为，$1mm^2$ 截面积的铜芯绝缘导线的安全载流量（环境温度 $40℃$ 时）是 15A，那么 $2.5mm^2$ 的导线应该是 $2.5 × 15A = 37.5A$。这种算法是错误的。$2.5mm^2$ 的导线安全载流量实际上是 25A。因为导线的安全载流量是由导线的温升限度来确定的，而导线的温升又由其散热等情况来决定的。即散热量大（散热面积大），安全载流量就大。$1mm^2$ 截面积的导线，其圆周长是 3.5mm，而 $2.5mm^2$ 截面积的导线，其圆周长是 5.6mm，只有 $1mm^2$ 导线的 1.6 倍，而不是 2.5 倍，因此，安全载流量与导线截面积不成正比。

142. 导线截面积选择小了会有什么后果？

　　导线是具有电阻的，当负荷电流通过时，会发热升温。每种规格的导线其安全载流量都有规定，一旦电流超过导线的允许载流量时，导线就会过热，造成严重的后果。裸导线过热时，会使导线接头处氧化加剧，接头的接触电阻增大，从而进一步加剧氧化，这一恶性循环会使导线接头熔断。绝缘导线过热，会使绝缘层老化、脆裂、变质损坏，失去绝缘作用，严重时甚至引起火灾。因此，选择导线时必须首先考虑导线的允许载流量一定要大于负荷电流。在有爆炸危险的场所（如贮油库、使用和贮存液化石油气、煤气的房间），为了降低导线的温度，导线的载流量至少应比允许安全载流量降低 20%，以确保安全。

143. 不同敷设方式下导线的安全载流量如何确定？

　　在不同环境温度和敷设方式下，几种常用导线的安全载流量见表 5-4 ~ 表 5-6；塑料护套线的参考载流量见表 3-9。塑料绝缘软线明敷时的安全载流量见表 5-7。

表 5-4　绝缘导线明敷设时安全载流量（单位：A）

导线截面积/mm²	铝芯橡皮绝缘线				铜芯橡皮绝缘线			
	25℃	30℃	35℃	40℃	25℃	30℃	35℃	40℃
1	—	—	—	—	20	19	17	15
1.5	—	—	—	—	25	23	21	19
2.5	25	23	21	19	33	31	28	25
4	33	31	28	25	43	40	37	33
6	42	39	36	32	55	51	47	42
10	60	56	51	46	80	74	68	61
16	80	74	68	61	105	98	89	80
25	105	98	89	80	140	130	119	106

导线截面积/mm²	铝芯塑料绝缘线				铜芯塑料绝缘线			
	25℃	30℃	35℃	40℃	25℃	30℃	35℃	40℃
1	—	—	—	—	18	17	15	14
1.5	—	—	—	—	22	20	19	17
2.5	23	21	20	17	30	28	25	23
4	30	28	25	23	40	37	33	30
6	39	36	33	30	50	47	43	38
10	55	51	47	42	75	70	64	57
15	75	70	64	57	100	93	85	76
25	100	93	85	76	130	121	110	99

表 5-5　绝缘导线穿钢管敷设时安全载流量（单位：A）

导线截面积/mm²	铝芯绝缘线											
	穿入管内 2 根				穿入管内 3 根				穿入管内 4 根			
	25℃	30℃	35℃	40℃	25℃	30℃	35℃	40℃	25℃	30℃	35℃	40℃
2.5	20	19	17	15	19	18	16	14	17	16	14	13
4	29	27	25	22	25	23	21	19	23	21	20	18
6	34	32	29	26	31	29	26	24	28	26	24	21
10	51	47	43	39	42	39	36	32	37	34	31	28
16	61	57	52	46	55	51	47	42	49	46	42	37
25	82	76	70	62	75	70	65	57	65	60	55	49

（续）

导线截面积/mm²	铜芯绝缘线											
	穿入管内2根				穿入管内3根				穿入管内4根			
	25℃	30℃	35℃	40℃	25℃	30℃	35℃	40℃	25℃	30℃	35℃	40℃
1	15	14	13	11	14	13	12	11	13	12	11	10
1.5	18	17	15	14	16	15	14	12	15	14	13	11
2.5	26	24	22	20	25	23	21	19	23	21	20	17
4	38	35	32	29	33	31	28	25	30	28	26	23
6	44	41	37	33	41	38	35	31	37	34	31	28
10	68	63	58	52	56	52	48	43	49	46	42	37
16	80	74	68	61	72	67	61	55	64	60	54	49
25	109	101	93	83	100	93	85	76	85	79	72	65

表5-6 绝缘导线穿 PVC 管敷设时安全载流量（单位：A）

导线截面积/mm²	铝芯绝缘线											
	穿入管内2根				穿入管内3根				穿入管内4根			
	25℃	30℃	35℃	40℃	25℃	30℃	35℃	40℃	25℃	30℃	35℃	40℃
2.5	16	14	13	12	15	13	12	11	14	13	11	10
4	24	22	20	18	21	19	17	15	19	17	16	14
6	29	27	24	22	26	24	22	19	24	22	20	18
10	43	40	36	32	36	33	30	27	31	28	26	23
16	53	49	45	40	47	43	40	35	42	39	35	31
25	72	67	61	54	66	61	56	50	57	53	48	43

导线截面积/mm²	铜芯绝缘线											
	穿入管内2根				穿入管内3根				穿入管内4根			
	25℃	30℃	35℃	40℃	25℃	30℃	35℃	40℃	25℃	30℃	35℃	40℃
1	12	11	10	9	11	10	9	8	10	9	8	7
1.5	14	13	11	10	13	12	11	9	12	11	10	9
2.5	21	19	17	16	20	18	17	15	18	16	15	13
4	31	28	26	23	27	25	23	20	25	23	21	19
6	37	34	31	28	35	32	29	26	31	28	26	23
10	58	54	49	44	48	44	40	36	42	39	35	31
16	69	64	58	52	62	57	52	47	55	51	46	41
25	96	89	81	73	88	82	74	67	75	69	63	57

表 5-7　塑料绝缘软线明敷时的安全载流量　（单位：A）

截面积 /mm²		单芯				二芯				三芯			
		25℃	30℃	35℃	40℃	25℃	30℃	35℃	40℃	25℃	30℃	35℃	40℃
—	0.12	5	4.5	4	3.5	4	3.5	3	3	3	2.5	2.5	2
—	0.2	7	6.5	6	5.5	5.5	5	4.5	4	4	3.5	3	3
RV	0.3	9	8	7.5	7	7	6.5	6	5.5	5	4.5	4	3.5
RVV	0.4	11	10	9.5	8.5	8.5	7.5	7	6.5	6	5.5	5	4.5
RVB	0.5	12.5	11.5	10.5	9.5	9.5	8.5	8	7.5	7	6.5	6	5.5
RVS	0.75	16	14.5	13.5	12.5	12.5	11.5	10.5	9.5	9	8	7.5	7
RFB	1.0	19	17	16	15	15	14	12	11	11	10	9	8
RFS	1.5	24	22	21	18	19	17	16	15	14	13	12	11

144. 怎样根据载流量和电压损失选择导线截面积?

　　室内导线截面积通常根据导线载流量、电压损失和机械强度三个条件进行选择。根据前两个条件选择方法如下：

　　1）所选导线的安全载流量应大于最大连续使用的负荷电流。换句话说，该线路内所有可能同时使用的家用电器都接入时，所计算出的电流应小于该线路导线的安全载流量，并要考虑一定的裕量，以便确保安全以及能适应以后用电量的增加。住宅一般所选导线的安全载流量比负荷电流大 1.5~3 倍为宜。

　　2）线路的电压损失应在允许范围之内。电流在导线中流动，由于导线有电阻，在导线上会有电压损失，因此实际加在负荷上的电压要比电源供电的电压低。国家对不同用电设备的电压波动都有一定要求，如国产电冰箱电压允许的波动范围为 ±15%；空调器为 ±10%；一般家用电器为 ±10%；照明灯则最好不超过 ±5%。

　　电压的高低一般由供电部门及供电线路的导线长度和截面积决定，用户无法决定。但为了防止电压降低过多，室内导线也不宜过细；一条线路上或一个插座上不宜接入过多的用电设备；电热水器、空调器、电炉等大负荷用电设备应单独敷线供电，不宜与照明等其他线路合用。

145. 怎样选择家装中不同用途的导线截面积？

不同用途的铜导线截面积选择如下。

1) 1.5mm² 单芯线，用于灯具照明。

2) 1.5mm² 二芯护套线，用于工地上明线。

3) 1.5mm² 三芯护套线，用于工地上明线。

4) 1.5mm² 双色单芯线，用于开关接地线。

5) 2.5mm² 单芯线，用于插座，壁挂式空调器。

6) 2.5mm² 二芯护套线，用于工地上明线。

7) 2.5mm² 三芯护套线，用于壁挂式空调器，微波炉。

8) 2.5mm² 双色单芯线，用于插座、照明接地线。

9) 4mm² 单芯线，用于 3 匹以上的空调器，如柜式空调器。

10) 4mm² 双色单芯线，用于 3 匹以上空调接地线。

11) 6mm² 单芯线，用于总进线。

12) 6mm² 双色线，用于总进线地线。

13) 10 ~ 25mm² 七芯线，用于总进线。

14) 10 ~ 25mm² 双色七芯线，用于总进线接地线。

以上所述的双色线为黄/绿双色线；接地线为保护接地（零）线（PE 线）。

146. 怎样选择照明灯头导线截面积？

照明灯头导线截面积的大小，随不同安装场所和用途而定，一般可参照表5-8 选择。

表5-8 照明灯头导线线芯最小截面积

安装场所和用途		线芯最小截面积/mm²		
		铜芯软线	铜线	铝线
照明灯头线	民用建筑物室内	0.4	0.5	1.5
	工业厂房内	0.5	0.8	2.5
	室外	1.0	1.0	2.5
移动式用电设备	生活用	0.2		
	生产用	1.0		

147. 室内外布线导线的允许最小截面积是多少?

室内外布线导线的允许最小截面积见表 5-9。

表 5-9　室内外布线导线的允许最小截面积

室内绝缘导线敷设于绝缘子上，其间距为			
≤2m	—	1.0	2.5
2～6m	—	2.5	4
6～12m	—	2.5	6
室外绝缘导线固定敷设			
敷设在遮檐下的绝缘支持件上	—	1.0	2.5
沿墙敷设在绝缘支持件上	—	2.5	4
其他情况	—	4	10
室内裸导线	—	2.5	4
1kV 以下架空线	—	6	10
架空引入线（25m 以下）	—	4	10
控制线（包括穿管敷设）	—	1.5	—
穿管敷设的绝缘导线	1.0	1.0	2.5
塑料护套线沿墙明敷	—	1.0	2.5
板孔穿线敷设的导线	—	1.5	2.5

148. 怎样选择和区别相线、零线和保护接零（接地）线?

1）相线颜色。当三相电源引入三相电能表箱时，相线宜采用黄、绿、红三色；当从该三相电源引出的单相电源再引入单相电能表箱时，相线宜分别采用所接相线的颜色；由单相电能表箱引入到住户配电箱的相线，其颜色没有必要和所接的进户线相线颜色一致，可用黄、绿、红中的任意一种。只有当用户采用三相电能表箱时，从三相电能表箱引入到住户配电箱的相线颜色应和引进三相电能表箱的相线颜色一致。

2）零线颜色。在条件许可时首先应采用浅蓝色。有的国家零线采用白色，如果其建筑物因业主要求采用白色作零线，那么该建筑物内所有的零线都应采用白色。

3）同一建筑物内的导线，其颜色选择应统一。

4）在装修装饰中，如果住户自己布线，因条件限制，往往不能按规定要求选择导线颜色，这时可遵照以下要求使用导线：

① 相线可使用黄色、绿色或红色中的任一种颜色，但不允许使用黑色、白色，更不允许使用黄/绿双色的导线。

② 零线可使用黑色导线，没有黑色导线时也可用白色导线。如果住宅单相电源的相线使用红色导线，则零线可使用黄色或绿色导线；如果相线使用绿色导线，则零线可使用黄色导线。零线不允许使用红色导线。三相四线制的零线应使用浅蓝色或黑色的导线，也可用白色导线，不允许使用其他颜色的导线，更不允许使用黄/绿双色的导线。

③ 保护零线应使用黄/绿双色的导线，如无此种颜色导线，也可用黑色的导线。但这时零线应使用浅蓝色或白色的导线，以便两者有明显的区别。否则在插座接线时很容易将零线误接在保护接零（接地）极上，使用时将会造成触电等事故。保护零线不允许使用除黄/绿双色线和黑色线以外的其他颜色的导线。为了确保用电安全，保护零线应尽量选用黄/绿双色线，符合国家规定。

需要指出的是，过去我国家用电器的保护零线都以黑色为标志，现已淘汰。现在，我国已执行国际标准，采用黄/绿双色导线作保护零线。因日本、西欧等一些国家采用单一绿色作保护零线，所以我国部分出口家用电器产品也用绿色线作保护零线。因此，使用时必须注意，切不可因保护零线颜色不同而接错线。当没有充分把握时，应看说明书或拆开机器仔细辨认，也可以用万用表判别，切不可主观臆断。

149. 怎样选择住宅配电箱？

住宅配电箱内一般安装有总断路器、隔离开关、熔断器（不全都配备）、漏电保护器、各分支断路器等。用户在选择配电箱时应根据住宅档次、分支数的多少（主要用空调器、电热水器、厨房大功

率电器等多少及照明、其余插座的配置决定）来选择。电能表通常
安置在集中电能表箱内。下面推荐两种常用的住宅配电箱。

（1）XRM98 型住宅配电箱

XRM98 型小型嵌入式配电箱，可与 XRB98 型电能表箱配套使
用，可以满足民居工程住宅用户对使用家用电器日益增长安全用电的
需要，箱内电气配件具有过载、短路和漏电保护作用。其外形及尺寸
如图 5-1 所示。

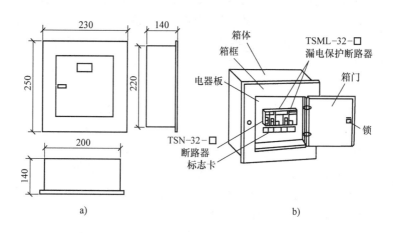

图 5-1　XRM98 型住宅配电箱
a）外型尺寸　b）箱体外形

（2）PZ – 30 型住宅配电箱

PZ – 30 型住宅配电箱又称 PZ – 30 型低压开关箱，可以满足
民居工程住宅用户对使用家用电器日益增长的安全用电的需要。
图 5-2 所示为 PZ – 30 – 12 型住宅配电箱的面盘图，该配电箱可
供 5 ~6kW 家庭用。箱内安装有模数化断路器和漏电保护器或其
他电器，具有过载、短路和漏电保护作用，是现代家庭普遍推荐
使用的配电箱。

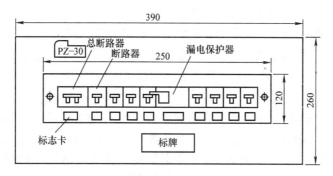

图 5-2　PZ-30-12 型住宅配电箱面盘图

150. 怎样选择单相电能表？

电能表是用来计量用电量的仪表。电能表容量选择太小或太大，都会造成计量不准，容量过小还会烧毁电能表。家庭一般使用单相电能表。

目前市场上普遍使用的单相电能表可分为机械式和电子式两种。机械式电能表（如 DD862-4 型）具有高过载、长寿命、稳定性好等优点；不足之处是基本误差受电压、温度、频率等因素影响，长期使用磨损较大。常见的电子式单相电能表有 DDS6、DDS15、DDS33、DDSY23 等型。该类电能表采用专用大规模集成电路，具有精度高、可靠性高、能在额定电压 ±30% 范围正确计量、过载能力强、自身功耗低、结构小、质量小、长期工作不需调校及很强的防窃电功能等优点。

DDS 系列电子式电能表的规定工作温度范围为 -10~45℃，工作极限温度范围为 -25~55℃，相对湿度不超过 85%。电能表的基本电流为 5A，最大额定电流有 20A 或 30A 等。

电子式电能表的起动电流很小，在额定电压、额定频率及功率因数为 1 的条件下，当负载电流为 0.4% 基本电流时，工作指示灯能闪亮。

由于电子式电能表有以上许多优点，因此用户在选择家用电能表时，应尽量选择电子式电能表。城市住宅的电能表一般由房地产开发商选择，集中安装在电能表箱内。

电能表的铭牌上标有额定电压、额定电流、标定电流（最大电流）、电源频率准确度等级、电能表常数等参数。国产交流单相电能表额定电压为 220V，额定频率为 50Hz。电能表的规格以标定电流的大小划分，有 1A、2A、2.5A、3A、5A、10A、15A、30A 等。例如，一只国产交流单相电能表的铭牌上一般标有如下参数：~220V，5（20）A，50Hz，2.0 级，3600r/（kW·h）。它们的含义是：交流电压为 220V、标定电流为 5A（额定最大电流为 20A）、电源频率为 50Hz、准确度等级为 2.0 级（即读数误差小于 ±2%）的电能表在额定电压下每消耗 1kW·h（俗称 1 度）电能，铝盘转过 3600 圈。

标定电流表示电能表计量电能时的标准计量电流，而额定最大电流是指电能表长期工作在误差范围内所允许通过的最大电流。过去使用的电能额定最大电流值一般为标定电流值的 2 倍。由于家庭用电量增大，最小用电量和最大用电量相差悬殊，现在选用的电能表，其额定最大电流值为标定电流值的 4 倍，甚至更大。如 DD862 - 4 型单相电能表，其规格有 2.5（10）A、5（20）A、10（40）A、15（60）A 和 20（80）A 等；DDSY23Ⅲ型电子式单相电能表，其额定最大电流值可达到标定电流值的 6 倍，如 5（30）A 等。

选择单相电能表应注意以下事项：

1）电能表铭牌上的额定电压应与实际电源电压一致；额定最大电流不小于最大实际用电负荷电流。

2）要考虑负荷（用电设备）今后增长的因素。

3）不允许机械式电能表在电流经常低于标定电流 5% 以下的电路中使用，以免造成少计电量。

4）电能表负载能力在 $0.05I_b$（标定电流）~ I_{max}（额定最大电流）之间，超过 I_{max}，电能表的电流线圈会发热而烧毁。

151. 常用单相电能表的技术数据是怎样的？

86 系列、86a 系列单相电能表和电子式单相电能表的技术数据见表 5-10。

表 5-10　几种单相电能表的技术数据

名称	型号	准确度等级	额定电压/V	标定电流/A
86 系列单相电能表	DD862 – 2	2.0	220	3（6）
	DD862 – 4			1.5（6），2（8），2.5（10），3（12），5（20），10（40），15（60），20（80），30（100），40（100）
86a 系列单相电能表	DD862a	2.0	220	5（10），10（20），20（40）
				1.5（6），2.5（10），5（20），10（40），20（80）
				1.5（6），2.5（10），5（20），10（40），15（60），30（100）
				3（6），5（10），10（20），20（40），30（60）
				3（9），5（15），10（30），15（45），20（60）
				1.5（6），2.5（10），5（20），10（40），15（60）
电子式单相电能表	DDS15	1.0	220	5（30）
	DD21 – S	1.0,2.0		5（10），5（20），5（30），10（40），20（80）
	DDS22	1.0		2（10），5（25），10（50），20（100）
	DDS23	1.0,2.0		1.5（6），2（10），5（30），10（40）
	DDS28	1.0		1（6），2.5（15），5（30），10（60），20（100）
	DDS36	2.0		1.5（6），2.5（10），5（20）
				1.5（9），2.5（15），5（30）
	DDS40	1.0	220	1.5（6），2（10），5（30），10（40）
	DD2S	1.0		5（30）

152. 怎样验算现有的电能表能否承担家庭用电负荷？

例如，某住宅装有一只 DD862a 型 10（40）A 电能表，现可能同时投入使用的用电量最大的家用电器有 1500W 空调器 2 台，1400W 电热水器 1 台，700W 电饭锅 1 台，1500W 电水壶 1 台；其他可能同时投入的家用电器估计有 800W；考虑今后添加并同时使用的家用电器有 2000W，试问该电能表能否承受。

解：根据计算公式：

$$I_\Sigma = \Sigma I_m + K_c I + I'$$

（1）先计算出各家用电器的额定电流（见表 5-11）

表 5-11　各家用电器的额定电流

名称	功率/W	电流/A	名称	功率/W	电流/A
空调器（2 台）	3000	15	电水壶	1500	6.8
电热水壶	1400	6.4	其他同期使用	800	3.6
电饭锅	700	3.2	今后添加	2000	9.1

（2）住宅负荷电流计算

① 不考虑今后添加家用电器时

$$I_\Sigma = \Sigma I_m + K_c I = (15 + 6.4 + 3.2 + 6.8)\,A + 3.6A = 35A$$

② 考虑今后添加家用电器时

$$I_\Sigma = \Sigma I_m + K_c I + I' = 35A + 9.1A = 44.1A$$

（3）验算

该电能表最大允许带负荷 40A，大于目前的最大可能使用电流 35A，是安全的。但考虑今后添加的家用电器，则该电能表已不能承受，需使用 DD862a 型 15（60）A 的电能表。

153. 怎样选择断路器？

断路器又称自动空气开关、自动开关，作总电源保护开关或分支线保护开关用。当住宅线路或电动机、家用电器等发生短路或过载时，它能自动跳闸，切断电源，从而有效地保护这些设备免受损坏或防止事故扩大。

断路器的种类繁多，有单极、二极、三极、四极，住宅常用的是二极（如总电源保护）和单极（如分支线保护，分支线也有用二极的）。

（1）断路器的选用

① 额定电流的确定。a. 断路器的额定电流可按下式确定：

$$I_e = KP_e$$

式中　I_e——断路器额定电流（A）；

　　　K——估算系数，可取 8 ~ 10；

P_e——所保护的用电设备的额定功率（kW）。

b. 按导线安全载流量选择：

$$I_e < I_{yx}$$

式中　I_{yx}——导线安全载流量（A）。

例如，2 根 2.5mm² 铜芯绝缘线穿 PVC 管暗敷，30℃ 时安全载流量为 19A，则可选用 16A 的断路器。

② 分断能力的确定。断路器的分断能力必须大于断路器出线端发生短路故障时的最大短路电流，若不能满足，将会引起断路器炸毁。若用于住宅配线保护，上述断路器一般都能满足要求。当分断能力不够时，可在断路器前面装设熔断器，作为后备保护。

家用断路器根据经验一般可按以下选择：

1）住宅配电箱总开关，选择 32~40A 小型断路器或隔离开关。

2）照明回路选择 10~16A 小型断路器。

3）空调回路：柜式空调选择 25A、壁挂式空调选择 16A 小型断路器。

4）电热水器选择 16A（2kW）或 25A（3kW）。

5）插座回路选择 16~32A/30mA 的漏电保护器，其中 16A 用于插座回路数较少时；32A 用于插座回路数多时。

154. C45、DPN、NC100 系列断路器有哪些特点和技术参数？

C45、DPN 和 NC100 系列小型断路器均属于模数化断路器，可固定在配电箱内的安装导轨上，安装和拆卸都十分方便。

C45 系列断路器具有过载和短路保护功能，分断能力高（4kA~6kA）。有 C45N 和 C45AD 两种型号。其中，C45N 型主要用于照明保护，C45AD 型用于电动机保护。

C45N 型的额定电流有 1A、3A、6A、10A、16A、20A、25A、32A、40A、50A、63A；1A~40A 分断能力为 6kA，50A、63A 为 4.5kA；C 型脱扣器；单极宽度为 18mm，双极宽度为 36mm，三极宽度为 54mm，四极（3P+N）宽度为 72mm；采用带夹箍的接线端子，

连接导线截面积可达 25mm²；可配各种辅助装置，其中包括漏电保护附件。

C45AD 型的额定电流为 1A、3A、6A、10A、16A、20A、25A、32A、40A；分断能力为 4.5kA；D 型脱扣器；有单极、二极、三极和四极，其宽度、连接导线截面积及可配附件与 C45N 型相同。

DPN 型为 2 极（1P + N）断路器，在相极上装有过电流脱扣器，中性极上则元。断路器宽度为 18mm，与普通 2 极断路器相比具有体积小、价格低等优点。

NC100 系列断路器具有触头状态指示，所以兼备了隔离开关的功能。

过电流脱扣器由双金属片机构及电磁机构组成，并分别具有过负荷长延时动作和短路瞬时动作的保护特性。

C45、DPN、NC100 系列断路器的技术参数据见表 5-12。

表 5-12　C45、DPN、NC100 系列断路器技术数据

型号	极数	额定电压/V	额定电流 I_e/A	额定短路分断能力/kA	瞬时脱扣器型式及脱扣电流	连接导线最大截面积/mm²	机电寿命/次
C45N	1、2、3、4	240/415	1、3、6、10、16、20、25、32、40	6	C 型（5~10）I_e	25	20000
			50、63	4.5			
C45AD			1、3、6、10、16、20、25、32、40	4.5	D 型（10~14）I_e	25	
DPN	2（1P + N）	240	3、6、10、16、20	4.5	C 型（5~10）I_e		
NC100H	1、2、3、4	240/415	50、63	10[①]	C 型（5~10）I_e	35	
			80、100		D 型（10~14）I_e	50	
NC100LS	3、4		40、50、63	36[①]	D 型（10~14）I_e	35	

① 表示数据为额定极限短路分断能力。

155. 不同环境温度下断路器的持续工作电流是多少？

不同环境温度下，断路器的持续工作电流是有所不同的。如

C45、NC100 系列断路器的额定电流分别是以环境温度 30℃、40℃标定的。过负荷保护为双金属片机构，当实际环境温度改变后，C45、NC100 系列断路器持续工作电流见表 5-13。

表 5-13 不同环境温度的 C45、NC100 系列断路器持续工作电流

型号	额定电流/A	持续工作电流/A				
		20℃	30℃	40℃	50℃	60℃
C45N C45AD	1	1.0	1.0	0.9	0.9	0.8
	3	3.2	3.0	2.8	2.6	2.4
	6	6.3	6.0	5.6	5.3	4.9
	10	10.7	10.0	9.3	8.5	7.6
	16	17.0	16.0	15.0	14.0	13.0
	20	21.2	20.0	18.8	17.4	16.0
	25	26.5	25.0	23.2	21.5	19.7
	32	33.9	32.0	30.1	27.8	25.6
	40	42.8	40.0	36.8	33.6	30.0
C45N	50	54.0	50.0	46.0	41.0	36.0
	63	67.4	63.0	58.6	53.5	47.9
NC100H	50	57.5	54.0	50.0	45.5	41.0
	63	72.5	68.0	63.0	57.5	51.5
	80	92.0	86.0	80.0	73.5	66.0
	100	115	108.0	100.0	91.5	82.5

156. 断路器的保护特性曲线是怎样的？

C45N 型、C45AD 型断路器的保护特性曲线如图 5-3 和图 5-4 所示。

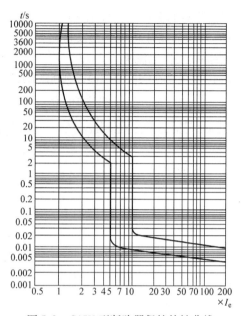

图 5-3　C45N 型断路器保护特性曲线

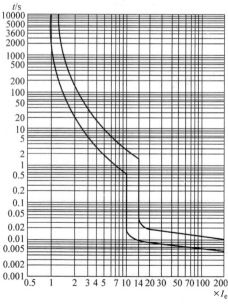

图 5-4　C45AD 型断路器保护特性曲线

由图中可见，当负荷电流小于或等于断路器额定电流 I_e 时，断路器可长期工作；当负荷电流为 $3I_e$ 时，断路器 20s 即脱扣跳闸；当负荷电流为 $30I_e$ 时，断路器 0.01s 即脱扣跳闸。

157. 怎样选择隔离开关?

住宅常用隔离开关或刀开关作为总电源开关。

（1）隔离开关的选用

1）隔离开关的额定电压应大于线路额定电压。

2）隔离开关的额定电流应大于线路的最大负荷电流，并留有裕量。

（2）HY122 型模数化隔离开关

该产品的主要技术数据：额定电压 400V；额定电流 I_e 有 32A 和 63A 两种；极数有单极、二极、三极、四极；额定短时耐受电流为 $20I_e$；额定短时接通电流为 $30I_e$；使用类别为 AC – 21B；外壳防护等级为 IP20。为了防止误合闸，设有防止误合闸 U 形销，上有"禁止合闸"警语。将它插入操作手柄的销孔中，就无法合闸。

HY122 型隔离开关可方便地与模数化断路器、模数化熔断器配合，共同固定在安装导轨上。

HY122 型隔离开关的动触头（即刀）和开关出线之间的连接是采用铜编织软线连接（焊接）。静触头（即刀座）为纯铜制品，有一根弹簧箍住，以确保动静触头接触紧密可靠。

（3）KB – D 型隔离开关

该产品的主要技术数据：额定电压 230/400V；额定电流 I_e 有 32A 和 63A 两种；极数有单极、二极、三极和四极；额定短时耐受电流为 $20I_e$；额定短时接通电流为 $20I_e$。

158. 漏电保护器是怎样工作的?

漏电保护器又称漏电开关、触电保安器。使用它，能有效地防止家庭触电事故和因漏电而引起的火灾事故。

漏电保护器的型号规格很多，但其结构和原理却大同小异。漏电保护器的结构原理图如图 5-5 所示。它由零序电流互感器 ZCT、放大器 A、漏电脱扣器 QB、试验按钮 SB 等几个主要部分组成。漏电保护器的工作原理如图 5-6 所示。

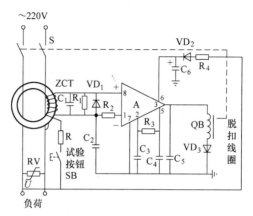

图 5-5　漏电保护器的结构原理图

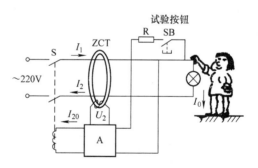

图 5-6　漏电保护器的工作原理图

在正常情况下，家庭电气布线和家用电器等无漏电现象，即进入零序电流互感器 ZCT 的电流和出来的电流大小相等，$I_1 = I_2$，在零序电流互感器 ZCT 内形成的磁通 $\Phi_0 = 0$，故二次回路没有输出，即 $U_2 = 0$，放大器 A 的输出电流 $I_{20} = 0$，漏电脱扣器不动作，主开关 S 保持在闭合状态，以保证正常供电。

当家庭电气布线或家用电器等有漏电或人体触电时，如图 5-6 所示，通过人体的电流 $I_0 \neq 0$，所以 $I_1 = I_2 + I_0$，即 $I_1 - I_2 = I_0 \neq 0$，在零序电流互感器 ZCT 内就形成了一个磁通 Φ_0，其二次回路就有一个电压 U_2 输出，放大器 A 就输出一个电流 I_{20}，该电流带动漏电脱扣器动作，使开关 S 迅速断开（通常动作时间 $\leqslant 0.1s$），切断家庭的供电回路，起到保护作用。只有当漏电或触电消除后，按下漏电指示按钮（平时此按钮缩在漏电保护器面板内，脱扣器动作时，它才跳出高于面板）使之复位，再合上开关，才能继续使用。

试验按钮 SB 是用来检验漏电保护器动作是否正常用的，按下 SB，漏电保护器应立即跳闸，否则为不正常。电阻 R 模拟人体电阻。

159. 怎样选择漏电保护器？

家庭供电为 220V 单相电源，因此应选购单相电流动作型漏电保护器。漏电保护器是保护家庭安全，防止电气火灾和人身触电用的，如果选购不当（如漏电动作电流选得过大等）或购买了伪劣产品，则不但达不到保护作用，反而麻痹人们，因而更有可能造成不幸事故。因此在选购时必须仔细挑选，认真阅读产品说明书，尤其要注意漏电动作电流、动作时间及额定电流、额定电压等参数。一定要购买有三 C 认证、名牌厂家和质量上乘的产品。

家庭常用的漏电保护器的型号及参数见表 5-14，供用户选购时参考。

表 5-14　适合家庭用的漏电保护器产品技术指标一览表

型号	名称	原理	极数	额定电压/V	额定电流/A	额电漏电动作电流/mA	漏电动作时间/s	保护功能
DZL18-20	漏电自动开关	电流动作型（集成电路）	2	220	20	10 15 30	<0.1	漏电或兼有漏电与过载保护两种，选用时注意
YLC-1	移动式漏电保护插座	电流动作型	单相 2 极 3 极		10			漏电保护专用
CBQ-A	触电保安器	电磁式	2		16	30	≤0.1	

（续）

型号	名称	原理	极数	额定电压/V	额定电流/A	额电漏电动作电流/mA	漏电动作时间/s	保护功能
LDB-1	漏电自动开关	电流动作型	2		5 10	30（漏电不动作电流15mA）	<0.1	
DZL16	漏电开关	电磁式	2		6 10 16 25	15 30	≤0.1	漏电保护专用
JC	漏电开关	电磁式	2	220	6 10 16 25	30	≤0.1	漏电保护专用
C45NLE C45ADLE	漏电断路器		2		6 10 16 20 25 32 40	30	<0.1	过载、短路及过电压保护

型号	极限分断能力	外形尺寸/mm	质量/kg	生产厂家	备注
DZL18-20	有条件短路电流1500A	85×65×42	0.2	上海立新电器厂（金球牌） 上海漏电保护器厂（安乐牌） 安徽屯溪电器厂（众牌） 苏州电器一厂福州低压电器厂 柳州开关厂低压分厂 广东河源开关厂	该产品为冲击波不动作型
YLC-1				上海漏电保护器厂	
CBQ-A			0.23	上海瓦屑电表厂（申佳牌）	
LDB-1				北京双菱电子电器公司（双菱牌） 浙江定海电子仪器厂	

（续）

型号	极限分断能力	外形尺寸/mm	质量/kg	生产厂家	备注
DZL16	耐短路能力 220V 3000A	72×76×80	0.4	上海崇明电器厂	
JG		78×71×86	0.6	遵义长征电器控制设备厂	
C45NLE C45ADLE		18×27×36 36×27×36		上海航空电器厂	

灵敏度是漏电保护器至关重要的参数，需正确选定。有人认为，漏电保护器的灵敏度越高，就越安全。然而，无限制地提高漏电保护器的灵敏度，也是不恰当的。因为任何电气线路和任何电气设备，在正常工作条件下总有一定的泄漏电流（如线路总有一定的绝缘电阻，尤其用于厨房、卫生间、浴室的线路绝缘电阻较低。另外，线路还存在分布电容）。如果漏电保护器的动作电流小于线路和电气设备的正常泄漏电流，不仅漏电保护器不能投入正常运行，而且还因其经常误动作而影响供电的可靠性。因为，为防止漏电保护器在正常情况下误动作，必须正确选定其灵敏度，即额定漏电动作电流。

根据我国目前家庭用电情况，可选用额定工作电流在 16～36A 的漏电保护器。漏电保护器的额定漏电动作电流，用于家庭总电源上，一般整定为 30mA。

现代家庭使用最普遍的是模数化漏电保护器，可方便地与模数化断路器、隔离开关等安装在配电箱内的固定支架上。

160. 熔丝起什么作用？

熔丝也叫保险丝、熔体。住宅总熔丝装于电能表后，一般采用瓷插式熔断器。现在作为住宅的总保护，通常采用断路器代替熔丝。城乡个体作坊、城市旧宅及部分农村住宅还采用熔丝作为总保护。另外，许多家用电器内都装有熔断器，如彩色电视机、微波炉、收录机、空调器、洗衣机等，作为家用电器的保护用。

熔丝主要用作电气设备及线路的短路保护。因为当电气设备或线路发生短路故障时，回路内的电流迅速猛增，熔丝立即熔断，从而保护电气设备及线路免受损坏或引起事故进一步扩大。

熔丝对电气设备及线路的过载也能起到一定的作用。当过载电流超过 2 倍熔丝的额定电流时，熔体能在 3~4min 内熔断，因此也可以起着一定程度的过载保护作用。但这种保护是很不可靠的，因为熔丝特性有很大的分散性，即使同一规格的熔丝，其熔断电流也是不一样的。

161. 怎样选用熔断器和熔丝？

熔丝装于熔断器内。家庭常用的熔断器有瓷插式、螺旋式和熔管式几种，如图 5-7 所示。家庭总熔断器通常都采用瓷插式，常用的有 RC1 型和 RC1A 型两种，规格有 5A、10A、15A、30A、60A、100A 和 200A，家庭一般使用 30A 以下的规格。目前，模数化熔断器正逐渐代替瓷插式和螺旋式熔断器。

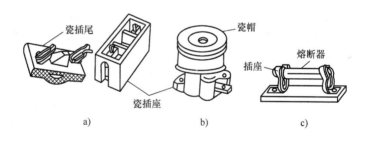

瓷插尾　瓷帽　熔断器　插座　瓷插座

a)　b)　c)

图 5-7　几种常用的熔断器
a）瓷插式熔断器　b）螺旋式熔断器　c）熔管式

配瓷插式熔断器的熔丝通常是用铅（75%）、锡（25%）合金制成的，其规格和应用范围见表 5-15。保险丝既然是作保护用的，就不能随便选择。否则，不但起不到保护作用，甚至会造成更大的事故。

表 5-15　常用铝锡合金熔丝的规格和应用范围

号码 （相近旧英规）	直径/mm	熔断电流/A	额定电流/A	在220V 电路里所配用 电器的最大功率/W
25	0.508	3	2	440
23	0.61	4	2.6	570
22	0.712	5	3.3	660
21	0.81	6	4.1	900
20	0.914	7	4.8	960
18	1.219	10	7	1400
16	1.626	16	11	2200
14	2.032	22	15	3000
13	2.337	27	18	3600
12	2.642	32	22	4400
11	2.946	37	26	5200
10	3.251	44	30	6000

162. 怎样根据不同负荷情况正确选用熔丝？

熔丝应按以下要求选用：

(1) 住宅总熔丝的选择

住宅总保护开关通常采用断路器，也有少数住宅（尤其在农村）尚有采用熔丝作保护。总熔丝安装在配电箱（板）上，用以保护住宅线路和全家用电设备的安全。总熔丝容量可按第 26 问求总负荷电流的公式所得的值，取得稍大一些即可。

(2) 照明和电热类负荷熔丝的选择

白炽灯、红外灯、电热器为电阻性负荷，功率因数 $\cos\varphi = 1$，没有像电动机那样大的起动电流，熔丝应按下式选择：

$$I_{Re} \geqslant I_{Me}$$

式中　I_{Re}——熔丝额定电流（即最高安全工作电流）（A）；

　　　I_{Me}——照明、电热类负荷的额定电流（A）。

例如，为 1000W 电炉装一熔丝。因 $I_{Me} = P/U = 1000W/220V =$

4.55A，故可选用额定电流为 4.8A 的铅锡合金熔丝。

LED 灯的功率因数应不小于 0.9，通常也可按电阻性负荷计算。

（3）负荷包括照明、电热和异步电动机的熔丝选择

家庭用电一般有照明、电热类负荷和异步电动机（如在电冰箱、空调器、洗衣机、电扇、微波炉等内）。对于这类负荷，可按第 26 问中所介绍的方法求出总电流 I_Σ，然后按下式确定熔丝的额定电流：

$$I_{Re} \geq I_\Sigma$$

粗略估算时，可按下式计算：

$$I_{Re} \geq (4 \sim 5) P$$

式中　P——家庭用电总容量（kW）。

例如，某家庭用电总容量为 4.5kW，则熔丝额定电流应为

$$I_{Re} \geq (4 \sim 5) \times 4.5 = 18 \sim 22.5A$$

可安装 22A（熔丝直径为 2.64mm）的铅锡熔丝。

（4）收录机、电视机等负荷的熔丝（管）的选择

收录机、彩色电视机等负荷可按电阻性负荷来选择熔丝（管）。但彩色电视机要用延迟熔丝。由于电子类家用电器机内电子元器件比较娇贵，又不耐大电流冲击，所以在更换熔断的熔管时，应严格按实物或图样中所标的额定值选择，不可加大其容量，也不可用普通的熔丝直接代替延迟熔丝。

163. 怎样选择异步电动机的熔丝？

一般中小型异步电动机多采用熔丝作为电动机的短路及过载保护。如果熔丝选择得过小，电动机起动时便会熔断（电动机起动电流是其额定电流的 4 倍 ~ 7 倍）；如果熔丝选得过大，当电动机或线路发生故障时，它不能熔断，起不到保护作用，电动机将会烧毁。因此必须按以下正确的方法选择熔丝。

（1）单台三相异步电动机

$$保险丝额定电流 \geq \frac{K \times 功率（kW）\times 1000}{\sqrt{3} \times 380（V）\times 功率因数 \times 效率}$$

式中　K——系数，可取 1.5 ~ 2.5。如果电动机容易起动（容易较
　　　　　小，或起动时不带负荷或负荷很轻），倍数可取小些；

相反，应取得大些。常用异步电动机保险丝的选配规格见表5-16。

表5-16 常用异步电动机熔丝选配规格

电动机容量/kW	0.75	1.1	1.5	2.2	3	4	5.5	7.5	11	15
保险丝额定电流/A	4~6	6~8	8~10	10~12	12~15	15~25	25~30	30~35	35~50	50~70

（2）多台三相异步电动机

一条线路上有几台电动机运行时，总熔丝的额定电流可按下式选择：

总保险丝额定电流≥（1.5~2.5）×一台最大容量电动机的额定电流+其余电动机额定电流的总和。

164. 熔丝的额定电流和熔断电流有何区别？

熔丝的额定电流和熔断电流是不同的。允许长期通过熔丝的电流（最高安全工作电流），称为熔丝的额定电流。通过熔丝的电流超过其额定电流时，熔丝的温度便会很快升高，以致熔断，熔丝开始熔断时的电流，称为熔断电流。铅锡合金的熔丝，其熔断电流约等于额定电流的1.5倍（见表5-17）；铅锑合金的熔丝，其熔断电流约为额定电流的2倍。

表5-17 常用铅锑合金熔丝的规格和应用范围

号码（相近旧英规）	直径/mm	熔断电流/A	额定电流/A	在220V电路里所配用电器的最大功率/W
25	0.52	4	2	440
23	0.60	5	2.5	550
22	0.71	6	3	620
21	0.81	7.5	3.75	770
20	0.98	10	5	990
18	1.25	15	7.5	1600
16	1.67	22	11	2200

165. 能否用铜丝代替熔丝？

当熔丝熔断后，有人就随便找一根铜丝或金属丝来代替熔丝，这是很危险的。因为这样已不能保险，当线路或电器设备发生短路故障时，它不能熔断，极容易损坏设备，引起火灾。

但如果暂时没有正规的熔丝时，若能正确选择合适的铜丝（其他金属丝不宜），还是可以代用的。因为铜丝是一种热惯性小、而熔断动作快速的材料。

以铜丝作熔丝，可按表 5-18 选择。

表 5-18　铜丝作熔丝的要求

铜丝直径/mm	0.23	0.25	0.27	0.32	0.37	0.46	0.56	0.71
额定电流/A	4.3	4.9	5.5	6.8	8.6	11	15	21
熔断电流/A	8.6	9.6	11	13.5	17	22	30	41
近似英规线号	34	33	32	30	28	26	24	22
铜丝直径/mm	0.74	0.91	1.02	1.22	1.42	1.63	1.83	2.03
额定电流/A	22	31	37	49	63	78	96	115
熔断电流/A	43	62	73	98	125	156	191	229
近似英规线号	21	20	19	18	17	16	15	14

166. 怎样选择照明开关？

照明开关是控制电灯电路通、断用的。照明开关种类繁多，样式各异。按开关的结构分为跷板式、扳把式、拉线式；按开关的防护类型分为普通型、防潮防溅型；按开关的极数分为单级开关、双极开关；按开关的控制类型分为单控式、双控式、多控式；按开关的装配形式分为单联（1 个面板上只有 1 只开关）、双联（1 个面板上有 2 只开关）、多联（1 个面板上有多只开关）；按开关的安装方式分为明装式、暗装式；按开关的功能分为定时开关、带指示灯开关等。

另外，还有触摸式延时开关、人体感应式延时开关、插匙取电开关、数控开关、遥控开关、调光/调速开关等。

暗装开关需配接线盒，接线盒有铁制盒（适用于钢管敷设）和塑料盒（适用于 PVC 塑料管敷设）。

常用几种型式的开关外形结构如图 5-8 所示。

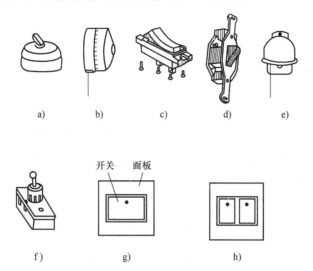

图 5-8　常用照明开关的外形结构

a）平开关　b）拉线开关　c）跷板式开关　d）扳把式开关

e）防水拉线开关　f）台灯开关　g）86 系列单开关　h）86 系列双开关

照明开关的选择除考虑式样外，还要注意电压和电流。家庭供电为 220V 电源，应选择电压为 250V 级的开关。开关额定电流的选择，由负荷（灯或其他家用电器）的电流决定。

用于普通照明时，可选用 2.5 ~ 10A 的开关；用于大功率负荷时，应计算出负荷电流，再按 2 倍负荷电流的大小来选择开关的额定电流。如果负荷电流很大，选择不到相应的开关，则应改用刀开关和断路器。

开关的安装方式有明装和暗装两种。现在的住宅，为了美观大多采用暗装开关。暗装开关有跷板式、扳把式等。

几种平开关和立轮式拉线开关的品种、规格及用途见表 5-19 和表 5-20。暗装式开关应选择我国最新设计、生产的 86、B9、B12、B75、B125 等系列产品。89 系列的外形尺寸见第 167 问。

表 5-19　平开关的品种、规格及用途

品种	规格	用途
单连平开关	6A ~ 10A，250V	用做电灯、电风扇等的固定开关
双连平开关	6A，250V	用于两只开关控制一盏灯
带熔丝平开关	6A，250V	有熔丝装置，可省装一个熔丝盒
二位平开关（即双把开关）	6A，250V	两开关在一起，分别控制两盏灯
电铃平按钮	4A，250V	用于门旁或车船等作警声信号开关

表 5-20　GX5 – 3 系列立轮式拉线开关的品种、型号、规格及用途

品种	型号	规格	用途
单连拉线开关	GX5 – 3	4A，250V	代替平开关作一般照明电路的固定开关用
小型拉线开关	GX5 – 2	2.5A，250V	用于较小的负荷电路
双连拉线开关	GX5 – 3B	4A，250V	两只开关装在不同地点控制一盏灯，如楼梯灯
双连拉线开关	GX5 – 3S	4A，250V	用于一只开关控制两盏灯的一熄一亮或全熄
吊盒拉线开关	GX5 – 3H	4A，250V	装在屋顶下以安装吊线灯兼作开关电路用
带熔丝拉线开关	GX5 – 3R	4A，250V	有熔丝装置，可省装一个熔丝盒
防雨拉线开关		4A，250V	装在户外作路灯开关用

167. 住宅常用的 86 系列照明开关有哪些？

所谓 86 系列是指开关最小面板尺寸为 86mm × 86mm 的一系列产品的名称。86 系列及 B9、B12、B75、B125 系列电气装置件（包括开关、插座、装线盒等）是现代住宅照明电气安装的理想选择。86 系列电气装置件的生产厂家很多，较有知名度的牌号有鸿雁牌、奇胜牌、华立牌、国伦牌等。常用 86 系列开关名称、规格及相关数据见表 5-21。

表 5-21　常用 86 系列开关名称、规格及其相关数据

名称	规格	外形图	外形尺寸/mm	备注
跷板式单控暗开关	250V，10A		86×86	安全系数大，能通过 15A 额定电流
跷板式双控暗开关			86×86	
跷板式双联单控暗开关				
跷板式双联双控暗开关			86×86	
跷板式双联单控、双控暗开关				
跷板式三联单控暗开关			86×86	安全系数大，能通过 15A 额定电流（设计成单元形式，可以进行各种组合，使用灵活）
跷板式三联双控暗开关				
跷板式三联单控、双控暗开关				
跷板式三联双控、单控暗开关				
带指示灯跷板式单控暗开关（Ⅰ型）	250V，10A		86×86	Ⅰ型开关通电时，指示灯灭，开关断开时指示灯亮，便于夜里及暗处使用 Ⅱ型开关通电时指示灯亮，指示有电
带指示灯跷板式单控暗开关（Ⅱ型）				
带指示灯跷板式双控暗开关				
带指示灯跷板式双联单控暗开关（Ⅰ型）			86×86	Ⅰ型开关通电时指示灯灭，开关断开时指示灯亮，便于夜里和暗处使用 Ⅱ型开关通电时指示灯亮，指示有电
带指示灯跷板式双联单控暗开关（Ⅱ型）				
带指示灯跷板式双联双控暗开关				
带指示灯跷板式双联单控、双控暗开关				

（续）

名称	规格	外形图	外形尺寸/mm	备注
带指示灯跷板式三联单控暗开关	250V, 10A		86×86	开关通电时指示灯亮，指示有电（设计成单元形式，可视要求进行组合，具有灵活性）
带指示灯跷板式三联双控暗开关				
带指示灯跷板式三联单控、双控暗开关	250V, 10A		86×86	开关通电时指示灯亮，指示有电（设计成单元形式，可视要求进行组合，具有灵活性）
带指示灯跷板式三联双控、单控暗开关				
防潮防溅式单控暗开关	250V, 10A		86×86	有密封罩，适用于潮湿地方（浴室、厕所）及有雨水处（天井、医院）用
防潮防溅式双控暗开关				
防潮防溅式双联单控暗开关			86×86	
防潮防溅式双联双控暗开关				
防潮防溅式双联单控、双控暗开关				
带指示灯防潮防溅式单控暗开关（I型）	250V, 10A		86×86	具有防潮防溅功能，并带有指示灯（I、II型之区别，同带指示灯跷板式单控暗开关备注栏的内容）
带指示灯防潮防溅式单控暗开关（II型）				
带指示灯防潮防溅式双控暗开关				
带指示灯防潮防溅式双联单控暗开关（I型）				
带指示灯防潮防溅式双联单控暗开关（II型）				

（续）

名称	规格	外形图	外形尺寸/mm	备注
带指示灯防潮防溅式双联双控暗开关	250V，10A		86×86	具有防潮防溅功能，并带有指示灯（Ⅰ、Ⅱ型之区别，同带指示灯跷板式单控暗开关备注栏的内容）
带指示灯防潮防溅式双联单控、双控暗开关			86×86	
跷板式电铃开关	250V，0.3A		86×86	可作为门铃及传呼用
带指示灯跷板式电铃开关	250V，0.3A		86×86	能显示电铃是否通电
带指示灯防潮防溅跷板式电铃开关	250V，0.3A		86×86	适合于室外，有雨水处和夜间使用
拉线式暗开关	250V，0.6A		86×86	组合式结构，便于维修，使用寿命长，安全可靠
拉线式双联暗开关	250V，0.6A		86×86	
拉线式三联暗开关	250V，0.6A		86×86	

168. 怎样选择灯座？

灯座过去习惯叫作灯头，是安装灯泡用的。灯座种类很多，住宅常用的有插口式和螺口式两种，它们又可分为普通灯座（悬吊式）、平灯座、安全灯座、防雨灯座和带插座及带开关的灯座等。

常用灯座的规格及尺寸见表5-22。许多白炽灯灯座与节能灯、LED灯泡灯座通用。

表 5-22　常用灯座的规格及尺寸

名称	规格	外形图	外形尺寸/mm
带开关悬吊式插口白炽灯座	250V，4A，C22		$\phi37 \times 65$
悬吊式插口白炽灯座	250V，4A，C22 50V，1A，C15		$\phi34 \times 48$ $\phi25 \times 40$
带开关悬吊式安全插口白炽灯座	250V，4A，C22		$\phi43 \times 75$
悬吊式安全插口白炽灯座			$\phi43 \times 65$
带开关 M10 管接式插口白炽灯座	250V，4A，C22		$\phi37 \times 70$
M10 管接式插口白炽灯座			$\phi35 \times 55$
平装式插口白炽灯座	250V，4A，C22		$\phi57 \times 41$
	50V，1A，C15		$\phi40 \times 35$
带开关悬吊式螺口白炽灯座	250V，4A，E27		$\phi40 \times 71$
悬吊式螺口白炽灯座			$\phi40 \times 56$
带开关悬吊式安全螺口白炽灯座	250V，4A，E27		$\phi47 \times 75$
悬吊式安全螺口白炽灯座			$\phi47 \times 65$
带开关 M10 管接式螺口白炽灯座	250V，4A，E27		$\phi40 \times 77$
M10 管接式螺口白炽灯座			$\phi40 \times 61$

（续）

名称	规格	外形图	外形尺寸/mm
平装式螺口白炽灯座	250V，4A，E27		ϕ57×50
带拉线开关 M10 管接式螺口白炽灯座	250V，4A，E27		ϕ37×78
带拉线开关 M10 管接式插口白炽灯座	250V，4A，C22		ϕ37×78
灯罩卡子			ϕ66×18
瓷平装式螺口白炽灯座	250V，4A，E27		ϕ57×55
防雨悬吊式螺口白炽灯座	250V，4A，E27		ϕ40×53
插口双插座分火带开关白炽灯座	250V，4A，C22		60×45×38
插口双插座分火白炽灯座	250V，4A，C22		45×40×31
插口单插座分火带开关白炽灯座	250V，4A，C22		60×40×35
插口单插座分火白炽灯座	250V，4A，C22		45×36×31

169. 怎样选择插座及暗装电气装置件？

插座和插头统称为插销，是供各种家用电器与电源连接的接插件，所有可移动的用电器具都需经插座和插头接通电源。插座的种类很多，有单相两孔式、单相三孔式和三相四孔式，有一位式（一个面板上一只插座）、多位式（一个面板上 2~4 只插座），有普通型、防溅型，明装式、暗装式等。

家庭供电一般为单相电源，所有插座为单相插座，其中单相三孔插座设有保护接零（接地）桩头。单相插座和插头的形式如图5-9 所示。

插座的规格有：50V 级的 10A、15A；250V 级的 10A、15A、20A、25A，30A；380V 级的 15A、25A、30A。

插头的规格除与插座相同外，还有 50V 级 6A、250V 级 6A 的和 380V 级 10A 的。

图 5-9 单相插座和插头
a）单相两孔式
b）单相三孔式

用于 220V 单相电源，应选择电压为 250V 级的插座和插头。插座和插头额定电流的选择，由负荷（家用电器）的电流决定，一般应按 1.5 倍～2 倍负荷电流的大小来选择。要是按负荷电流一样大来选择，则使用日久，插座和插头容易过热损坏，甚至发生短路事故。普通家电用插座和插头的额定电流可选 10A；壁挂式空调器、电炉等大功率负荷宜采用额定电流为 15A 的插座和插头。柜式空调器、电热水器等更大功率的负荷，采用额定电流为 25A 的插座和插头。

二孔插座是不带接零（接地）桩头的单相插座，用于不需要接零（接地）保护的家用电器；三孔插座是带接零（接地）桩头的单相插座，用于需要接零（接地）保护的家用电器。如果住宅没有实行保护接地或保护接零系统，则采用三孔插座也就没有意义，这时只能采用二孔插座，或将三孔插座的上孔弃之不用。

暗装电气装置件：我国最新设计、生产的电气装置件为 86 系列、B9、B12、B75、B125 系列。面板上配有一位或多位（如四位）暗开关（或双联暗开关）；一位或多位单相三极暗插座；一位或多位双用暗插座；二位或多位 2 极～3 极暗插座（或双用暗插座）；及多种形式的暗开关和暗插座的组合等。选用十分方便，是现代家庭装修首选的产品。

房间某处装设有多个家用电器，可选择有一个单相三孔扁极插座带一个或两个单相二孔扁极通用插座。

从安全角度考虑，还可采用带有保护门的安全型插座。这样插座只有当插头两极同时插入或接地极插头先进入时才能打开保护门，即使小孩用铁丝等金属物件插入相线孔也不会触电。

浴室中近淋浴区，应采用有盖板的防溅型插座，以防止水滴进入插孔。在特别潮湿和有火灾或爆炸危险的场所，以及多粉尘的场所，不许装设普通插座，但可将普通插座移到邻近正常环境的房间内安装。

170. 常用普通插座和 86 系列插座有哪些？

部分常用普通插座和 86 系列插座规格及数据见表 5-23。

表 5-23　常用普通插座和 86 系列插座规格及数据

名称	规格	外形图	外形尺寸/mm	备注
普通 T 形二极明插座	50V，10A		$\phi44\times26$	
	50V，15A		—	
普通单相二极明插座	250V，10A		$\phi42\times26$	
普通单相三极明插座	250V，6A		$\phi54\times31$	
	250V，10A			
	250V，15A			
普通三相四极明插座	380V，15A		$76\times60\times36$	
	380V，25A		$90\times72\times45$	安装孔距为 60.3mm
普通三相四极明插座	380V，40A		—	
普通带拉线开关的单相三极明插座	250V，10A		$45\times70\times31$	
普通插头三位插座	250V，5A		$38\times30\times38$	
普通单相二极扁圆两用暗插座	250V，10A		86×86	

（续）

名称	规格	外形图	外形尺寸/mm	备注
普通双联单相二极扁圆两用暗插座	250V，10A		86×86	
普通单相二极暗插座	250V，10A		86×86	安装孔距为60.3mm
普通双联单相二极暗插座	250V，10A		86×86	
普通单相三极暗插座	250V，10A 250V，15A		86×86	
普通双联单相三极暗插座	250V，10A 250V，15A		86×86	安装孔距为121mm
普通双联单相二极扁圆两用，单相三极暗插座	250V，10A		86×86	
普通三相四极暗插座	380V，15A 380V，25A		86×86	
安全式单相二极暗插座	250V，10A		86×86	安装孔距为60.3mm
安全式双联单相二极暗插座	250V，10A		86×86	
安全式单相三极暗插座	250V，10A 250V，15A		86×86	
安全式双联单相三极暗插座	250V，10A 250V，15A		86×86	安装孔距为121mm
安全式双联单相二极、单相三极暗插座	250V，10A		86×86	
安全式带开关单相三极暗插座	250V，10A 250V，15A		86×86	安装孔距为60.3mm

（续）

名称	规格	外形图	外形尺寸/mm	备注
防潮防溅式单相二极扁圆两用暗插座	250V，10A		86×86	有防溅密封盖罩，能用水冲洗，适用于有水淋工作场所。安装孔距为60.3mm
防潮防溅式单相三极暗插座	250V，10A		86×86	
	250V，15A			
带指示灯单相二极扁圆两用暗插座	250V，10A		86×86	安装孔距为60.3mm
带指示灯单相二极暗插座	250V，10A		86×86	

171. 常用普通插头和86系列插头有哪些？

部分常用普通插头和86系列插头规格及数据见表5-24。

表5-24　常用普通插头和86系列插头规格及数据

名称	规格	外形图	备注
普通式单相二极平插头	250V，10A		
普通式单相二极立插头	250V，10A		—
普通式单相三极平插头	250V，10A		
	250V，15A		

（续）

名称	规格	外形图	备注
普通式单相三极立插头	250V，10A		
	250V，15A		
普通式三相四极平插头	380V，10A		
	380V，15A		
普通式三相四极平插头	380V，40A		—
单相二极可固定式平插头	250V，10A		
单相三极可固定式平插头	250V，10A		
单相三极可固定式平插头	250V，15A		
带熔芯单相二极平插头	250V，10A		
带熔芯单相三极平插头	250V，10A		插头内装熔芯
带熔芯单相三极平插头	250V，15A		

172. 塑料接线盒有哪些规格？如何选择？

PVC 管暗敷布线，遇到导线有分接头时，需用塑料接线盒（又称接头盒）。塑料接线盒分为护套线接线盒和单芯线接线盒，其规格参数见表5-25。接线盒由有敲落孔的盒体（应埋设在墙内）和盒盖组成。

表5-25　塑料接线盒规格、参数

名称	长/mm	宽/mm	高/mm	敲落孔数量	配用导线
护套线接线盒	60	60	23	宽10mm，共10个	BVV、BLVV护套线，双芯1～2.5mm²
单芯线接线盒	60	60	23	宽4.5mm，共16个，每边4个	BV、BLV、BX、BLX单芯电线，单芯1～2.5mm²

　　除了这种专用接线盒外，施工中常用86系列塑料接线盒。鸿雁牌86系列、P86系列接线盒规格见表5-26；鸿雁牌B75装饰系列接线盒见表5-27。

表5-26　鸿雁牌86系列、P86系列接线盒规格

名称	型号	规格/mm	外观图	安装孔距/mm
钢盒	86H40	75×75×40		60
	86H50	75×75×50		
	86H60	75×75×60		
钢盒	146H50	75×135×50		121
	146H60	75×135×60		
	146H70	75×135×70		
	172H50	75×160×50		
阻燃八角塑料盒	DHS75	长边75		146
八角钢盒	DH75			
阻燃塑料盒	86HS50	75×75×50		60
	86HS60	75×75×60		
阻燃塑料盒	146HS50	75×135×50		121
	146HS60	75×135×60		
明装塑料盒	86HM33	86×86×33		60
明装塑料盒	146HM33	86×146×33		121

表 5-27　鸿雁牌 B75 装饰系列接线盒

名称	型号	规格/mm	外观图	安装孔距/mm
钢盒	B75H50	115×65×50		96
	B75H60	115×65×60		
钢盒	B125H60	115×115×60		96×56
	B125H70	115×115×70		
阻燃塑料盒	B75HS6	118×65×60		96
阻燃塑料盒	B125HS60	118×118×60		96×56
明装塑料盒	B75HM33	75×125×33		96
明装塑料盒	B125HM33	125×125×33		96×56

　　暗装开关、插座，需要配以暗装开关盒、插座盒。当前使用较多的是 86 系列的开关盒和插座盒。

第六章 ▶▶▶▶▶▶

家庭电气设备、弱电和家用电器的安装

173. 怎样安装配电箱（板）？

配电箱（板）的安装要求如下：

1）为了保证安全，配电箱（板）明装时，安装高度为箱（板）底边距地面1.8m，也可靠近天花板安装；暗装时，底边距地面1.4m。

2）明装木制配电板安装前，先在安装地点预埋好木砖（按配电板四角尺寸埋设），然后将预先装配好电度表、熔断器等电气设备及连接线的配电板，用木螺钉紧固在木砖上即可。

3）配电箱（板）应垂直安装。暗装配电箱的面板四周边缘应紧贴墙面，配电箱门露出墙面，以保证箱门能开足。

4）导线引出板面处均应套绝缘管。木盘面用瓷管头，铁盘面用橡皮护圈。

5）明装配电箱安装在墙上时，应采用开脚螺栓固定，螺栓长度一般为埋入深度（75~150mm）、箱底板厚度、螺帽和垫圈的厚度之和，再加上5mm左右的"出头裕量"。

6）暗装配电箱嵌入墙内安装时，应在砌墙时预留比配电箱尺寸大20mm左右的空间，预留空间的深度即为配电箱的厚度。在圬埋配电箱时，空间填以混凝土即可把箱体固定住。

7）埋装配电箱的各预埋铁件均需预先刷好樟丹油。

8）在配电箱内的左、右侧必须设置好固定零线（N）和保护接零（接地）线（PE）的接线端子排（汇流端子）。N线和PE线应在端子上连接，不得绞接。

9）配电箱的螺旋式熔断器连接应让电源接在中间触头端子上，

负荷线接在螺纹端子上；瓷插式熔断器在箱内应垂直安装。

明装木制配电板的做法如图 6-1 所示；暗装木制配电箱的做法如图 6-2 所示。

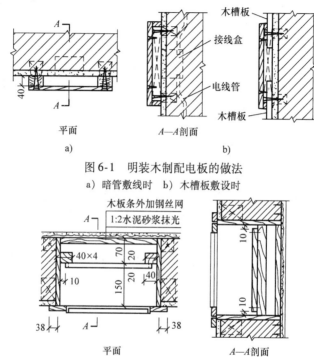

图 6-1　明装木制配电板的做法

a) 暗管敷线时　b) 木槽板敷设时

图 6-2　暗装木制配电箱的做法

明装铁制配电盘的做法如图 6-3 所示；暗装铁制配电箱的做法如图 6-4 所示。

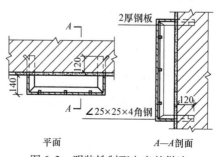

图 6-3　明装铁制配电盘的做法

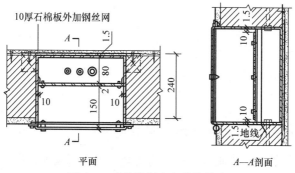

平面　　　　　　　　　　　　　　A—A剖面

图6-4　暗装铁制配电箱的做法

174. 怎样配置住宅配电箱?

住宅配电箱通常采用 TSML – 32 型、XRM98 型、PZ – 30 型等标准配电箱。配电箱内设置有总电源开关(断路器)、照明分支断路器、漏电保护器和插座分支断路器(包括空调器、电热水器、厨房用电设备及其他共用插座支路)。断路器具有过载、短路保护作用,漏电保护器确保人身和电气设备的安全。分支路少则 5～6 路,多则十几路。

配置住宅配电箱要注意以下事项:

1)配电箱内必须设有总开关(断路器)和漏电保护器,漏电保护器的动作电流为 30mA。

2)大负荷电器需设计单独分支路,如空调器、电热水器及厨房用电设备等。

3)在配电箱内的左、右侧必须设置有固定零线(N)和保护接零(接地)线(PE)的接线端子排(汇流端子)。N 线和 PE 线应在端子上连接。

4)配电箱底边距地面距离不小于 1.5m,暗埋。

5)配电箱内导线保留长度不小于配电箱的半周长。

6)配电箱的进线口宜设在配电箱的上端口;出线口宜设在配电箱的下端口。

7)配电箱内导线应绝缘良好,排列整齐,严禁露铜。

8)配电箱板上应注明相对应用电回路的名称(如照明、客厅空调器、电热水器、插座等），并且字迹清楚、工整。

9）配电箱内各固定螺栓必须紧固牢靠，以防松动、过热，烧坏导线绝缘层及断路器胶木和螺栓。

10）配电箱内不许有导线端头、螺钉、杂物，以免发生短路事故。

175. 安装电气设备要注意哪些事项？

电气设备的安装质量与日后的安全、可靠用电密切相关，因此不可马虎。安装家庭电气设备必须注意以下事项：

1）无论是导线还是断路器、刀开关、照明开关、插座、熔断器等，必须是完整的，绝缘良好的，没有破损、缺陷，质量符合要求，不要采用次品或伪劣品。使用次品或伪劣品，会造成意想不到的大事故。因此，切不可为省几个钱而不顾用电安全。购买电气设备时必须认清有无产品合格证，是否为正规厂家生产的。

2）必须严格按规程要求安装设备。例如，有的用户不按要求（见第100问）随意将塑料护套线不加保护直接埋在墙内，这是危险的做法。如果在墙上钉钉子，就有可能钉到塑料护套线上，从而造成触电事故，或造成整个墙体带电。又如明装插座的安装高度一般不得低于1.3m，若安装过低，小孩玩耍容易将金属丝插入插座孔内造成触电事故。再如插座的接零（接地）端头没有接在系统保护接零（接地）线上［如果住宅设有保护接零（接地）系统］，而直接与零线端头相连，当线路检修时将相线、零线调错，就会使用电设备的金属外壳带电，造成触电事故。

3）由于人们经常要与电气设备接触，为了避免触电事故，所安装的电气设备必须避免外露导体存在。

4）导线、断路器、各类开关、插座、熔断器等电气设备，其容量必须满足用电负荷的要求。如果负荷大，导线取得过细，会使导线绝缘层熔化或加速老化，造成短路引起火灾事故。熔丝选择过大或任意用金属丝代替，当发生短路故障时不能立即熔断，也会引起导线着火。5A的插座要是接上2kW的电热器具，很快会烧坏插座绝缘胶木，引起短路事故。

5）尽量避免使用有不安全因素的电气设备。比如不带保护环（喇叭口）的平螺口灯座，在安装或更换灯泡时容易触及螺口灯泡丝口，造成触电事故；床头开关，容易碰损，小孩也可能玩耍，也容易造成触电事故。类似的电气设备应尽量避免使用。

6）设备安装必须牢固。导线敷设不牢固，不但容易磨损绝缘层，还会掉下来绊人。临时用电源线，也不要忘记悬挂固定牢固，否则容易出事。插座安装不牢固的话，容易损伤连接点的导线，使线头外露，造成触电事故。吊扇和吊灯重量较重，尤其要将吊挂件预埋牢固，否则掉了下来，后果不堪设想。

7）切不可用打入地下的铁棒或自来水管、广播用地线来做保护接零（接地）线。这不但起不到保护效果，还会带来更大安全隐患。

176. 怎样安装断路器？

住宅作为总电源开关和分支线开关的小容量断路器（额定电流为40A以下）的安装应符合以下要求：

1）断路器应安装在配电箱内。模数化断路器与模数化漏电保护器、模数化熔断器、模数化隔离开关等以组合形式固定在安装导轨上。

2）断路器引出线的端头导体不可外露。要求导线端头插入断路器接线端子插孔固定后，基本上看不到裸导体。

3）导线粗细应与断路器接线端子插孔相配合。如果导线为多股线，太粗时，可适当截去1~2股后塞进插孔；如果导线较细，则可将端头导线折叠后插入，使之与插孔相配。

4）拧紧接线螺钉时用力必须适当。拧力过小，会使导线与接线桩头接触不良，经长时间电流作用下和热胀冷缩作用下，会造成接触电阻过大，甚至造成端子过热，烧断导线端头，损坏断路器；但拧力也不可过大，否则会拧坏端子的塑料件，或造成螺钉脱扣，致使整个断路器报废。适当的拧力应该是这样的：螺钉拧紧后用手拉动导线，导线紧紧地固定在插孔内；如果旋开螺钉，可以看到端头导线上有一浅浅的凹槽。如果没有浅凹槽，说明拧力太小；如果凹槽很深，说明拧力过大。

5）断路器等组合电器在导轨上的安装位置有多种形式，图6-5～图6-7所示是三种较典型的安装形式。住户可根据实际情况选用。

图 6-5　组合电器安装形式（一）

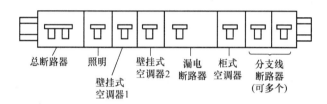

图 6-6　组合电器安装形式（二）

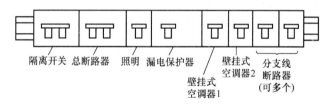

图 6-7　组合电器安装形式（三）

177. 怎样安装漏电保护器？

漏电保护器的安装应符合以下要求：

1）漏电保护器的质量直接关系到人的生命安全，因此必须选择符合国家标准的且经过电力部门指定的质检中心检测合格的产品进行安装。

2）安装前，应仔细阅读使用说明书。

3）漏电保护器应安装在无腐蚀性、无爆炸性气体、无振动、无雨雪侵袭的场所。

4）应垂直安装，倾斜度不得超过5°。

5）电源进线必须接在漏电保护器正上方，即外壳标有"电源"的一方上；出线均应接在下方，即标有"负荷"一方。安装好后，手柄在"0"的位置表示"断开"，电路不通；在"Ⅰ"的位置表示"闭合"，电路接通。

6）通有工作电流的导线，包括工作零线在内，均应通过漏电保护器，且工作零线也必须采用绝缘导线。一般漏电保护器的二极，在接线时是不分相线和零线的，但少数漏电保护器要区分相线和零线，这类保护器当相线与零线调错时，会拒动作而失去保安作用，因此要特别注意阅读说明书。

7）安装漏电保护器以后，被保护设备的金属外壳，建议仍应采用保护接地或保护接零（若原来有的话），如图6-8所示，这样做安全性更好。保护接零（接地）线不应通过漏电保护器零序电流互感器，以免漏电保护器丧失漏电保护功能。

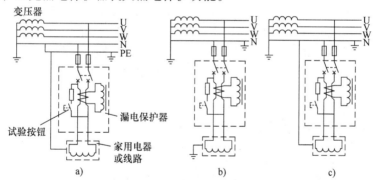

图6-8 家用电器的双重保护

a）TN-C-S系统中的漏电保护器和保护接零 b）TT系统中的漏电保护器和保护接地
c）TT系统中的漏电保护器和保护接零

8）已通过漏电保护器零序电流互感器的工作零线不应再重复接地，否则将引起误动作，如图6-9所示。

9）已通过熔断器或漏电保护器零序电流互感器的工作零线，不能兼作保护零线，以免漏电保护器丧失漏电保护功能，如图6-10所示。

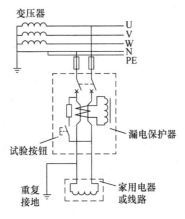

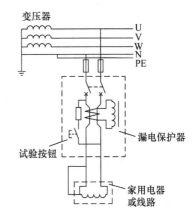

图 6-9   一种错误的零线重复接地方式   图 6-10   一种错误的保护接零方式

10）漏电保护器安装完毕经检查无误后即可进行通电试验，将手柄板在合闸位置上，电路接通，按压试验按钮（即模拟人体触电），如果脱扣器立即动作，手柄返回分闸位置，切断电源，则表示漏电保护器功能正常，再合上手柄，接通电源，即可使用。

11）漏电保护器投入运行后，应定期（最好几个月一次）检查漏电保护器的可靠性。

178. 怎样安装刀开关？

刀开关在农村使用十分普遍。另外，一些老住宅也用刀开关作为家庭的总电源开关。刀开关的安装应符合以下要求：

1）刀开关应垂直安装，合上开关，瓷柄应在上方；拉开开关，瓷柄应在下方。开关的上桩头接进线电源，下桩头接用电负荷。这样在拉开位置时，刀片不带电且安全。

刀开关不应倒装，否则在拉开位置时，刀片带电，人触及刀片会触电。另外，若倒装，已拉开的刀片由于在重力的持续作用下可能会重新合上，造成已断开的线路带电，使本不应工作的用电设备工作，也会使在线路上检修的人触电。同样，为了安全，刀开关也不宜横装或水平安装，如图 6-11 所示。

2）刀开关安装固定要牢靠，一般需 4 个固定螺钉，最少也不少

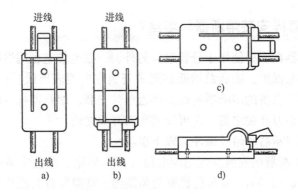

图 6-11 刀开关的安装
a）正确 b）倒装不正确 c）横装不正确 d）水平装不正确

于 3 个。因为刀开关操作较频繁，螺钉固定不牢靠，容易发生松动，带来安全隐患。

3）连接刀开关接线桩头导线的导体不可外露，以免造成触电事故。

4）拧紧接线螺钉时用力必须适当。具体可参见第 176 问。

5）安装在农村场院的露天刀开关，必须做好防雨措施，将刀开关等电器安装在配电箱内，并加门加锁，安装高度不可太低，以免小孩玩弄造成触电事故。

6）安装在农村作坊的室内刀开关，必须注意刀开关下方不可堆放易燃、易爆物品；切不可以缺盖的情况下拉合开关，以免可能产生的电弧火花（尤其是负荷容量大或用电设备有短路故障时）引燃可燃物品引起火灾及弧光伤人。

7）刀开关内部通常设有熔丝。熔丝作为负荷设备的保护必须正确选择（详见第 161～第 163 问），切不可随意用粗熔丝或铜丝代替。熔丝容量过大，不但起不了保护作用，一旦负荷设备发生短路等故障，还会引起刀开关爆炸、线路起火的事故。

8）不允许将用电器具的电源引线线头直接挂搭在开关的刀片或触头上使用，这样容易造成触电或短路事故。

179. 怎样安装熔断器和熔丝？

熔断器在农村使用十分普遍。另外，一些老住宅也用熔断器作为家庭的用电保护。家庭总熔断器通常安装在电能表出线后；电动机、水泵等用电设备的熔断器随设备就近单独安装。熔断器视具体用电情况可安装在刀开关之前，也可安装在刀开关之后。

安装熔断器和熔丝应注意以下事项：

1）熔断器的安装高度随配电箱（板）而定，单独安装时距地面高度为 1.6～1.8m。安装位置要避免潮湿、高温和有腐蚀性气体的场所，否则熔丝和连接螺栓等容易腐蚀，人去插拔熔断器时也会遭受电击。

2）家庭用单相电源，应在相线和零线上都装上总熔断器；农村场院及作坊常用三相电源，熔断器应装在三根相线上，零线切不可装熔丝，否则当零线上的熔丝熔断后，可能造成零线电压漂移（三相负荷不对称越严重，零线上的电压越高），从而极易造成触电事故或引起电灯、家用电器"群爆"。

3）熔丝是用来保护用电设备的，不可随意选择。另外，熔丝的额定电流不能超过熔断器的额定电流。熔丝的长度要适中，既不能卷曲，也不能拉紧；熔丝两头应顺时针方向沿螺栓绕一圈，拧力要适当，不能过松而引起接触不良，也不能过紧而压伤熔丝，使其保护（熔断）电流减小。

4）熔丝熔断后应查明原因，并更换上相同的熔丝，不准随意换上大熔丝或铜丝。否则有可能造成事故扩大，烧坏家用电器，烧坏电线，引起火灾。更换熔丝必须在停电的状态下进行。

5）熔断器单独与电能表配合时，安装如图 6-12 所示；熔断器与刀开关配合时，安装如图 6-13 所示。

6）模数化的熔断器安装十分方便，可直接固定在配电箱的安装导轨上。

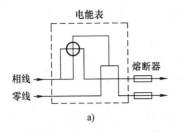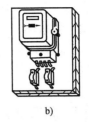

图 6-12　熔断器与电能表配合

a）原理接线图　b）实际安装图

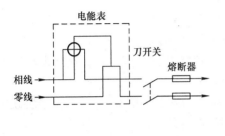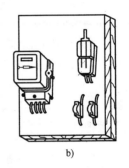

图 6-13　熔断器与闸刀开关配合

a）原理接线图　b）实际安装图

180. 怎样安装照明开关?

照明开关的安装应符合以下要求:

1）安装在同一建筑物、构筑物内的开关，宜采用同一系列的产品，开关的通断位置应一致，且操作灵活、接触可靠。

2）开关安装的位置应便于操作，开关边缘距门框的距离宜为0.15~0.2m；扳把式开关距地面宜为1.2~1.4m，拉线开关距地面宜为2.2~2.8m，且拉线出口应垂直向下，这样装拉线不易拉断。

3）相同型号并列安装的开关距地面高度应一致，高度差不应大于1mm；同一室内安装的开关高度差不应大于5mm；并列安装的拉线开关的相邻间距不宜小于20mm。

4）单极开关应串在相线回路，而不应串在零线回路。这样做的目的是为了当开关处在断开位置时，灯头及电气设备上不带电，以利检修或清洁灯具时的安全。

5）开关安装要牢固，不许只用一只螺钉固定。

6）拉线开关的拉线口与拉线的方向应一致，这样做拉线不易拉断。

7）厨房、浴室等多尘、潮湿的房间尽量不要安装开关，一定要安装时，应采用防潮防水型开关。室外场所的开关，应用防水开关。

8）明装开关应安装在厚度不小于 15mm 的木台上；暗装开关须与面板、接线盒、调整板（若有的话）组合安装，面板安装应端正、严密，并与墙面齐平。

9）开关进线和出线应采用同一种颜色的导线。

10）拉线开关的拉线口与拉线的方向应一致，这样做拉线不易拉断。

11）拉线开关在不同基座上的安装如图 6-14 所示。暗装跷板式开关和扳把式开关的安装如图 6-15 所示。

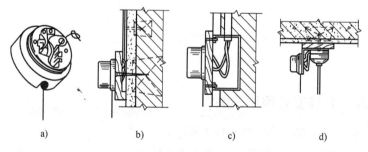

a)　　　　　　　b)　　　　　　　c)　　　　　　　d)

图 6-14　拉线开关（或明装开关）的安装

a）拉线开关的接线方法　b）拉线开关或明装开关在木台板上的安装

c）拉线开关或明装开关在开关盒上的安装　d）吊盒附加拉线开关的安装

181. 怎样安装两处或多处控制一盏灯的开关？

在住宅内或楼梯走道上，有时需要在两处或多处能开、关同一盏灯。这时可采用如图 6-16 所示的电路。

图 6-16a 中，开关 S_1 和 S_2 均采用单刀（极）双连（掷）开关

（86 系列开关有此类开关；也可用单刀单连开关，如普通拉线开关改制）。如图所示，当甲处的开关 S_1 的刀极打到"1"位置时，灯 H 燃亮，打到"2"位置时，灯 H 熄灭，如果 S_1 的刀极处在"1"位置，要想在乙处关灭电灯，则只要将开关 S_2 的刀极打到"2"位置即可。

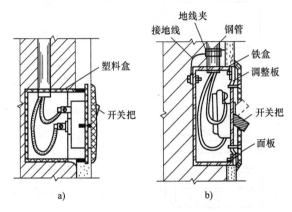

图 6-15　暗装式开关的安装

a）跷板式开关　b）扳把式开关

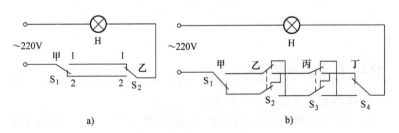

图 6-16　多处控制一盏灯的接线图

a）两处控制　b）四处控制

　　图 6-16b 为四处控制一盏灯，开关 S_1 和 S_4 采用单刀双连开关，S_2 和 S_3 采用双刀双连开关。不管在甲、乙、丙、丁任何一处操作各自的开关，均可控制电灯 H 的燃灭。工作原理类似图 6-16a。

　　由图 6-16b 可见，S_2 和 S_3 的接线完全相同，若为三处控制一盏灯，则只要取消中间的一只开关 S_2 或 S_3 即可，如果为四处以上控制一盏灯，则只要增加中间开关只数就行。

双连（或称双投）开关接线柱与电气接线示意图的对照如图6-17所示。

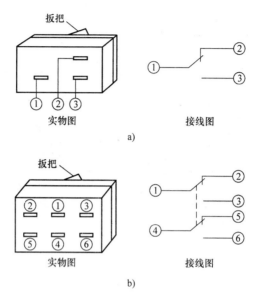

a)

b)

图 6-17　双连开关接线柱与电气接线示意图的对照

a）单刀双连开关　b）双刀双连开关

182. 怎样安装插座？

插座的安装应符合以下要求：

1）明装插座的安装高度距地面不低于 1.3m，一般为 1.5～1.8m；暗装插座的安装高度距地面不低于 150mm，一般为 300mm，也可按明装插座的高度安装，可根据实际需要而定。详见第 67 问。

2）普通插座应安装在干燥、无尘的地方。

3）明装插座应安装在木台上，插座安装应牢固，要用两个木螺钉固定。

4）插座的正确接线如下：单相二孔插座为面对插座的右极接相线，左极接零线；单相三孔及三相四孔插座的保护接零（接地）极均应接在上方，如图 6-18 所示。虽然相线与零线对调接线仍能正常供电，但为了安全和统一，应按正确的方法接线。

5）供电炉、空调器、电热水器等大功率家用电器用的插座，必须保证有足够的容量，同时插座电源线应与电灯、电视机等电源线分开敷设，不宜共用，电源线可由配电箱（板）单独引出。

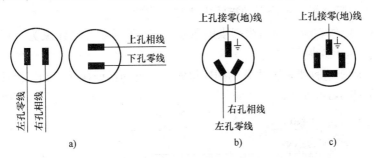

图 6-18　插座的接线方式

a）二孔插座　b）单相三孔插座　c）三相四孔插座

6）三极插头的接线必须正确，否则会造成触电事故。正确的接线方式如下：将三芯橡套电缆或塑料护套软线的黑色线芯（1981 年我国标准 GB/T 2681—1981）《电工成套装置中的颜色》规定用交替的黄/绿双色作为接地线的颜色）的一端连接到插头粗脚（长脚）的接线柱，另一端连接到电器的金属外壳的接零（接地）螺栓上；其他两根线芯的一端分别连接到插头的两个细脚（短脚）接线柱，另一端分别连接到电器内部线路的电源接线螺栓上。

7）三孔插座的接零（接地）方式同样关系到人身安全的大事，具体接线请见第 183 问。

8）明装插座的安装方法类似明装开关的安装方法；暗装插座的安装方法类似暗装开关的安装方法。

9）插座与热水器、燃气管道的距离必须不小于 150mm。

183. 常见的插座错误接线有哪些？怎样接线才是正确的？

家用电器的电源插头，有的采用二极，有的采用三极。前者是不必采取保护接零（接地）的家用电器，所配插座为二孔式，插座接线桩头一个接相线，一个接零线；后者是需采取保护接零（接地）

的家用电器，所配插座为三孔式，插座接线桩头一个接相线，一个接零线，一个接保护接零（接地）线。许多用户不知道如何接线，因接线错误造成的触电伤亡事故比较突出，因此用户必须学会正确的接线方法，切不可马虎从事。

下面分析几种错误的接线方法和正确的接线法。

1）住宅为三相四线制供电系统（即TT系统，到住家为一根相线、一根零线）

对于这种供电方式下的插座接线，常见的错误接线法和正确接线法如图6-19所示。

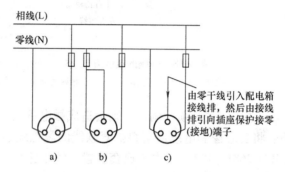

图6-19　三相四线制供电时三孔插座的接线法

a）错误　b）错误　c）正确

图6-19a是将插座的接零（接地）桩头直接与插座内引进电源的那根零线相连，这样做是非常危险的。因为万一电源的零线断开，或者是电源的相线与零线接反（在电力部门调换杆子或检修线路及检修住宅楼电气时都有可能发生这种情况），家用电器的金属外壳便将带有220V的电压，人体触及就会触电。图6-19b是将插座的接零（接地）桩头与零线上的熔断器的下桩头连接，万一该保险丝熔断，情况就如图6-19a一样，因此也是非常危险的。

正确的接法如图6-19c所示，即将插座的接零（接地）桩头直接用导线（中间不许有接头）与零干线相连，这样就不存在上述几种接法的危险问题。这里特别要强调，必须接入零干线或三相五线制供电系统中的专用保护接零线（见下面介绍）或地线上，而不许接在零支线上。所谓的零干线是指由供电变压器中性点引出至进住宅楼前的一段零线。进入住宅后的零线称为零支线（通常称零线）。

对于采用保护接地的住宅，插座的正确接法如图 6-20 所示。即将插座的接零（接地）桩头通过导线（中间不许有接头）直接与接地装置连接。

2）住宅为三相五线制供电系统（即 TN－C－S 系统，到住家为一根相线、一根零线、一根专用保护接零线）

对于这种供电方式下的插座接线就非常方便，用户能省去许多麻烦，而且安全、可靠，现代住宅基本都采用这一供电方式。尤其对于高层住宅楼内有变压器，或变压器距住宅很近的场合，三相五线制是非常容易实现的。

正确的接法如图 6-21 所示，即将插座的一个桩头接相线，一个桩头接零线，一个接零（接地）桩头接专用保护接零线。

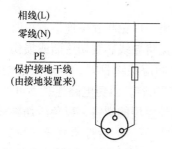

图 6-20　保护接地时的三孔
插座接线法

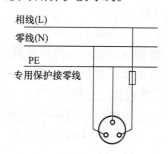

图 6-21　TN－C－S 系统时三孔
插座的接线法

184. 怎样连接插头接线？

插头接线应与插座接线相对应，否则即使插座接线正确而插头接线不正确，用电还是不安全的。

需采取保护接零（接地）的家用电器，一般都配有三芯电源线和单相三极插头，产品出厂即连接好。三芯电源线中，一根接相线，一根接零线，一根接保护接零（接地）线，其插头接线如图 6-22 所示。

插头的接线步骤及注意事项如下：

1）旋出压板上的一只螺钉，旋松另一只，将电源引线（带绝缘

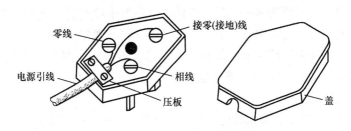

图 6-22　单相三极插头的接线及电源引线固定法

层）嵌入压板，并将旋出的压板螺丝旋上。两只螺钉暂不旋紧。

2）根据插头电极的三只螺钉的位置，确定好电源引线三根芯线连接头的应剥去的导线绝缘长度，使裸导线端头能在接线螺钉上绕一周有余。

3）将连接导线端头顺接线螺钉的紧固方向绕上，然后拧紧螺钉。注意：

① 连接芯线不可有导线毛头露出，以免相互碰连造成短路。

② 接线螺钉不可拧得过紧，以免将导线芯线切压断或损伤。

③ 电源引线的三根芯线端头之间应绝缘良好，各端头的绝缘层应尽量靠近接线螺钉，但不可被螺钉压着，以免电路连接不可靠。

④ 三根芯线应绕开中间的固定外盖用的螺钉，以免压伤导线。

4）将电源引线略微往插座内送一下，然后拧紧两压扳螺钉，并拉一下电源引线，检查一下它是否已被压板压实。如果两压板螺钉已经吃到底仍未压紧电源引线，则可以在压接部，垫上一些绝缘材料。

需要指出的是，有的家用电器，如日本 NEC 公司生产的 NR – 77EA·EG 型电冰箱，没有配单相三极插头，只是在电冰箱背后下面设有接零（接地）用的接线桩头。安装保护接零（接地）线时，只要用一根截面积不小于 $2.5mm^2$ 的 BV 型或 BVR 型塑料铜芯线把电冰箱的接零（接地）桩头与接零（接地）装置连接起来。

接零（接地）线的连接必须牢固可靠，否则就起不到保护作用。在家用电器金属外壳上连接接零（接地）线时，应用小刀或砂纸刮去连接处的铁锈，除去污垢，露出金属光泽，将接零（接地）线端头圈成一小圈，套入接零（接地）螺钉上，然后再套上垫圈和防松弹簧垫，用螺母拧紧。

185. 灯具安装有哪些要求？

照明灯具的安装要考虑到牢固、可靠、防火、防振、安全、美观和便于检修等。具体安装要求如下：

1）灯具安装必须牢固，固定灯具用的木螺钉或螺栓不少于两个。灯具质量超过 3kg 时，应固定在预埋的吊钩或螺栓上。

2）灯具要安装在一定的高度上，不能让人及物件碰着。

3）一般灯泡容量为 100W 及以下时，可用胶质灯座；100W 以上及防潮封闭型灯具，用瓷质灯座；灯泡容量为 300W 以下时可用插口灯座；300W 以上时均用螺口灯座。

4）灯开关应接在相线上，不要接在零线上。

5）普通吊线灯，当灯具质量在 1kg 及以下者，可直接用软导线（花线）吊装；1kg 以上者，应采用吊链吊装，软线宜编叉在吊链内，以避免导线承受拉力。

6）用软导线（花线）吊灯时，在灯座及吊盒内应做结扣，以避免导线在灯座或吊盒接线端子处受力，使连接导线损伤或脱开，以致造成短路、火灾事故。

7）灯座及吊盒的接线头连接必须牢固可靠，防止松动、脱开，造成短路、火灾事故。

8）荧光灯镇流器或发热量较大的灯具，严禁直接安装在木制品或龙骨上。

9）采用瓷质或塑料等自在器吊线灯时，应采用卡口灯，其吊线应加套透明软塑料管保护。

10）采用螺口灯座时，相线应接在灯座的中心弹舌片上，零线接螺口部分，以确保安全。

11）接灯线不应有中间接头和分支，其连接处应便于检修。

12）安装在振动场所的灯具，应采取防振措施，如采用吊链方式，装上弹簧或减振缓冲器，或在固定灯具处衬以橡胶垫。

13）明敷导线接入室外灯具时，应做防水弯头。灯具有可能进水者，应打泄水孔。

14）嵌入顶棚内的装饰灯具的安装应符合以下要求：

① 灯具应固定在框架上，灯罩边框的边缘应紧贴顶棚面，电源线不应贴近灯具外壳，接灯线长度要适当留有裕量。

② 矩形灯具的边缘应与顶棚面的装饰直线平行。当灯具为对称安装时，其纵横中心轴线应在同一条直线上，其允许偏斜不应大于 5mm。

③ 多支荧光灯管组合的开启式灯具，灯管的排列应整齐，灯内隔片隔栅不应有弯曲、扭斜等缺陷。

15）固定花灯的吊钩，其圆钢直径应不小于灯具吊挂销钉的直径，且不得小于 6mm。

16）采用钢管作灯具的吊杆时，钢管内径一般不小于 10mm。

17）固定在移动结构上的照明灯具的敷线，应符合以下要求：

① 导线应采用铜芯软线，截面积不小于 $1mm^2$，绝缘等级不低于 500V。

② 导线应敷设在托架的内部。

③ 导线不应在托架的活动连接处受到应力及磨损。

18）灯具安装的防火要求请见第 186 问。

186. 怎样防止照明灯具引起火灾？

照明灯具有的本身工作时表面温度就很高，如卤钨灯、红外灯、白炽灯、高压汞灯等；也有的是附件发热较大，如荧光灯、高压汞灯、高压钠灯等。因此照明灯具安装使用不妥，极易引起火灾事故。为了防止照明灯具引起火灾事故，应注意以下事项：

1）正确选型。普通照明灯具只能用于干燥、无腐蚀性气体和无爆炸危险性气体的场所；在有火灾和爆炸危险的场所应选用隔爆型或防爆型灯具；在潮湿和有蒸汽环境应使用防潮型照明灯具；室外照明应安装防水型灯具。

2）照明线路的敷设也应符合环境要求。在潮湿环境及有火灾和爆炸危险的场所，应采用暗敷，照明开关就安装在远离危险场所处。

3）照明灯具的安装高度应符合要求，灯泡与可燃物之间应保持一定的距离。在灯泡正下方不可存放易燃、可燃物品，以防止灯泡故障破碎时掉落火花引起火灾。灯具固定必须牢固，防止跌落。

白炽灯泡表面温度的近似值见表6-1。

表6-1　白炽灯泡的表面温度近似值

白炽灯泡功率/W	15	25	40	60	100	150	200	300	500
玻壳最高温度/℃	42	64	94	111	120	151	147.5	131	178
正对灯丝处玻壳温度/℃	42	56	90	90	96	98	99	108	150
灯口处玻壳温度/℃	36	56	62	96.5	98.5	54.5	80	73.5	90

高压汞灯玻壳表面温度与白炽灯相近；卤钨灯石英玻璃管表面温度很高，1000W 卤钨灯灯管的表面温度可达 500～800℃。

4）荧光灯与其附件应配套使用，若不配套，很有可能引起镇流器过热，成为火灾的诱因。

5）荧光灯、高压汞灯、高压钠灯、LED 灯等镇流器或整流器的安装，必须考虑散热。在木制件上安装时，应垫以瓷夹板或石棉板隔热。

6）在木制吊顶内暗装灯具及其发热的附件时，均应在灯具周围用阻燃材料（石棉板或石棉布等）做好防火隔热处理。

7）各式灯具当安装在易燃结构部位时，必须通风散热良好，并做好防火隔热处理。

8）嵌入式（暗埋式）灯具，其四周应留有 100mm 以上的空间，顶部留有 50mm 以上的空间，以利散热。LED 筒灯（射灯）的整流器离灯具距离应不小于 100mm。

9）更换台灯、壁灯或吸顶灯的灯泡（管）时，不许换上比标明瓦数大的灯泡（管），否则会烤燃灯具。

10）使用 24V、36V 等安全灯具时，其照明导线必须足够粗。因为同样功率的灯泡，电压越低，通过的电流越大（即电流与电压成反比）。例如，同样为 100W 的灯泡，额定电压为 220V 时的电流为 0.45A，而额定电压为 24V 时的电流为 4.17A，两者相差甚大。

11）更换一般防爆型灯具的灯泡时，不许换上比标明瓦数大的灯泡，也不许用普通白炽灯泡代替。

12）灯座与灯头接触部分或接线桩头，由于腐蚀或接触不良会发热或产生火花；荧光灯、高压汞灯、高压钠灯的镇流器过热，以及当灯头与玻壳松动时拧动灯泡而引起的短路等，都有可能造成火灾。因此平时应注意检查，若发现有异常情况，应及时处理。

13）注意不要让水滴溅在点燃的灯泡上，不许用湿布擦拭点燃的灯泡，否则会因冷热作用使灯泡爆炸；也不要将断丝的灯泡搭接使用，因为钨丝长度减少，功率会增大，易造成灯泡爆碎。爆碎灯泡中掉落的火花能引燃周围易燃、可燃物质。

14）冬天，不可将灯泡放入棉被内烘暖，灯泡在散热极差的环境内热量将很快积聚，引燃棉被。

15）电灯不用时应随手关掉，外出时更应关灯。

187. 携带式照明灯具安装有哪些要求？

在一些特殊场所，如铁罐内等触电危险的场所工作，需要使用36V 安全灯。由于安全灯是携带式的，人手直接接触灯具，所以安装这类照明灯具时应有严格的要求。具体要求如下：

1）灯体及手柄应绝缘良好，坚固耐热，耐潮湿。

2）灯座与灯体应结合紧固。导体应采用橡套软线。接零（接地）线应在同一护套内（若有的话）。

3）灯泡外部应有金属保护网。

4）金属网、反光罩及悬吊挂钩，均应固定在灯具的绝缘部分上。

5）灯泡功率不能超过规定要求，一般为 25~60W。

6）照明导线必须足够粗，因为同样功率的灯泡，电压越低，通过的电流越大。如同样为 60W 的灯泡，220V 电压时为 0.27A，36V 电压时为 1.67A。

7）供给行灯的 36V 电源，是经过 220/36 变压器送来的。行灯变压器的二次侧必须可靠接零（接地）。因为如果变压器一、二次绝缘层损坏，则 220V 电压就会窜到二次侧，使二次回路及灯具上带有 220V 电压，一旦人手触及绝缘层损坏了的灯具的金属部分或破损的电源线，就会造成触电事故。如果行灯变压器二次保护接零（接地）

难以做到，则在安装和使用时更要注意安全，不可认为是"安全灯"而麻痹大意。

8）36V 的电压不允许利用自耦变压器降压来达到，因为自耦变压器一、二次绕组在电气上是连通的，二次带有 220V 电压。

188. 怎样安装吊线式灯具？

吊线式灯具（白炽灯、节能灯、LED 灯）由灯座、灯罩和灯泡等组成。灯座和灯泡分卡口式和螺旋式两种。卡口灯座的带电部分封闭在里面，较安全；平口螺旋灯座的螺旋部分经过灯头容易暴露在外，若接线不当，人触及会造成触电事故，如图 6-24a 所示。因此家庭应尽量少用螺旋灯座。

（1）卡口灯座吊线式灯具的安装

1）预先在天花板上埋入木枕，如果是水泥预制板天花板，一般可将木枕埋入两预制板间的缝隙内；如果是木质天花板，则可用木行条（固定灰幔条用的方木）作为吊盒的固定点。

2）加工圆木台。用旋凿在木台上钻三个孔，中间孔是固定木台的螺丝孔，两旁的孔是穿线孔。然后在木台的一边开条槽（如果是线槽敷线）。

3）将两线头穿入木台两孔（预先剥去导线端头的绝缘），用木螺钉将木台固定在木枕或木行条上。

4）将两个线头分别穿入吊盒底座上的两个穿线孔内，并用两个木螺钉将底座固定在木台上。

5）将两个线头分别接在底座上穿孔旁边的接线桩上。

6）将接灯座的花线的另一端穿入吊盒的盒盖，花线打个结，并将线头裸线的细铜线芯搓成一束后，做个小圈，套在吊盒的另外两个接线端子的螺钉上，并拧紧。

7）旋紧挂线吊盒盒盖。

8）安装灯座：

① 旋开灯座盒盖，将花线穿入盒盖，花线打个结（见图 6-23）。

② 将两根导线的线头细铜线芯分别搓成一束后做成个圈，套在灯座的两个接线端子的螺钉上，并拧紧。

③ 旋上灯座盒盖。

9）装上灯罩和灯泡，至此吊线灯具的安装工作即告完成。然后通电试用。

图 6-23　软线打结的方法

（2）螺旋灯座吊线式灯具的安装

螺旋灯座吊线式灯具的安装方法与卡口灯座的类同。只是必须把相线接在螺旋灯座的中心弹舌片上、零线接在螺旋部分（见图 6-24b）。如果接线搞反了，则当更换灯泡或除尘清洁时容易造成触电事故。

为了安全起见，宜采用带保护环（即喇叭口）的螺旋灯座，以不使其带电部分暴露在外（见图 6-24c）。

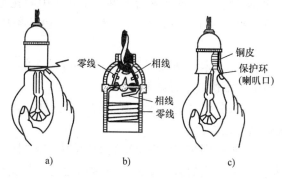

图 6-24　螺旋灯座的安装

a）普通灯座（危险）　b）灯座接线　c）带保护环灯座（安全）

189. 怎样安装吸顶灯？

吸顶灯是直接安装在天花板或装饰板上的一种固定式灯具，作一般照明用。常用的有环形节能荧光灯和 LED 吸顶灯。由于吸顶灯具一般较轻，通常有以下几种安装方法：

1）先将木台板用木螺钉固定在预先埋好的木榫、塑料榫或木行条上，然后在木台板上安装灯具底座，最后接线、装上灯泡，加灯罩。

2）对于有些类型的吸顶灯，可直接将灯具底座固定在预先埋好的木榫、塑料榫或装饰板上。

小型吸顶灯的底座通常用两个螺钉固定；大中型吸顶灯的底座用3~4个螺钉固定。如果天花板为水泥预制板或现浇混凝土楼板，或在水泥梁上安装吸顶灯，可用塑料膨胀螺钉（塑料榫）固定灯具底座。

需要注意的是，灯具与安装面的连接必须稳固可靠，连接处应能承受相当于灯具重量4倍的悬挂重量而不变形。另外，在灯具与木台之间或灯具与木质天花板之间必须铺垫石棉板等隔热材料，以免因灯具烘烤而引起火灾。

常用节能型环形吸顶灯的具体安装方法如下：

（1）第1种安装方法（如图6-25所示）

·安装方法如下：

1）在天花板上打孔，敲入塑料胀管（5），若为装饰板，则可直接用木螺钉（4）将一字铁（3）固定在安装装饰板的木挡上。

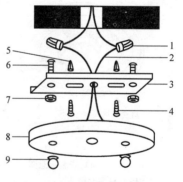

图6-25　吸顶灯安装方法（一）

2）将十字螺钉（6）穿过一字铁（3）上的圆形孔，然后用小六角螺母（7）调节十字螺钉（6）伸出足够长度。

3）用木螺钉（4）通过一字铁（3）上长条形孔，将一字铁紧固于天花板上。

4）从天花板孔拉出零线、相线，然后将灯体线（2）其中一根与相线缠在一起用接线粒（1）拧紧，用电胶布将线和接线粒缠紧，再将另一根与零线接起来（方法同上）。

5）将一字铁上2颗十字螺钉穿过天房盖（8）上的两小孔，然后用圆珠（内有螺纹）(9) 拧紧，使底盘紧靠天花板。

(2) 第 2 种安装方法如图 6-26 所示。

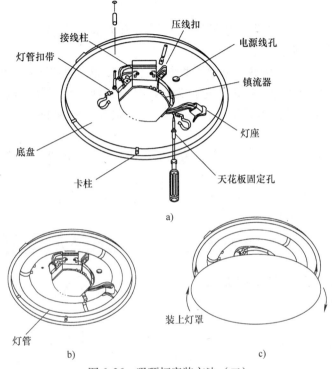

图 6-26　吸顶灯安装方法（二）
a) 安装示意图　b) 将灯管安上　c) 将灯罩安上

安装方法如下：

1）将电源线接入灯盘的接线柱并扣牢电源线。

2）用 2 个（尺寸大的吸顶灯用 3 个）木螺钉将灯底盘（塑料件）安装在天花板加强处（如装饰板木挡上）。

3）将灯管安装在灯管支架上，并插好灯头。

4）将灯罩嵌入灯座，按顺时针将灯罩旋紧到位即可。

190. 怎样安装吊灯？

吊灯是灯具中装饰性最强的一种灯具。它用吊杆、吊索、吊链等垂吊在顶棚上灯罩多种多样，材料各异，有金属的、塑料的、玻璃的、竹编的、木制的，能适应各种不同装饰风格的要求。吊灯的大小、形状、层次应与空间的性质、大小、形状、气氛相适应。吊灯常用于客厅和起居室。

吊灯的安装与吸顶灯类似，但吊灯比吸顶灯重，所以安装时更应慎重。吊灯通常有以下几种安装方式：

1）重量较轻的小型吊灯，可以用 2～3 个木螺钉将吊灯底座固定在预先埋好的木砖上或用塑料膨胀螺钉固定。若用塑料膨胀螺钉固定，则冲击电钻所打的孔必须与天花板（水泥预制板或现浇混凝土楼板）成不小于20°的角度。如果塑料膨胀螺钉垂直天花板安装，则在灯具长期重力的作用下，容易将螺钉拉出，造成灯具跌落事故。

2）较重的中型吊灯，固定底座的螺钉不少于 3 个，安装方法类同 1）。

3）较重的大型吊灯，应预先埋设吊挂螺栓，然后在这些螺栓上固定吊灯的底座。如果没有预先埋设吊挂螺栓，则可将现浇混凝土楼板敲开水泥露出钢筋，然后将吊挂螺栓焊接在钢筋上。

应指出，切不可用坯埋的方法埋设木砖，也不可以打木榫来固定吊灯的底座，否则在灯具长期拉力下，固定螺钉容易脱出，造成灯具跌落事故。

191. 怎样安装壁灯？

壁灯是装在墙面和柱面上的装饰性灯具，造型精致灵巧，光线柔和，通常和其他灯具配合使用。壁灯多用于床头、梳妆台、走廊、门厅的墙面或柱面上，其灯罩材料有透明玻璃、压花玻璃或磨砂玻璃等。

壁灯安装高度一般略高于视平线，即大约1.8m。

壁灯一般都有一个底座，它支承灯头座、灯罩和支架，并在其上安装开关、镇流器（若是普通荧光灯）等附件。因此，灯具在墙面上固定是否可靠，完全取决于底座固定是否牢固。通常，用 4 倍于灯具重的物体来试验，底座不应发生位移和松动。

壁灯灯具不重，当布线为明敷时，可将木台板（座）用木螺钉固定在预先埋好的木砖上，或用膨胀螺钉固定在水泥柱或砖墙上，然后将灯具底座固定在木台板（座）上；布线为暗敷时，可用膨胀螺钉将灯具底座或底座加工板固定在水泥柱或砖墙上。

如果壁灯较重，可用射钉枪将射钉螺栓射入墙内或柱内，然后将金属构件和灯具底座用螺母固定。如果壁灯安装在柱上，也可在柱上预埋金属构件或木砖，然后将灯具底座固定在金属构件或木砖上。

192. 怎样安装吸顶荧光灯？

电感镇流器式荧光灯由灯管、灯座、镇流器、辉光启动器、电容器、木架（或铁架）等组成。荧光灯的安装方式有悬挂式、吸顶式和靠墙角式三种。后两种安装方式必须注意镇流器的安装位置，应保证有足够的散热空间，并做好隔热防火措施，以免烤燃木质天花板或装饰材料。

家庭荧光灯一般很少采用悬吊式，而大都采用吸顶安装（即吸天花板靠墙边安装）和靠墙角式安装。靠墙角式安装可采用垂直安装。下面介绍荧光灯吸天花板靠墙边式的安装方法。

这种荧光灯市售已整体装配好，其内部接线原理图如图 6-27 所示。安装步骤如下（见图 6-28）：

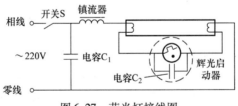

图 6-27　荧光灯接线图

1）首先确定安装位置。暂将荧光灯管取下，一手持着灯架，一手拿着铅笔，将灯架一固定面紧贴天花板，找准位置后用铅笔通过安装孔在天花板上标出打孔位置，如图 6-28a 所示。

2）放下灯架，用冲击电钻在标出位置打 2 个孔，并榫入塑料胀管，将灯架用螺钉固定在天花板上，暂不必将螺钉拧到位，并将灯架的电源引线拖出外面，以便接线，如图 6-28b 所示。

3）将早已放好的电源线（塑料护套线）根据需要适当剪短，并与灯架的电源引线连接好，用绝缘胶带包缠严密，如图 6-28c 所示。

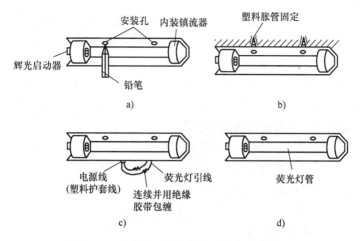

图 6-28　荧光灯吸天花板靠墙角安装步骤图

4）将电源线塞入灯架与天花板的空隙中，并从外面看不到连接的电源线，然后将 2 只固定螺钉拧紧，使灯架可靠地固定在天花板上。同时注意电源引线不可被螺钉紧压。再将荧光灯管装上灯架管座上，如图 6-28d 所示。

5）最后接通电源试使用。单管荧光灯用 2 只塑料胀管固定；组合荧光灯为双管以上时用 4 只塑料胀管固定。

吸壁安装的步骤和方法类同吸天花板安装。不管哪种安装方式都要保持灯架的横平竖直。LED 管灯的安装更为方便，采用铁片夹固定。

近年来，电子镇流器式荧光灯、三基色节能型荧光灯和 LED 灯的出现，省去了笨重的电感型镇流器和辉光启动器，重量轻、节电、接线也大大简化，只需按说明书要求的方法接线即可。三基色节能型荧光灯外部无须接线，像螺旋灯泡一样，只要将灯头旋入灯座即可使用。

193. 荧光灯怎样接线才算正确？

电感镇流器式荧光灯附件较多，有镇流器、辉光启动器、电容器等。由于这些元件间的位置关系可能有多种接线方式，如果接线不当，有可能造成起跳困难；不起燃；灯光闪烁或旋转；断电后灯丝两端有微光；甚至烧毁灯管和镇流器等故障。因此必须按正确的方法接线。要记住：镇流器、荧光灯灯丝和辉光启动器必须串联；改善功率因数用的电容器必须与电源并联；镇流器与开关串联，接在相线上；电容 C_1 与电源并联，切不可并在灯管两端，否则容易烧坏灯管。

通电试验时有两种现象须注意：

1）灯光闪烁或旋转。这是由于相线与零线接错或灯脚两引线接反之故。可将相线与零线对调试试，若无效，将灯脚一侧的两引线对调即可（不要同时对调两侧的灯脚引线）。

2）断电后灯丝两端有微光。这是由于开关接在零线上了，只要将相线与零线对调即可。

194. 荧光灯上的辉光启动器、镇流器和电容器有何作用?

(1) 辉光启动器

辉光启动器俗称跳泡，其构造如图 6-29 所示。即在玻璃泡内充有氖气，内装一个固定静触片和用双金属片制成的 U 形动触片。其工作原理如下：

当电源刚接通的瞬间，荧光灯管尚未放电，辉光启动器两触片处于断开状态，此时电源电压全部加在辉光启动器的两个触片上，从而使氖管产生辉光放电，于是两触片发热，并使 U 形动触片向静触片弯曲，直到互相接触，辉光启动器两触片被短路。这时荧光灯两端灯丝有较大的加热电流通过，这一过程约 4s。由于辉光启动器两触片被短路，辉光放电已停止，双金属片

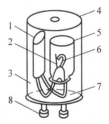

图 6-29 辉光启动器的构造
1—电容器 2—静触片
3—内充氖气 4—铝壳或塑料壳
5—玻璃泡 6—动触片（U 形双金属片）
7—绝缘底板 8—插脚

便开始冷却复原，使接点断开。在这一瞬间，镇流器感应出一很高的电压，使荧光灯管内气体电离导电，荧光灯即开始正常发光。荧光灯发光后，其灯管两端的电压降低（如 40W 荧光灯约为 108V），此电

压小于氖气辉光启动电压，因此辉光启动器两触片间仍保持断开状态，也就是说，这时辉光启动器已不起作用。

与辉光启动器氖管并联的纸介电容器（相当于图 6-27 中的 C_2）容量一般为 0.005~0.01μF，主要作用是消除荧光灯发出的宽频带电波对附近的收音机、电视机等设备的干扰。

（2）镇流器

它实际上是一个低频扼流线圈，荧光灯镇流器有双线圈式和单线圈式两种，制造时是根据荧光灯的功率来选定它的铁心截面积和线圈匝数。

镇流器有两个主要作用：一是与辉光启动器配合，在点灯时产生一很高的电压，点燃荧光灯；二是荧光灯燃亮后，能限制流过灯丝的电流，使荧光灯的电流不超过规定值，从而保护了灯丝不被烧断。

（3）电容器

荧光灯上有两只电容器：如图 6-27 中的 C_1 和 C_2。C_1 用以补偿无功功率，提高线路功率因数。不装 C_1，荧光灯仍能正常工作，但这时功率因数会大大降低。

8~40W 荧光灯所需补偿电容器电容量列于表 6-2。电容器可选用 CZM、CZJ、CZJD、CJ41 等型。

电容器 C_2 的作用已在辉光启动器内容中作了介绍。如果 C_2 去掉不用，灯管也能启辉和正常工作，但这时荧光灯对收音机、电视机等设备的干扰会加重。

表 6-2 荧光灯所需补偿电容器电容量

灯管功率/W	电容器电容量/μF（耐压 400V 以上）	数量	备注
8~10	1	1	
13	1.5	1	
15	2	1	
20	2.5	1	包括环型 22W 灯管
30	3.75	1	包括环型 32W 灯管
40	4.75	1	

注：按表中取电容量能使灯管的功率因数由原来的 0.5~0.6 提高到 0.85~0.9。

195. 为什么荧光灯管必须与镇流器匹配使用?

日光灯必须选用与灯管功率相同的镇流器,即 40W 日光灯只能选用 40W 的镇流器,而不能选用大于或小于 40W 的镇流器。因为镇流器是根据灯管的光电参数要求而设计的,不同功率的灯管,其光电参数也不同,因此不同规格的镇流器,其铁心、线圈、线径、匝数等也是不同的。

如果不按灯管的功率选择相应的镇流器,则可能使日光灯难以起跳,或大大缩短灯管的寿命,甚至很快烧毁。例如 15W 镇流器配 40W 荧光灯,就会出现难以点燃的情况。由于电流过小,阴极得不到预热的要求温度,造成灯管阴极受正离子轰击的概率增多,从而加速灯管衰老,缩短其寿命;反之,若把 40W 镇流器配 15W 灯管,则通过灯管的电流将大大超过额定值。由于阴极预热温度过高,阴极上的电子发射物质急剧飞散,结果造成灯管两端严重变黑而报废。

同样,有人为了节省开支,想用一只 40W 镇流器装接两只 20W 荧光灯管(见图 6-30),也是错误的。从表面上看,两只 20W 荧光灯功率为 40W,与 40W 镇流器正好匹配,但 40W 镇流器是按 40W 荧光灯管的光电参数要求而设计的,40W 灯管的工作电压为 108V、工作电流为 0.41A;而 20W 灯管的工作电压为 60V、工作电流为 0.35A,两只 20W 荧光灯管并联后,每只灯管的工作电压仍为 60V,而总的工作电流却要增加一倍,达到 0.7A,显然不能用 40W 镇流器代替两只 20W 镇流器使用。

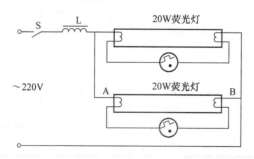

图 6-30 用一只 40W 镇流器装接两只 20W 荧光灯管的错误接法

　　从另外角度讲，即使镇流器能满足两只 20W 灯管的要求，两灯管的辉光启动器也很难同时起跳，因为每只辉光启动器的启动时间不可能一致。若其中一只先起跳，使该灯管先启辉工作，则电压 U_{AB} 就下降到 60V，这时另一只灯管的辉光启动器因电压低而无法起跳，因此只有一只灯管能启辉工作，这里相当于 40W 镇流器与 20W 灯管配合，通过灯管的电流将大大超过额定值，灯管不久就会烧毁。

　　同样道理，也不能用两只 20W 镇流器并联用于一只 40W 的荧光灯管，否则会造成启辉时间过长，甚至不能启辉的现象，而且灯管电流也超过其额定值，会缩短荧光灯的使用寿命。

196. 什么是三基色节能型荧光灯？怎样安装？

　　三基色节能型荧光灯是我国近年来开发的新型的节能灯，有直管形、单 U 形、双 U 形、2D 形和 H 形等几种。以 H 形荧光灯为例，它由两根顶部相通的玻璃管、三螺旋状灯丝（阴极）和灯头组成。玻璃管内壁涂有稀土三基色荧光粉。该类荧光灯的工作原理与普通荧光灯相似，外形结构如图 6-31 所示。H 形荧光灯的主要参数见表 6-3。

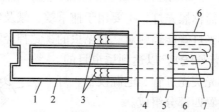

图 6-31　三基色 H 形荧光灯的结构
1—玻璃管　2—三基色荧光粉　3—三螺旋状灯丝　4—铝壳
5—塑料壳　6—灯脚　7—辉光启动器

表 6-3　H 形荧光灯主要参数

型号	额定功率/W	工作电压/V	工作电流/mA	全长/mm	管宽/mm	光通量/lm
HY-7	7	52	175	130	25	350
HY-9	9	65	170	165	25	630
HY-11	11	85	165	240	25	850

三基色节能型荧光灯的最大优点是节能，其发光效率比普通荧光灯高 30% 左右，比白炽灯高 5 ~ 7 倍。其次它体积小，造型美观，显色性好。

三基色节能荧光灯的接线与普通荧光灯的接线完全相同，但其外部接线却很简单。它既可配用电感型镇流器（要配辉光启动器），也可配用电子镇流器（不必配辉光启动器）。当与电感型镇流器配套使用时，只要将辉光启动器装在灯头塑料外壳内，并与灯丝连接即可（另两根灯丝引线已由灯脚引出），如图 6-32 所示。

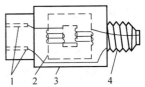

图 6-32　与 H 形荧光灯
配套的镇流器
1—插接孔　2—镇流器
3—塑料壳　4—螺旋灯头

电感型镇流器单独装在一只塑料外壳内，外壳的一端为插接孔（接图 6-31 所示的荧光灯脚），另一端为螺旋灯头，所以安装和使用十分方便。

197. 怎样安装黑光诱虫灯？

黑光诱虫灯简称黑光灯，主要用于捕杀蚊、蛾及农业害虫，在农村使用更多。黑光灯管能辐射对某些昆虫的视觉神经特别敏感的波长（360mm 左右的紫外线），以达到诱虫目的。黑光诱虫灯由黑光荧光灯管、电源设备、灯具及昆虫捕杀装置四部分组成。

黑光灯的安装方法如图 6-33 所示。安装时应注意以下事项：

1) 黑光灯离地面高度不得小于 1.4m，防护栅栏高度不得小于 1.2m。

2) 高压栅网可用直径为 4mm 的镀锌铁丝组成，栅网分成两组，隔档交错，形成两个电极。当昆虫触碰电网时，就被两档铁丝间的高压电击杀死。安装时切勿使两组栅网发生碰连。

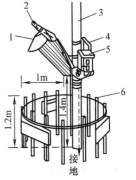

图 6-33　黑光灯的安装形式
1—防雨罩　2—灯架支撑木
3—电杆　4—配电箱
5—变电箱　6—防护栅栏

3）在灯顶和灯管上面必须设置防雨罩，罩面应足够大，要求完整无破损，以免漏水损坏灯管。

4）由于栅网电压高达 3 ~ 4kV，因此在灯周围加设规定要求的防护栅栏，保证 1m 以内人畜不能接近，并且在栅栏上悬挂"高压危险，不准接触"的警告牌。

5）开关应安装在防雨的配电箱内。

198. 怎样安装吊扇挂钩?

在住宅的楼面或梁上安装吊扇挂钩，应根据具体情况，采取不同方法进行，务必做到牢固、美观，确保安全。吊钩采用直径为 6 ~ 8mm 的钢筋。具体有以下几种安装方法：

1）在现浇混凝土楼板或梁上安装吊钩时，可采用预埋 T 形圆钢或预埋铁板的方式（见图 6-34）。预埋圆钢时，圆钢的上端横挡需绑扎在钢筋上，待模板拆除后，将圆钢外露部分弯成吊钩。采用预埋铁板方式时，可在模板拆除后将吊钩焊接到铁板上。

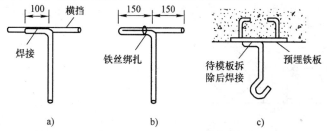

图 6-34 预埋圆钢和铁板

a）T 形圆钢（焊接法）　b）T 形圆钢（弯折法）　c）预埋铁板

2）如果浇混凝土楼板或水泥梁上没有预埋 T 形圆钢或铁板，则可将现楼板或梁敲开水泥露出钢筋，然后将吊钩焊接在钢筋上，（见图 6-35a），最后用水泥砂浆填补好，粉上白灰。

另外，还可从楼上往下打孔埋设吊钩（见图 6-35b），并将凿破水泥部分用水泥砂浆补好。这种做法须征求楼上用户的同意，打孔时必须确认孔位无埋设线管。

3）在新建房的多孔预制板上安装吊钩的方法：将吊钩预埋在两

块预制板的缝隙中，即在架好预制板楼面后，尚未做水泥地坪前，把
T 形圆钢的横挡跨在两块预制板上，待浇好楼面水泥地坪后即可埋固
（见图 6-36）。这种场合的 T 形横挡应长一些，并可再横扎一根圆钢，
以增大受力面。

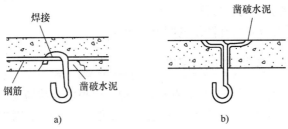

图 6-35 将吊钩焊接在楼板钢筋上

4）在预制天花板的筋上安装吊钩时，应在筋上凿孔，并从水平
方向将筋凿穿。孔的大小与空心板上的孔相同。孔的位置应尽可能选
在筋的根部（与平顶相连接的地点）。孔凿好后，塞入吊钩（直径不
小于 6mm 的圆钢制成），填入水泥砂浆，待一天后水泥砂浆凝固后，
便可安装吊扇（见图 6-37）。

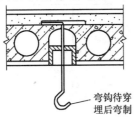

图 6-36 在预制板上打孔
穿埋 T 形圆钢

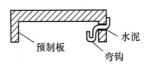

图 6-37 在预制天花板的
筋上安装吊钩

5）在楼房最高层安装吊扇时，可以将吊钩固定在笼筋或灰幔索
上，切勿固定在夹幔条上，否则会造成吊扇跌落事故。天花板的结构
如图 6-38 所示。

仰望天花板，要是有一条隐约可见贯穿房间的裂纹，便为灰幔索
的位置。该裂纹是由于木材和粉刷层的热胀冷缩系数不同而造成的。
如果裂纹看不清，可从入孔进入隔热层看灰幔索和笼筋的位置。知道

了它们的位置，便可确定吊钩位置。一般吊钩固定在灰幔索上就可以了。要是悬挂物很重，为了安全起见，可以增加一根木条（尺寸不小于 50mm×60mm），搁在两笼筋上，如图 6-39 所示。

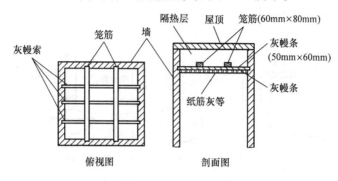

图 6-38　天花板的结构

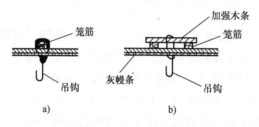

图 6-39　用木条加强

199. 怎样安装吊扇？

吊扇主要由扇叶、扇头、吊杆及属外电路元件的接线架、电容器和调速器等部件组成。安装吊扇应注意以下事项：

1）吊扇安装高度，以扇叶离地不小于 2.5m 为宜，房间高度较低时可降至 2.3m。与天花板的距离不小于 40～50cm，以免影响叶背气流，降低风量。但顶距也不宜过大，因为过大了吊杆便较大，运转时容易晃动。一般家庭在使用吊扇都不会将风速开至最大一挡，因此若住房楼层高度较低时，可以将扇叶与天花板的距离缩小至 36cm。

2）吊扇应牢固地安装在吊钩上。安装扇叶时，凹面朝向下方，将扇叶用螺栓紧固在扇头上（需加弹簧垫）。

3）必须旋紧扇头与吊杆连接的制动螺钉，见图 6-40c，否则当吊扇运转时会发生摆晃。

4）按图 6-40 将扇头绕组、电容器、调速器等连接好。电容器必须串接在起动绕组内。

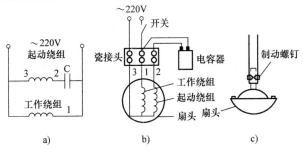

图 6-40 吊扇的正确接线

a）原理图 b）实物示意图 c）制动螺钉位置

5）安装完毕通电试运转。若发现冒烟、停转、反转、转速慢等异常情况时，应立即断电检查，改进接线，直至正常为止。在异常情况下，不可长时间通电，否则可能会烧毁电动机。

吊扇电动机起动绕组（又称辅绕组）和工作绕组（又称主绕组）必须准确识别才能正确接线。由于电容器是由外部接入的，因此从吊扇内引出的只有三根接线头，见图 6-40b。图中 1、2、3 各引出线的颜色为红、黄、白或红、绿、黑等，不同牌号的吊扇，引出线的颜色可能不同。

如果说明书遗失了，而贴在吊杆上端的线路图也不见了，则需要找出哪个是工作绕组，哪个是起动绕组，只要找出这两组绕组，即确认图 6-40a 中线头 "1" 和 "2"，便可按图 6-40 正确接线。具体判别方法如下：

① 先测出公用头。即用万用表的电阻档轮流测量三根线头之间的电阻，当测得电阻值最大时（如 500Ω。注意不同电扇阻值有所不同），则它就是电动机工作绕组和起动绕组串联后的总阻值。剩下的一个头就是公用头。

② 然后测出工作绕组和起动绕组。即将万用表的一根表笔搭在

公用头上，用另一根表笔分别接触另外两个头，测得阻值较小的绕组，便是工作绕组，阻值较大的是起动绕组。

200. 怎样连接吊扇调速器？

吊扇调速器有电感式分档调速器和电子式无级调速器两类。电感式调速器是一个带硅钢片铁心的线圈。从线圈内引出几个抽头，用以调节电感量，从而实现调速作用。其原理图和实物示意图如图 6-41 所示。当动触头从 1 到 5 逐级接通时，串入电路的线匝从无到有，从少到多，吊扇即从全速到最低速变换。换档开关处在图中 1～M 之间的空档时，电路处于断开状态，因此不必另装开关控制，只要将原来接开关的两导线头接在 M 和 1 上即可。

电感式调速器应与吊扇配套使用，一般厂家将它与吊扇一起提供。如果随便买一只用上，很可能起不到良好的调速效果。

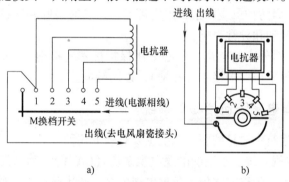

图 6-41　电感式调速器的接线

a) 原理图　b) 实物示意图

电子式无级调速器由晶闸管调速，控制晶闸管的导通角即可改变调速器的输出电压，从而改变吊扇的转速。电子式无级调速器的接线十分简单，只要将其两个接线端子串接在电扇绕组回路即可。由于电子调速器不同于电感式调速器，其输出非正弦波（尤其在低速时），谐波成分多，会对无线电装置，如收录机等产生干扰，所以安装位置应离无线电装置远些。另外，电子调速器开起时的初始位置为对应于吊扇最高速（这样有利于起动），而顺时针旋至终点为对应于吊扇最低速（有时甚至吊扇不转动）。

用电感式调速器的吊扇很难达到微风挡，因此夜晚睡觉时会感到风量过大，而电子调速器可实现任意风速，现代家庭大都采用电子调速器。

电子式调速器的接线十分简单，两进线端接电源线，两出线端接吊扇。

201. 怎样安装壁扇？

壁扇与吊扇比较，体积小，质量轻，安装简单。其安装要求如下：

1）壁扇底座可采用塑料胀管或膨胀螺栓固定。塑料胀管或膨胀螺栓的数量应不少于两个，且直径应不小于8mm。壁扇底座应固定牢固。

2）壁扇安装时，其下侧边缘距地面不宜小于1.8m，且底座平面的垂直偏差不宜大于2mm。

3）壁扇防护罩应扣紧，固定可靠，运转时扇叶和防护罩均不应有明显的颤动和异常声响。

4）塑料外壳的壁扇，不必采用保护接零（接地）；金属外壳的壁扇，必须采用保护接零（接地），以防触电。

202. 弱电系统包括哪些系统？

住宅建筑中常见的弱电系统主要有以下几种：

1）电视系统。早期的电缆电视系统（CATV），后来发展到以闭路形式或有线传输方式传送各种电视信号。现代壁挂式电视机可通过光缆有线传输或通过路由器无线传输实现互联，大大扩展电视机的功能。一个家庭往往有多台电视机，可通过多媒体集线箱（RHD - L1）内的信号分配器连接（有线电视，宽带同轴电缆），也可通过光缆或路由器实现。

2）电话系统。电话系统通常由家庭信息接入箱引入，包括交换机、分线盒、RJ11插头、RJ11插座等。电话系统，不仅用以通话，还能实现电话传真、移动通信、电子信箱、可视图文系统和电视电话等。电话线为4芯线。

3）网络线。如8芯网络线，适用于局域网连接。光缆有线传输通常能大大提高网速。

4）防盗与安保系统。

① 防盗报警系统。防盗报警系统由红外（或微波）探测器和报警控制中心等组成。红外探测器通常安装在阳台、窗户或屋内入口等处。报警系统电气线路安装没有特殊要求，对于新建或装修房，应穿管暗敷；对于已建房，可采用塑料线钉沿墙、电视柜后面或大型家具后面明敷。

通常，报警系统通过电话线与报警中心连接。

② 安保系统。如闭路电视监控系统，由摄像部分、传输部分和监控部分组成。传输电缆和光缆，可以采用 PVC 管、线槽等敷设。根据具体情况可暗敷或明敷。

5）火灾自动报警系统。对于高级住宅（别墅式或高层住宅中的复式楼层），应设置火灾自动报警系统。系统主要由火灾探测器、火灾自动报警控制器、声光报警装置及联动联锁灭火减灾装置等组成。

火灾报警系统的传输线路，应采用铜芯绝缘导线或铜芯电缆，其电压等级不应低于交流 250V。通常采用穿管暗敷。布线使用的非金属管材、线槽、附件等，应采用不燃或非延燃性材料制成。

203. 弱电安装有哪些要求？

弱电安装的基本要求如下：

1）强电、弱电导线严禁在同一根管内敷设。特殊情况下弱电与强电导线可以在一个线槽内，但不能在一个线管内。

2）强电、弱电导线不得接入同一个接线盒。

3）电话线和宽带线（网线）可以穿 PVC 管暗敷，若在有电磁干扰的场合，可选用 TC 管（镀锌管）敷设。光缆可以从墙洞或空洞孔洞引入电话线、电视线、网线的路数应满足设计和用户要求。

4）弱电电缆明敷应横平竖直、少折弯。

5）TV 线（有线闭路电视线）必须采用符合要求的同轴屏蔽电缆线（阻抗为 75Ω）。4 个终端以下的，应采用分配器，以减少电平信号损失；4 个终端以上的，应采用网络终端分配放大器，以保证足够大的电平信号。

6）弱电线路不要与强电线路平行敷设。弱电线路中间应避免接头。弱电线接头必须使用专用接头。

7）网络可以分为有线网络和无线网络。有线网络可以采用星形布线传输；无线网络则采用无线路由器，但电视机需有内置 WiFi 功能。

204. 怎样安装和连接有线电视接收盒?

（1）有线（闭路）电视接收盒的安装

由于插拔接收盒插头的力很小，且接好线后很少插拔，所以可以用 4 只长木螺钉直接将塑料接收盒固定在墙上。当然也可用塑料胀管固定。接收盒的接线方法是：打开屏蔽盒的金属盖板；剖剥好 75Ω 同轴电缆的绝缘层，并将电缆屏蔽层（细密编织的铜丝）拧成一条辫子；将电缆固定在导线压板下，然后用电烙铁将电缆芯线焊在印制电路板相关接点，将电缆屏蔽辫子焊在印制电路板的接地极，并与屏蔽盒的外壳焊连；扣上金属盖板，塑料面板用木螺钉固定在接收盒上即可，如图 6-42 所示。有的接收盒电缆芯线及其屏蔽线与印制电路板分别通过各自的压板连接。同轴电缆预先用塑料卡钉固定在墙上。

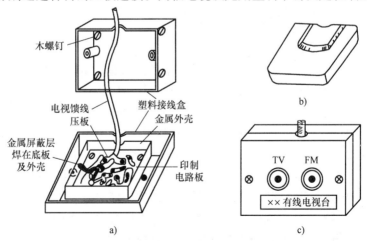

图 6-42　有线电视接收盒的安装

a）内部接线　b）金属盖板　c）外形

（2）有线（闭路）电视接收盒与电视机的连接

有线电视接收盒配装有电子转换插孔（TV），用户只要将电视机天线插孔与接收盒上的插孔通过 75Ω 同轴电缆经插头连接起来即可。插头的结构及连接有图 6-43a 和图 6-43b 两种方式。

图 6-43a 插头接线时，先将塑料后座穿到同轴电缆上，然后把同轴电缆外层绝缘皮剥开 15mm 剪断，把金属屏蔽层后翻；将中层绝缘介质剥去 10mm，露出芯线（单根铜线）。将屏蔽层（细密编织的铜丝）束成一条辫子（若嫌太粗，可剪去一部分铜丝）。用电烙铁将屏蔽线焊接在金属爪的根部，再把芯线插入塑料基座的插孔内，并将压紧螺钉拧紧。最后把塑料接头连同金属接口套到塑料基座上，并拧紧塑料后座。

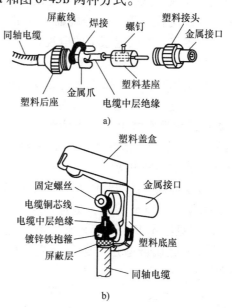

图 6-43　插头的结构与连接

a）插头型式之一　　b）插头型式之二

拧紧时，用一只手握住电缆线和塑料接头不动，用另一只手转动塑料后座，直至拧紧为止。这样做的目的是，不致将插头内的芯线拧断，也不会造成芯线与屏蔽线短路而影响接收效果。

图 6-43b 型式的插座，连接的可靠性较图 6-43a 要高。插头接线时，先把同轴电缆外层的绝缘皮剥开 20mm 并剪断，把金属屏蔽层适当截短后后翻；将中层绝缘介质剥去 15mm，露出芯线；将同轴电缆连同编织铜丝一起置于插座（连接器）的塑料底座上，并用底座内的镀锌铁抱箍压紧；然后将电缆铜芯线顺时针缠绕在固定螺丝上，最后将固定螺钉拧紧即可。

205. 怎样安装有线电视分配器?

　　一般家庭都有几台电视机,而引入住宅的有线(闭路)电视传输线(馈线)只有一条。为了能使几台电视机都能接收到电视信号,需要有线电视分配器。分配器有 3 路、4 路及更多路,可根据家中的电视机台数进行选择。分配器的外形如图 6-44 所示,整个为金属制品。4 个插头通过螺纹与分配器主体(插座)连接;其中 1 个输入(IN)插头接有线电视输入馈线(同轴电缆),另外 3 个输出(OUT)接头分别接 3 台电视机的同轴电缆。

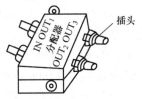

图 6-44　3 路分配器外形

　　分配器插头接线制作方法如图 6-45 所示。首先将同轴电缆外层绝缘皮剥开 15mm 剪断,把金属屏蔽层后翻,将中层绝缘介质剥去 12mm(见图 6-45a);套入夹紧圈(见图 6-45b);最后将接头端部用力插入金属屏蔽层与绝缘介质之间,用钳子将夹紧圈夹紧即可(见图 6-45c)。

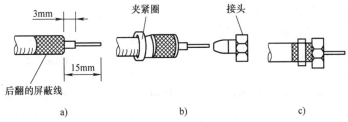

图 6-45　插头接线制作步骤

　　插头接线制作好后,便可将插头芯线插入分配器插座内的插孔,将接头紧旋在插座上即可。

206. 音响系统配线有什么要求?

　　音响系统包括音源、扩音、扬声装置和传输线路。其配线的主要要求如下:

1）传输线路最好沿墙穿管暗敷，以求美观。当然，也可采用明敷方式。音响线路应与电力线、电话线分开敷设。

2）音响线路可采用双股绞型铜芯塑料绝缘导线。音源设备（影碟机、电唱机、多媒体电脑等）与功率放大机之间的连线应采用单芯、双芯或四芯屏蔽电缆，以减少噪声干扰。

3）功率放大机至扬声设备之间的连线可不考虑屏蔽，常采用多股铜芯塑料护套软线。常用连线规格见表6-4。

表6-4　常用连线规格

导线规格（ 铜丝股数／每股铜线直径/mm ）	导线截面积/mm²	每根导线每100m长的电阻值/Ω
12/0.15	0.2	7.5
16/0.15	0.3	6
23/0.15	0.4	4
40/0.15	0.7	2.2
40/0.193	1.14	1.5

4）音响设备与功率放大机之间的配接，必须注意阻抗匹配和电平配合。为保证频率响应及满足失真度指标的要求，信号源的输出阻抗应与前级功率放大机的输入阻抗相匹配。

5）功率放大机与音箱之间的配接，按功率放大机的输出方式不同可采用定阻抗式或定电压式。定阻抗功率放大机的输出端一般设有多个抽头，以供连接不同的音箱及其组合之用。功率放大机一般标有4Ω、8Ω、16Ω、150Ω 和250Ω 等若干档。16Ω 以上的档称为高阻抗输出，输出阻抗一般不宜超过150Ω。定电压配接，对于小功率放大机，由于输出电压较低，可直接与音箱连接；对于大功率放大机，其输出电压较高（120V、240V），与音箱连接需加输送变压器。

6）功率放大器的设置应符合以下要求：

① 柜前净距不应小于1.5m。

② 柜侧与墙、柜背与墙的净距不应小于0.8m。

③ 采用电子管功放设备单列布置时，柜间距离不应小于0.5m。

207. 怎样配合装修施工安装空调器、电热水器、脱排油烟机和浴霸等家用电器?

在家庭电气装修中,涉及泥水工、水电工、木工、粉刷工等多个工种,而许多家用电器的安装施工、预埋件埋设等也要配合进行。否则当房间装修装饰完成之后再去考虑家用电器的安装施工,就会破坏已装修好的墙面、楼面,造成很大损失,还会给安装施工带来许多麻烦,甚至造成不可弥补的损失。因此在家庭装修中认真考虑家用电器的安装施工、预埋等工作的时间和先后顺序,十分重要。

首先要在水电工安装电气线路时必须确定好各主要家用电器的具体安装位置;对于空调器、电热水器、厨房电炊具等大功率家用电器,应使用专用分支线(由配电箱单独引出)和插座;确定好插座的位置。

(1) 空调器

① 插座位置要靠近空调器室内机,但不能妨碍室内机的安装,安装高度一般为 1.8 ~ 2m。

② 室内机安装位置要按空调机说明书要求,上、下、左、右留出足够的空间。

③ 在房间装饰和粉刷前打好室内、外机的连接管路的孔洞(需请专业打孔人员打孔)。

④ 在墙面粉刷、装饰完毕后,再安装空调,最后进行墙面修补。

(2) 电热水器

① 在进行管路施工时,要安排好电热水器的位置及冷热水的管路走向。电热水器不仅用于浴室洗澡,还可以兼供卫生间及厨房热水,因此相关的冷热水的管路都应考虑好,确定好位置,并将电热水器等的水、电接口预留好。

② 电热水器的插座尽可能离淋浴间远些,必要时采用防水防溅式插座。插座的安装高度为 1.8 ~ 2m。

③ 待卫生间墙面施工完毕后再安装电热水器。

(3) 脱排油烟机

① 首先要告诉厨房、橱柜设计人员,安排好橱柜和脱排油烟机

的位置。烟道位置一般在楼房建筑时已确定并预留了烟道孔。

② 在厨房水泥工、木工装修时需考虑脱排油烟机烟道安装及今后维修的必要空间。

③ 在吊顶前安装好烟道。通常由卖灶具、脱排油烟机商家来人安装。

④ 在燃气灶具位置确定后（由厨房设计人员确定），再安装脱排油烟机。同样由商家来人安装。

（4）浴霸

① 开关盒位置尽量离淋浴处远些。不过浴霸开关盒为配套部件有盖板，为防水防溅型。开关盒的安装高度约为1.3m。在卫生间贴墙面瓷砖前预埋好开关盒并敷设好导线。

② 在卫生间木工吊顶装饰前，请专业打孔人员将浴霸排气管出气孔打好。

③ 确定好浴霸安装位置，告诉木工，在吊顶装饰时根据浴霸尺寸留好安装浴霸的木框孔。

④ 待卫生间装修装饰完毕后再安装浴霸。

（5）电视机

① 确定好电视机的安置位置，由电工安装好有线（闭路）电视线路、网线和电视机电源插座。插座采用多联插座，以供电视、VCD、DVD、无线路由器等使用。插座安装位置由电视机及电视柜位置等确定。

② 壁挂式电视机的电源线及各信号配接线，最好通过暗埋PVC管连接，以免众多引接线外露影响美观。

（6）电炊具

插座安装位置由电炊具的摆放位置及厨房橱柜的高度决定。安装高度离厨柜台面25~30cm。

（7）计算机

首先确定计算机的位置，然后确定电源插座及网线进线位置。电源插座采用多联插座，以供众多电器使用。电源插座宜安装在电脑桌下方隐蔽处，既不影响台面美观，又方便电器的插接。

208. 怎样安装空调器?

空调器通常由销售商负责安装,但作为用户,了解空调器的安装要求很有必要。空调业内有句俗话:"三分质量,七分安装"。可见空调器的安装过程非常重要。如果安装时草草了事,会给空调使用带来很多安全隐患。

现代家庭普遍使用分体挂壁式空调器。分体挂壁式空调器的安装要求及安装方法如下:

(1) 安装要求

① 安装空调器之前,必须仔细阅读说明书。

② 室内机与地面的距离应大于 1.7m,如图 6-46a 所示;室内外机的高度差(H)及配管长(L)如图 6-46b 所示,其取值应符合表 6-5 中的规定。当配管长大于 7.5m、小于 20m 时,应按表 6-5 中的规定补充制冷剂。

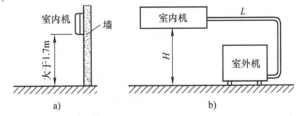

图 6-46 分体式空调器的安装

表 6-5 高度差(H)及配管长(L)的规定

空调器型号	出厂最大管长 /m	管长(L)限制 /m	高度差(H)限制 /m	补充制冷剂量 /(g/m)
KFR – 25GW/H	5	15	7	15
KFR – 33GW/H	5	20	7	25

③ 室外机的安装尺寸要求如图 6-47 所示。安装时,用螺栓(M10×25)、螺母、垫圈把室外机紧固在角钢制成的支架上并保持水平。角钢规格一般为 30×30×3(mm)。按图 6-48 连接电源线和室内外机之间的控制线,用侧面的导线压板将两机连接固定,并将室外

机保护接零（接地）。电源线采用 2.5mm^2 铜芯线；室内外机间电源线采用 1.5mm^2 铜芯线；控制线采用 0.75mm^2 铜芯线。

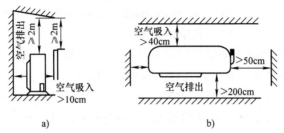

图 6-47　室外机的安装尺寸

a）侧视图　b）俯视图

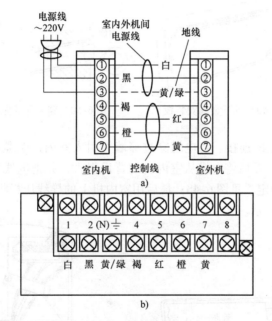

图 6-48　室内外机接线图及接线桩头

a）接线示意图　b）接线板及桩夹安置

（2）安装方法

① 室内机安装板的固定及穿墙管打孔。

a. 打开包装后从空调器室内机上拆下金属安装板，如图 6-49

所示；

b. 用水泥钉将安装板固定在墙上合适位置，使安装板保持水平；

c. 在墙上开一直径为 66mm 的孔，孔洞应稍向室外倾斜，将比墙体稍长的 PVC 管插入孔中，如图 6-50 所示；

d. 在户外墙上合适的位置钻孔打入塑料胀管，并用 M5×30mm 螺钉和垫圈将安装板紧固在墙上（也可用 4 个水泥钉固定安装板）。

② 连接管及排水管的安装。第一，用胶带将排水管和连接管包扎在一起，布管时，排水管要放在连接管的下面；第二，管道由左（或右）后伸出室外时，从管夹的下部用力压，将管束固定在室内机的管槽内，如图 6-51 所示。

图 6-49　拆下金属安装板

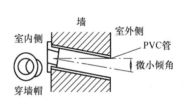

图 6-50　穿墙孔的做法

③ 电缆的连接。将电缆穿过穿墙管引入室内，电缆伸出墙壁表面约 13cm；然后将电缆从室内机的背后引入，并把电线连接到对应的接线端固定，见图 6-48；最后用室内机上的导线压板将电缆固定，如图 6-52 所示。

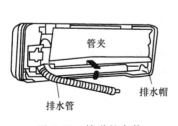

图 6-51　管道的安装

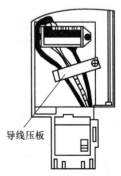

图 6-52　用压板固定导线

④ 室内机的固定。引出电源线后，将包扎在一起的室内机管道通过穿墙管伸出到室外，如图 6-53 所示。然后将室内机安装到墙壁安装板上部的两个挂钩上。

⑤ 配管的连接。将配管中的粗管和细管的两端分别与室内机和室外机相对应接头部分拧紧。注意：在连接制冷剂管前，需在喇叭口接头处涂抹少量冷冻油。拧紧力矩要求见表 6-6。使用力矩扳手紧固，应按规定调整好力矩，当紧固到扳手发出"咔嗒"声时即可停止，如图 6-54 所示。

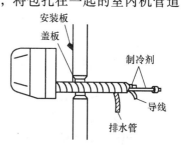

图 6-53　室内机的安装

表 6-6　拧紧力矩

管道直径/mm	拧紧力矩/(N·m)
6.35	15~20
9.52	35~40
12.7	50~55

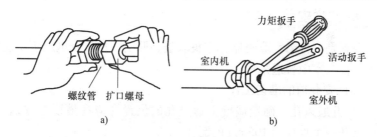

图 6-54　配管的连接

a) 拧入扩口螺母　b) 用力矩扳手紧固

⑥ 配管保温层的包扎。为防止热损失和冷凝水浸湿环境，制冷剂管和排水管应用保温材料包扎，保温层的厚度应不小于 8mm，如图 6-55a 所示。用护带将制冷剂管、电缆线、排水管包扎在一起，包扎时应从室外机下部一直包到管束入墙处，后一圈应压住前一圈半条护带，如图 6-55c 所示。用胶带将护带粘贴固定，以防松脱。但不要将粘胶带缠得过紧，以免影响保温效果。配管的保温层及包扎工作可

在第②步连接管和排水管安装后进行，此时可将其与电缆包扎在一起，由室内将包扎的管束从墙孔穿出室外。排水管在墙外部分单独分出，其余管线与室外机相应接口及连接端子连接。

⑦ 最后用腻子或水泥等封住室外的穿墙孔，如图 6-55d 所示。

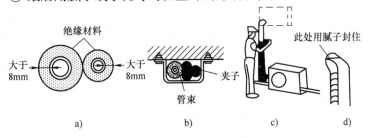

图 6-55 配管的保温层及包扎

安装完毕后即可进行试机，看运行、停止、运行模式、风速、温度设定、气流、定时等是否正常。同时用户可用肥皂水均匀地涂在可能发生制冷剂泄漏的部位，仔细观察有无气泡出现，以检查制冷剂是否泄漏。

209. 怎样安装浴霸？

浴霸是一种浴室取暖器，它集取暖、照明、换气及电扇等功能为一体，在浴室中普遍采用。

(1) 安装前的准备工作

1）开通风孔。确定墙壁上通风孔的位置（应在吊顶上方），在该位置开一个直径为 105mm 的圆孔。

2）安装通风管。将直径 ϕ100mm 通风管从通风孔内伸出，通风管与通风孔的空隙处用水泥填封，如图 6-56 所示。

需指出，因通风管的长度为 1.5m，故在安装通风管时须考虑产品安装位置中心至通风孔的距离在 1.5m 以内。如果需要加长通风管，可向销售商申请购买。

3）确定浴霸安装位置。为取得最佳的取暖效果，浴霸宜安装在浴缸或淋浴间中央正上方的吊顶。安装完毕后，取暖灯泡离地面的高度在 2.1~2.3m 之间，过高或过低都会影响使用效果。

4）开孔。按照开孔模板尺寸在安装位置留出空间，吊顶与房屋顶部形成的夹层空间高度不能少于200mm。使用所附的开孔模板在吊顶上产品安装位置切割出相应尺寸的方孔，方孔边缘距离墙壁应不少于250mm，如图6-57所示。注意吊顶和龙骨应有足够的强度。

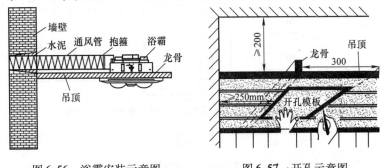

图6-56 浴霸安装示意图　　　　图6-57 开孔示意图

（2）固定

1）取下面罩。把所有的取暖灯泡和照明灯泡拧下，将弹簧从面罩的环上脱开并取下面罩。注意：拆装NBSS取暖灯泡时，动作要平稳，切忌用力过猛。

2）接线。浴霸的电气原理图如图6-58a所示；接线图如图6-58b所示。按接线图将互连软导线的一端与开关面板接好，另一端与电源线一起从天花板开孔内拉出，打开箱体上的接线盒盖，按接线图及接线柱标志所示接好线，盖上接线盒盖，用螺钉将接线盒盖固定。然后将多余的电线塞进吊顶内，以便箱体能顺利塞入孔内，如图6-59所示。注意，必须可靠接零（接地）。

3）连接通风管。把通风管伸进室内的一端拉出套在浴霸出风罩壳的出风口上，用抱箍扎紧。注意，通风管的走向应尽量保持笔直。

4）将箱体推进孔内。根据出风口的位置选择正确的方向把浴霸的箱体塞进孔穴中，如图6-60所示。注意，电线不应碰在箱体上。

5）固定。有以下两种固定方法：

方法一：用螺钉旋具旋转吊顶安装螺钉，将两块安装压板从浴霸箱体侧壁开孔内旋出，并继续旋转直至两块安装压板与龙骨将浴霸夹紧在吊顶上，如图6-61所示。

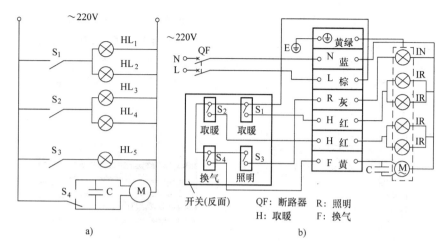

图 6-58　浴霸电气图

a) 浴霸电气原理图　b) 浴霸电气接线图

方法二：用 4 个直径 4mm 的螺钉将浴霸箱体固定在吊顶龙骨上，如图 6-61 所示。

图 6-59　浴霸接线

图 6-60　将箱体塞进孔穴内

（3）装配

1）安装面罩。将面罩定位脚与箱体定位槽对准后插入，把弹簧勾在面罩对应的挂环上。

2）安装取暖灯泡和照明灯泡。细心地旋上所有取暖灯泡和照明灯泡，使之与灯座保持良好电接触，然后将取暖灯泡、照明灯泡和面罩表面擦拭干净。

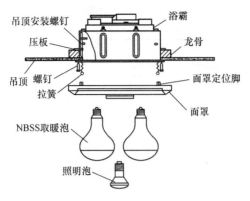

吊顶安装螺钉　　　　　　　　浴霸

压板　　　　　　　　　　　　龙骨

吊顶　螺钉　　　　　　　　面罩定位脚

拉簧　　　　　　　　　　　面罩

NBSS取暖泡

照明泡

图 6-61　浴霸的固定

3）固定开关。将开关固定在墙上，以防止使用时电源线承受拉力。固定位置尽量远离淋浴间，以防水溅。

（4）通电试验

安装完毕后，接通电源，逐个操作开关，相应的灯泡应点亮。合上"换气"开关，换气扇应正常运转（可聆听运行声音及用手持薄纸在面罩下观察薄纸是否往上吸引）。

210. 怎样安装脱排油烟机?

脱排油烟机是一种较理想的厨房换气装置。脱排油烟机体积较大，但质量不大，安装也简单。脱排油烟机的安装步骤如下：

1）定位。脱排油烟机应悬挂在灶具的正上方，紧靠墙安装。从机体的两端伸出挂耳，在墙上找出固定挂耳的位置，一般离煤气灶面 65～75cm。

2）打孔。利用冲击电钻在固定挂耳的墙上钻 2 个水平钻孔，直径为 8mm，深约 30mm。将直径为 8mm 的塑料胀管塞入孔中。

3）固定。用木螺钉通过挂耳孔旋入塑料胀管中固紧，并调整好机体的位置，把排油烟管引到室外，管子尽可能靠墙安装，并注意美观。为了美观或场地条件限制，也可将它安装成隐蔽式的。

4）脱排油烟机若为金属外壳，则应采取保护接零（接地）。

脱排油烟机安装尺寸示意图如图 6-62 所示。

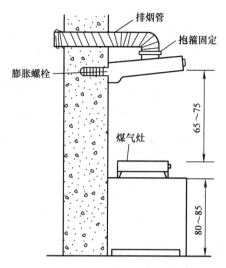

图 6-62　脱排油烟机的安装尺寸

211. 怎样固定壁挂式电热水器?

壁挂式电热水器自身重量重,且有热水,如果安装不牢固从墙上落下,将造成严重的伤害事故。因此安装固定必须十分牢固。

壁挂式电热水器的安装要求和安装方法如下:

1)务必使用电热水器所配的固定附件来安装,切不可随意使用塑料(尼龙)胀管或水泥钉固定挂板,这有可能达不到固定强度。

2)安装位置应便于维修。固定挂板的两孔之间距离根据电热水器的不同型号(即水箱容积)来确定。如史密斯牌电热水器挂板两孔间距见表 6-7。

表 6-7　固定挂板 2 孔之间距离

型号	容积/L	孔距/mm	型号	容积/L	孔距/mm
EWH－35B	35	200	EWH－60B	60	198
EWH－40B	40	200	EWH－65B	65	375
EWH－45B	45	375	EWH－80B	80	375
EWH－50B	50	375	EWH－100B	100	406
EWH－55B	55	198			

3）用所配的膨胀螺钉所对应的钻头，打2个至少90mm深的孔，将尼龙膨胀管插入挂板孔及墙体孔内，插入螺钉（用内六角扳手）将螺钉拧紧，使挂板牢固地固定在墙上，如图6-63所示。

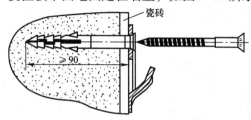

图6-63　固定挂板的安装

安装时须注意以下事项：

① 必须将尼龙膨胀管先穿过挂钩上的圆孔，再插入打好的孔中。

② 必须使用专用的内六角扳手将螺钉旋入尼龙膨胀管内，不得借用其他工具；当螺钉沉头贴住挂钩片使挂钩不能自由摆动时，不要继续拧动螺钉，以防损坏尼龙膨胀管。

4）所配的安装附件仅能用于坚固的水泥墙（见图6-64a），而不能用于空心砖墙（见图6-64b）。

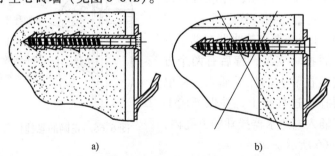

a)　　　　　　　　　　　　　　b)

图6-64　膨胀螺钉的安装
a）正确　b）不正确

5）由于现代住宅使用空心砖十分普遍。这时，打孔位置应选择在砖的实心部分，而不可选择在图6-64b所示的砖的空心部分。从外观不能判断哪儿为实心或空心部分，但打孔时凭感觉完全可以判断：当打到约一半深度时；突然感到很轻松地钻入，即遇到了空心部分；

若一直打到规定深度，钻头均匀受力，说明打在砖的实心部位。若打在空心部位，应重新选择位置再打。原孔用木榫堵死。另外，应加设不锈钢支架以增加支撑强度，确保电热水器安装牢固，如图6-65所示。当电热水器容积不大于45L时，可采用图6-65b法；不小于50L时，应采用图6-65a法。

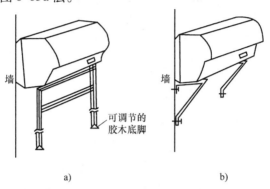

图6-65　在空心砖墙安装时加设支架的做法
a）落地支架　b）撑墙支架

　　如果是实心砖墙，孔应打在砖体上，不可打在两砖缝之间。

　　6）如史密斯电热水器有两个方形的金属挂耳支架，背后有两个方孔供安装在墙上的挂板插入。将电热水器挂在这挂板上，并保证墙上的挂板插入电热水器挂耳的方孔内，如图6-66所示。

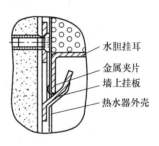

图6-66　正确的悬挂位置

212. 怎样安置电热器具？

　　家庭常用的电热器具有电炉、红外及远红外电暖器、电饭锅、电炒锅等。安装和安置这些电热器具时，特别要注意防火。具体安置的注意事项如下：

　　1）功率较大的电热器具，其电源线和插座宜单独安装。

　　2）电热器具要放置平稳，防止倾倒。使用时应放置在坚实、耐热的平台上，严禁接近煤油、汽油、柴油、液化石油气、酒精、刨花、锯末等易燃易爆物质。

3）如果要在使用液化石油气的厨房内安装插座，插座应离地面1m以上，切不可近地面安装，（如离地面300mm处有暗插座时也不宜使用），同时电热器具必须放置在较高处（离地面0.8m以上）。如果同时使用液化气和电热器具时，人切勿离开。

4）对于有接零（接地）要求的电热器具，应采取保护接零（接地）。如没有条件实现，则在使用时需小心。

213. 怎样安置取暖器？

取暖器包括充油式电暖器（电热油汀）、远红外电暖器、暖炉、暖风机等，功率一般也较大（500~3000W）。安置空间取暖器的注意事项与安置电热器具类同，另外还应注意以下几点：

1）取暖器应安置在室内不易碰撞的地方，如墙角或墙边，但不要紧贴墙。

2）有小孩的家庭使用取暖器时，应视防护罩孔眼的大小附设一个金属网罩，以防小孩不慎把手伸进罩孔，造成触电或灼伤的事故。

3）不要直接贴在取暖器发热面上烘湿衣服，以免损坏取暖器或烧毁衣服。如需烘烤衣服，应将水分拧干，然后用支架架起，临空烘烤。

4）应按指定规格使用或更换熔丝及部件。

214. 怎样安装电炉丝？

更换电炉丝最重要的是保证炉丝疏密均匀，否则炉丝过密集的地方温度特别高，易燃断炉丝。电炉丝的具体安装方法如下：

1）旋开固定电炉底盖的螺钉，将底盖打开，于是电炉内部的接线端钮就露了出来，然后拆除烧坏的旧炉丝。

2）用金属丝或绳子下到电炉盘的槽内，测出炉槽的总长度。

3）分别在电炉丝的两端拉直一小段（约80mm），以供接线时用。

4）将电炉丝一端固定，一端用电工钳夹慢慢地把电炉丝拉长，直至拉到步骤2）所测长度为止。这样拉伸，螺旋的疏密度容易均匀。

5）将电炉丝两头握在一起，炉丝对折，从炉盘中心开始分两头顺炉盘槽盘绕，直至绕完整个炉盘。将两电炉丝端头插入炉盘引出孔，再把电炉反过来，把电炉丝接到接线端钮，并拧紧螺母。为防止连接松脱，应垫上弹簧垫圈。

6）盖上后盖，拧紧后盖固定螺母。

7）插上电源引线插头，通电使电炉丝发红。注意：在电炉丝发红前，由于电炉丝有刚性，有可能使绕在炉盘槽内的个别地方的电炉丝翘起，这时可以手握带绝缘把柄的改锥或尖嘴钳等，趁电炉丝发红、失去刚性时将其压服在炉盘槽内。

8）最后检查一下发红的电炉丝是否都平服在炉盘槽内。如发现有翘起的地方，只要用上述方法稍加压力，即可压服。

215. 怎样看电动机铭牌？

家庭使用的电动机大都为单相电动机，如电风扇、洗衣机、空调器、电冰箱等家用电器中的电动机。农村居民和个体企业使用电动机比较普遍，如家庭作坊、粮食加工场及水泵等都广泛使用三相交流异步电动机。

电动机上都装有一块铭牌，只有看懂铭牌上所标各数据的意义，才能正确使用好电动机。铭牌也是检修电动机的依据。图6-67是Y系列电动机的铭牌（JO₂等老型号电动机的铭牌与Y系列的类似），铭牌上各数据的意义如下：

1）型号。Y表示（新系列）三相交流异步电动机。

160表示机座号，数据为电动机中心高。

M表示中机座（另外还有S表示短机座，L表示长机座）。

1表示铁心长序号。

2表示电动机的极数。

2）额定功率（11kW）。是指电动机轴上所输出的机械功率。

3）频率（50Hz）。是指电动机所接交流电源的频率。我国采用50Hz的频率。

4）额定转速（2930r/min）。指电动机在额定电压、额定频率和额定功率下，每分钟的转数。转速与电动机的极数有关，小于并接近同步转速。同步转速可按下式计算：

$$n = \frac{3000}{p}$$

式中　p——极对数。

一般异步电动机，如 2 极（即 1 对极）为 2930r/min 左右，4 极为 1440r/min 左右。

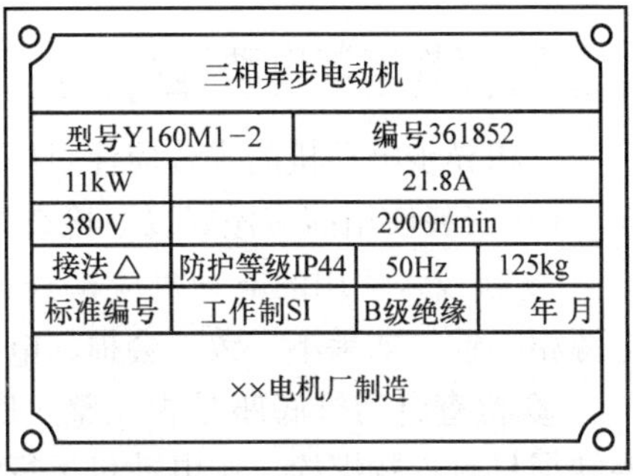

三相异步电动机			
型号Y160M1-2		编号361852	
11kW		21.8A	
380V		2900r/min	
接法△	防护等级IP44	50Hz	125kg
标准编号	工作制SI	B级绝缘	年 月
××电机厂制造			

图 6-67　Y 系列电动机铭牌

5）额定电压（380V）。是指电动机所用的电源电压标准等级，一般国内低压三相交流电源都采用 380V。

6）额定电流（21.8A）。是指电动机在额定电压，额定频率和额定负荷下定子绕组的线电流。电动机定子绕组为△联结时，线电流是相电流的 $\sqrt{3}$ 倍；如为丫联结时，线电流等于相电流。电动机工作电流由外加电压、负荷等决定。

7）绝缘等级（B 级）。是指电动机绕组所用绝缘材料的耐热等级。绝缘材料按耐热能力可分为 Y、A、E、B、F、H、C 等七个等级。例如 Y 系列的电动机采用 B 级绝缘，它的极限温度为 130℃；J、JO、JQO 系列采用 A 级绝缘，它的极限温度为 105℃；J_2、JO_2、JQ_2、JOQ_2 系列采用 E 级绝缘，它的极限温度为 120℃。

8）定额和工作制（SI）。电动机的额定工作形式，是指它在额定情况下，允许连续使用时间的长短。它大致分三类，即连续工作、短时工作和断续工作。SI 表示连续工作制。

9）电动机质量（125kg）。供起重运输时参考。

10）防护等级（IP44）。Y 系列电动机有防护等级的规定。一般防护等级为 IP44，IP 表示外壳防护符号，第一个"4"表示防护大于 1mm 固体的电动机，第二个"4"表示为防溅电动机。

11）电动机的联结（△联结）。三相异步电动机一般用星形（丫形）联结和三角形（△）联结。

此外，还有出厂日期、标准编号和出厂编号等，这与使用无多大关系。

216. 怎样安装电动机?

三相异步电动机的安装应注意以下事项:

1)安装使用前应做好以下检查工作:

① 新投入使用的电动机应检查其铭牌电压、频率是否和现场的电源相一致。如果不一致,会损坏电动机或降低电动机的动力。

② 检查电动机底座是否完整。底座有四个地脚螺栓孔,如果底座缺损只有三颗螺栓,则电动机运行时会振动,不能正常工作。

③ 检查电动机内、外应无污垢和杂物,否则应予除去。

④ 检查接线端子盒,应完整无损,否则导体外露,容易造成触电事故,而且雨、水等也容易浸入,造成短路等事故。

⑤ 检查电动机轴转动是否灵活,有无锈蚀。如果用手转动感到吃力,应拆开检查轴承,并加润滑油;如果转动时有摩擦现象,则还需检查电动机装配是否良好。如果转轴锈蚀,应用细砂纸打光,用汽油清洁。清洁时汽油不可与线圈接触,因为汽油对线圈绝缘层有破坏作用。

⑥ 检查电动机的绝缘电阻。用绝缘电阻表检查。三相异步电动机的绝缘电阻一般不应小于 $0.38M\Omega$,若为单相电动机不应小于 $0.22M\Omega$,否则需做烘燥处理。

2)家庭使用的电动机大都为非防护型和防爆型的普通电动机,这种电动机应尽可能安装在干燥、少尘、无腐蚀性介质的环境中。

3)电动机的电源线必须完整、绝缘良好,中间不宜有接头,因为接头处虽然包缠了绝缘胶带,但由于使用日久,绝缘胶带容易老化,失去黏性而脱落;同时接头遇雨、水浸入,会丧失绝缘能力。以上都会造成触电、短路及火灾事故。如果线路长,避免不了有接头时,应包缠一层黄蜡带,外面再包一层黑胶带,并将接头挂设在不被日晒雨淋的地方。

4)妥善敷设电源线,严禁把电源线当作绳子拉。避免电源线受压、磨、拉而损坏绝缘。

5)电动机安装时必须紧固地脚螺栓,接线连接要可靠,端盖盖严。容量较小、短期使用的电动机,可固定在木板上,并固定牢,把木架埋入地下；长期使用的电动机应采取砖石混凝土基础，并根据电动机底板尺寸每边加宽 50 ~ 250mm，做基础时须事先留有底脚螺栓孔眼，孔眼要比螺栓所占的位置大些，以便调整螺栓位置。

6）电动机就位后要用水平仪进行纵向、横向水平检查，若不平应该用铁片垫平。使用传动皮带的电动机轴应与负荷机械传动带轴平行，在一条直线上；靠联轴器传动的电动机应使电动机中心轴线与机械轮的转动轴线重合。对轮与对轴上下一致，左右重合，间隙上下左右一致，一般为 1 ~ 3mm。

7）电动机外壳须采取保护接零（接地），接零（接地）线可用 $1.5mm^2$ 绝缘铜线，或 $2.5mm^2$ 裸铜线。

8）检查电动机的接线。电动机丫联结和△联结的内部绕组接线如图 6-68 所示；相应的接线端子的接线法如图 6-69 所示。

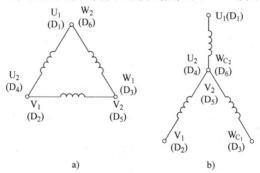

图 6-68　电动机绕组联结

a）三角形联结　b）星形联结

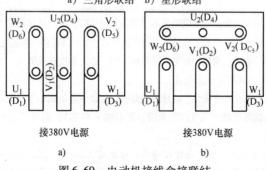

图 6-69　电动机接线盒接联结

a）三角形联结　b）星形联结

9）电源线、刀开关、熔断器、热继电器（如果有的话）等设备必须与电动机容量相配套，具体见表6-8，供参考。

217. 怎样选择小型电动机的保护设备及导线？

小型三相异步电动机保护设备及导线的选择见表6-8。

表6-8 小型三相异步电动机保护设备及导线的选择

电动机功率/kW	瓷插式熔断器 RCIA 额定电流/熔丝电流/A	刀开关或封闭式开关熔断器组/A	热继电器热元件额定电流/A	RLV 导线截面积/mm² 钢管直径/mm
0.8	10/6	15	2.4	2.5/G15
1.1	10/10	15	3.5	2.5/G15
1.5	15/10	15	5	2.5/G15
2.2	15/12	15	7.2	2.5/G15
3.0	15/15	15	11	2.5/G15
4.0	30/20	30	11	2.5/G15
5.5	30/30	30	16	2.5/G15
7.5	60/35	60	24	2.5/G15
11	60/50	60	24	4/G15
13	60/60	60	33	4/G20

注：1. 热继电器的整定电流应根据不同型号的电动机，由产品目录中查出电动机的额定电流选取，一般可取热继电器整定电流≈1.1倍电动机额定电流。

2. 相同功率的电动机，如果型号规格不同，额定电流有所出入。转速越低（极数越多），其额定电流也越大。

3. 若导线不穿钢管敷设，则导线截面积可比表中数值减小1/3左右；铜芯线比铝芯线截面可减少1/3；若采用四芯电缆（铜芯），则可按表中数值减少1/3选取。

4. 接零（接地）线的截面积要求：裸铜线2.5mm²；裸铝线4mm²；绝缘铜线1.5mm²；绝缘铝线2.5mm²。注意，尽量不要用铝导线，因为铝导线机械强度差，做接零（接地）线可靠性较差。

218. 怎样敷设动力等用电的零线？

敷设 380V 动力等用电的电源零线或三相四线制 380/220V 电源零线（有别于 220V 单相电源的零线），应符合以下规定：

1）零线连接必须可靠，切不可认为零线是"不供电"的，马虎行事。应像对待相线一样对待零线。

2）零线上不得安装熔断器和开关。否则，零线回路一旦开路，当三相负荷不均匀时，会使每相负荷上的电压由原来的 220V 变成有的相大于 220V，有的相小于 220V，甚至有可能造成某相上电气设备"群爆"的事故（见第 232 问）；另外，零线开路，在零线上还会出现危险电压，引起触电事故。

3）零线的截面积考虑机械强度，并应符合最小截面积的要求。一般情况下，零线的截面积一般不应小于相线截面积的 1/3。

需说明一点，当供电电源电压对称时，零线在三相负荷完全对称的条件下是没有电流通过的，而且也不带电。但三相负荷不对称时，零线中便有电流通过，零线上也带有电压。负荷越不对称，流过零线中的电流和零线上的电压也越大。

219. 三相电动机如何用于单相电源？

如手头有一台三相异步电动机，想用做农园、作坊动力，而电源只有 220V 单相电源，这时可以利用并联电容的方法，将三相异步电动机改为单相使用。该方法只适用于容量较小的电动机。接线如图 6-70 所示。图中 C_g 为工作电容，C_q 为起动电容。

工作电容器的电容量按下式计算：

$$C_g = \frac{1950 I_e}{U \cos\varphi} \quad (\mu F)$$

式中　I_e——电动机额定电流（A）；

　　　U——单相电源电压，220V；

　　　$\cos\varphi$——功率因数，可取 0.8 ~ 0.85。

选用接近所计算值的标准电容器。

起动电容器的电容量可根据电动机启动负荷而定，一般为工作电

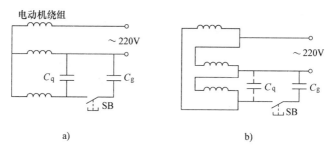

图6-70 三相电动机改为单相使用接线图

a）星形联结绕组时 b）三角形联结绕组时

容器的 1～4 倍，即

$$C_q = (1 \sim 4) C_g$$

实际上，1kW 以下的电动机可以不加起动电容器，只要把工作电容器的电容量适当加大一些即可。一般每 0.1kW 用工作电容器约 6.5μF，耐压 240V 以上。

操作时应注意，当电动机起动后，到额定转速时，应立即切断启动电容器，否则时间长了电动机会烧坏。因为起动电容器与工作电容器并联，总容量增加了好几倍，此时起动力矩比额定力矩大 1 倍左右，定子绕组会发热，时间长了会损坏绕组绝缘层。

经此法改用后的电动机容量为铭牌功率的 55%～90%，其具体容量大小与电动机本身的功率因数有关。

第七章 ▶▶▶▶▶

家庭电气故障与维修

220. 检修电气设备应注意哪些事项？

检修电气设备时，为了人身安全和设备安全，应注意以下事项：

1）造成电气设备故障的原因很多，如电气设备本身有问题，电气设备安装不当，电气设备使用不当，意外事件（如遭受雷击）等。因此检修前须弄清楚故障发生前后的情况及故障现象（可询问当事人），避免盲目乱拆乱修。

2）准备好必要的检修工具，如试电笔、电工钳、带绝缘柄的螺钉旋具、绝缘胶带，对较复杂的故障还需用万用表。若为带电检修，则需准备必要的安全工具、手套、绝缘鞋、木凳等。

3）尽可能停电检修，即切断总电源开关或拔下总熔断器插尾，这样可以从容地进行，也很安全。只有在不得已的情况下（如不通电就很难发现故障所在等）才考虑带电检修。带电检修或登高检修最好旁边有人监视及保护，一旦发现危险举动及危险情况，监护人可及时提醒及保护，若发生意外，可迅速切断电源。

4）查找故障应从简单到复杂，不要一下子就想到复杂故障。实践证明，绝大多数的电气故障是由简单的，并不复杂的原因造成的。

5）修理电气设备时，应先着重检查以下部分，然后再接通电源进行检查。

① 检查开关、插座、插头有无问题，电源引线有无断线或接触不良。

② 检查熔丝是否完好。漏电保护器是否动作。

③ 检查保护接零（接地）线是否良好，连接是否牢固，有无锈

蚀等情况。

④ 检查经常受扭力的导线，其受力处是否断线或接触不良。这时从外观看导线绝缘良好，不易发现问题，可用万用表检查。如移动插座、外接电源连线、手提式用电器具、收录机耳机线、充电器引线等容易出现这种故障。

⑤ 检查家用电器内、灯座接线处等有无电源短路现象。

⑥ 拆开家用电器或插座、开关等，仔细检查有无异常现象，如元器件被烧焦、烧坏、脱线、碰线、脱焊、虚焊、过热、焦臭味等。

6）检修中不可轻易改变电路接线，除非在之前已有人修理过，并确认是电路有误。否则随便改变电路接线，可能引起更大的事故。

7）检查室内外布线或家用电器故障时，切不可为查找故障而轻易剪断导线（如分段检查），因为多一处导线连接点，就多增加一个故障隐患，同时还会增加连接处的接触电阻，影响可靠性。

8）在未检查出短路故障前，不允许使用大电流的熔丝来代替原来的熔丝，否则强大的短路电流会造成事故扩大，损坏电器。处理完故障后，仍用原规格的熔丝装上。

9）在拆修较复杂的家用电器，如收录机、电视机、DVD、微波炉、电风扇、吸尘器等时，应记牢各拆下元器件的位置和接线（做好记号），收集好螺钉，修复后要正确复原，并把全部的小螺钉等复位拧紧。拆、装螺钉时不可硬拧，以防损坏器件及塑料、胶木件。

10）如果要检查高压部位或者可能触及带电部位时，应先切断电源，把电源插头拔掉。对于空调器、洗衣机、电风扇等，由于内装有较大容量的电容器，检修时，即使停电了，电容器上还会带电，不可拆线或触碰，应先放电（可用导线或起子铁杆放电，放电时有"啪"的一声），然后才可检修。

11）当连接机内的配线时，要将配线长度留有余量，以使配线和接线端子之间连接后不产生张力。

12）需要焊接作业时，需选用合适容量的电烙铁和合适熔点的焊锡丝，防止假焊和虚焊。

13）检修中要避免人为故障，如将线路接错、将焊锡滴落在印制电路板上引起短路，将小螺钉落在元器件内造成短路，用螺钉旋具调节磁芯或微调电位器用力过大造成损坏等。

14）对有些电气设备，如电动机、水泵等，检修后，必要时还需测量其绝缘电阻。通常绝缘电阻应不小于0.5MΩ。

221. 什么叫短路？它有什么危害？

短路俗称碰线、混线。它有几种不同的形式，如不同相相线之间碰线、相线与零线相碰、相线与接零（接地）导线相碰，以及相线与大地相碰等。

短路是由于电源线不经过负荷而直接连通，所以线路中的电流会突然猛增，远远超过导线与设备（如开关、插销、变压器等）所允许的电流限度，可能引起导线和设备损坏或炸裂，甚至引起火灾。

为了避免短路事故引起的危害，电气设备都要采取防护措施，加装相应的保护装置，例如在电视机、微波炉、收录机等上装有保险管，在住宅进城处装有断路器、熔断器等。

222. 什么叫断路？它有什么危害？

断路又称开路。它也有几种不同的形式，如相线断路、零线断路、保护接零（接地）线断路等。

如果相线或零线断路，电源便中断，电灯熄灭，家用电器无法工作。如果保护接地（接零）线断路，当家用电器发生漏电或相线碰壳故障时，会造成触电事故。

另外，还有一种时断时通的故障，它对家用电器的危害极大。如电冰箱、空调器的压缩机两次起动的时间间隔分别不得小于5min和3min，如果在压缩机工作时断电，而不足5min或3min线路又通电了，这样就极易造成压缩机损坏；又如收看电视时，电源时断时通，不但影响收看，而且冲击电流还会影响电子元器件的使用寿命；电源时断时通对荧光灯寿命影响也很大。另外，电路时断时通还会产生电火花，烧坏绝缘，引发事故。因此如发现这种故障，应马上切断所用的家用电器，关掉荧光灯，并检查是不是外线路供电不正常，还是住宅内供电线路有断路（断路不彻底）故障。有时家用电器的电源插头接触不良或电源引线折断（似断非断），对家用电器损害也很大。对时断时通故障必须及时查明原因并加以消除。

223. 怎样分析熔丝熔断的故障？

熔丝管（保险丝及保险管）是用来保护线路或电气设备及家用电器的保护元件。有的家庭采用总熔丝作为住宅电气的总保护；电动机、水泵等电气设备大多用熔丝作保护；家用电器多用熔丝管作保护。熔丝管内熔丝熔断的原因是多方面的，可以根据熔丝熔断的状况大致作一判断，从而有针对性地进行故障处理。

熔丝的熔断状况有以下几种（见图 7-1）：

1）如图 7-1a 所示，断点在压接螺钉附近，断口较小，往往可以看到螺钉变色，有氧化层。这多半是由于压接过松或螺钉松动、锈死而造成接触不良所致。对此，应清洁螺钉、垫圈，重新安装好新熔丝。如果螺钉锈死而又取不出，则只好停电更换熔断

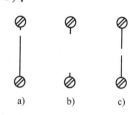

图 7-1　熔丝熔断的三种状况

器。另外，熔断器插尾与插座的铜插件接触不良、产生氧化层，也会使接触部分过热而造成图 7-1a 所示的状况。对此，应消除氧化层，用尖嘴钳将插尾上的铜插脚往内靠拢些；如果铜插脚已失去弹性，则只能更换插脚。

2）如图 7-1b 所示，熔丝外露部分大部或全部熔爆，仅有螺钉压接部有残存。这是由于短路电流在极短的时间内产生大量热量而使熔丝熔爆所致。对此，应检查插销、灯座、家用电器和线路等，找出短路点。在故障点未找出，并加以消除前，切不可盲目地加大熔丝，以防事故扩大。

3）如图 7-1c 所示，熔丝中部产生较小的断口。这是由于流过熔丝的电流长时间超过其额定电流所致。由于熔丝两端的热量能经压接螺钉散发掉，而中间部位的热量积聚较快，以致被熔断。因此可以断定是线路过载或熔丝选得过细引起。对此，应查明过载原因，并选择合适的熔丝重新装上。

熔丝熔断状况有以下两种（见图 7-2）：

1）如图 7-2a 所示，熔丝管内的熔丝几乎全部熔爆，仅有管两端

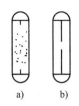

有少数残存，玻璃管壁上溅有大量金属熔粒。这是由于被保护设备有短路故障造成。对此，应检查电源线有无破损、压伤情况；电源插头内有无接线松动碰线；家用电器本身有无漏电等绝缘损坏或严重受潮等情况。

图 7-2 熔丝熔断的两种状况

2）如图 7-2b 所示，熔丝中部产生较小的断口，玻璃管壁上无金属熔粒黏附。这是由于过电流造成。

以上两种情况，均应查明原因，并选择原额定电流的熔丝管重新装上，切不可随意加大熔丝管的额定电流，以免造成事故扩大及损坏家用电器。

224. 造成线路和电气设备短路故障的原因有哪些？

造成线路和电气设备短路故障的原因如下：

1）导线及电气设备的绝缘由于磨损、受潮、腐蚀等原因而失去绝缘能力。

2）导线及电气设备长期过负荷。例如，导线截面积选择过细；电气设备容量选择过小；乱拉线路，过多地接入负荷等，详见第 227 问。

3）使用环境恶劣，加速绝缘老化；长年失修，造成绝缘层老化，导体支持绝缘物损坏等。

4）安装不当。如导线连接头松脱，接线端子处导线裸头过长或有毛头，造成碰线。

5）绝缘层受外力损伤。如导线被重物压轧，被利物刮伤，被老鼠咬伤，电气设备被物件碰坏。

6）户外导线被风吹造成混线；导线与树枝相碰造成接地故障等。

7）检修不慎或错误动作，造成人为短路等。

225. 造成线路和电气设备断路故障的原因有哪些？

造成线路和电气设备断路（开路）故障的原因如下：

1）导线连接头松脱；导线从接线桩头上脱出。

2）接线桩头压接螺钉未压紧，日久后导线表面产生氧化层，不能通电；接线螺钉松脱。

3）铜铝接头严重腐蚀，电流不能通过接头。

4）导线被碰断或被老鼠、白蚁咬断。

5）敷设导线时因外力使导线受损，使用日久后因受损点不能承受正常的电流而烧断；导线穿管牵引时用力过猛将导线拉断。

6）刀开关、熔断器等插口与插刀铜片过热、锈蚀，生成不导电的氧化层。

7）负荷过大或短路事故，而又没有可靠的保护，将导线烧断。

8）断路器、漏电保护器跳闸，熔丝熔断等，将电源切断。

另外，导线连接头接触不良，会使线路时通时断，严重威胁家用电器，特别是电冰箱、空调器和彩色电视机的安全。

造成连接头接触不良的原因如下：

1）导线连接不良，没有按规范要求施工。

2）铜铝接头连接，本身就欠可靠。

3）分支线路接线松垮，尤其是带电连接时更容易出现这一现象。

4）电能表、断路器、漏电保护器、刀开关、熔断器等导线连接处连接不够可靠等。

226. 造成线路和电气设备漏电故障的原因有哪些？

当导线或电气设备的外绝缘带电或金属外壳带电时，即为漏电或相线碰壳引起。线路漏电会使墙体带电，人体触及会感到发麻，尤其在阴雨天，室内空气潮湿，漏电更为严重，用试电笔测试漏电导线周围的墙面，氖泡发红。严重漏电时，不但会使电能白白地从墙体漏掉，而且还会造成触电、短路等事故；电气设备漏电时，人体触及其金属外壳会感到发麻，严重时会遭到电击。

造成供电线路漏电的原因如下：

1）进户处导线绝缘受日晒、雨淋、风吹而老化及磨损。

2）室内导线受潮、受油污、灰尘作用下老化，绝缘性能下降。

3）建筑物拐角处、穿墙过楼板处导线绝缘受损。

4）线路过负荷或使用年久绝缘老化等。

造成电气设备和家用电器漏电的原因见 257 问。

227. 造成电气设备过负荷的原因有哪些?

造成线路和电气设备过负荷的原因如下：

1）导线截面积选择得过小，与负荷电流不相适应；没有随着家庭用电量的增加而更换已不适应的导线。过去一些住宅大多采用 $1.5mm^2$ 的铜导线甚至铝导线，随着更多家用电器的普及，这种导线已不能满足用电需要，应更换成铜导线。

2）开关、插座、刀开关等电气设备规格选得过小，容量小于实际负荷容量；没有随着家庭用电量的增加而更换已不适应的设备；插座规格小于使用的家用电器的电流值；乱拉导线，在一个插座上（如多联插座）过多地接入用电器等。

3）负荷突然增大，如果没有及时处理也会造成导线及电气设备的过负荷。负荷突然增大的原因有：电动机、家用电器缺少润滑油；机械卡阻，严重磨损；异步电动机因其相熔丝熔断而单相运行等。

228. 停电检修电气设备如何进行?

检修家庭布线或电器设备最好是停电进行。这样，既安全又能保证检修质量，因此非万不得已，都应采取停电检修方法。

停电检修之前，先将家庭的断路器拉断，如果总保护为熔断器，则应将总熔断器插头拔去，并放在身边，如果拔下后就放在熔断器座附近，万一别人不知道您在检修而又插上去了，检修者便有触电危险。对于只有断路器或刀开关而无总熔断器的住宅，停电检修时应通知所有家人，不许合闸；在检修户外电动机故障时，拉开刀开关后应挂一示警牌"有人工作，不准合闸!"，或者叫人看着，不许别人合闸，为更安全起见，可将盒内熔丝取下。

然后用试电笔验电（特别对于布线杂乱、线路陈旧，有可能混线的公共场所，必须验电），确认无电后，才可进行检修。

停电检修，只要站的地方稳妥，不使用梯子时，可以不必有人监护。停电检修在阴雨天也可进行，但最好不在雷雨天进行。

229. 带电检修电气设备如何进行?

在某些特殊情况下，如多户住宅共用一个总断路器或总刀开关和熔断器时，或检修一些比较简单，而又不想妨碍其他用电的情况下，以及不通电就很难发现故障所在时，可以考虑带电检修。

带电检修电气设备之前，首先应用试电笔验电，认清哪根导线是相线、哪根是零线。但不管是相线还是零线，都应该认真对待，切不可将相线与零线或地线相碰，以免发生短路事故。

带电检修时，人要站在干燥的木板或其他绝缘物上，足穿绝缘良好的胶鞋、塑料底鞋或干燥的布鞋。所使用的检修工具必须绝缘良好，要是没有带绝缘把柄的工具，也可戴上干燥的布手套操作。

学会单手操作，切不可两手同时去捏导线头；人体各部位不可靠在砖墙或天花板上，以免构成电流回路，造成触电事故。

带电检修时应有人监护，一方面可以提醒检修人操作不当或应注意事宜，另一方面万一发生事故，也可及时切断电源。

带电搭接导线时，先用尖嘴钳或电工钳剥去电线绝缘层，注意不可损伤导体；然后左手用电工钳夹住两接线头，右手用尖嘴钳将两线头缠绕在一起，然后用绝缘胶带包缠紧。

如果相线和零线都要搭接，则搭接工作应一根一根地进行，一般先搭接零线，包缠好绝缘胶带后，再搭接相线。如果觉得搭接欠牢靠，可以暂时使用，待第二天有机会再停电处理。

带电检修应在天气干燥的日子进行，避免阴雨天作业。雷雨时应停止工作。

在以下情况下不宜带电检修:

1) 相线与零线距离很近的接线桩头，如灯座、插座、电视机、VCD、DVD 等的电源开关，否则极容易造成短路事故。

2) 晚上或光线昏暗，或狭窄的场所，以及环境恶劣的厨房、浴室、高空等，否则容易造成触电事故。

230. 检修完毕欲送电时应注意哪些事项?

电气设备检修完毕后切勿马上送电使用，应认真检查一遍，以确保安全。检查内容包括：

1）被检修设备的接线是否正确。

2）检修中暂时拆除的导线或导线端子等是否恢复。

3）导线接头的绝缘是否包缠好。

4）导线端头有无与设备元件或外壳相碰。

5）连接和压紧螺钉是否紧固。

6）导线头、小螺钉、工具等有无遗留在设备内。

7）保护接零（接地）线是否连接牢固。

8）被检修的设备安置是否稳妥（尤其是风扇类旋转设备）。

9）设备上的污垢、杂物是否清除等。

只有上述事项检查并处理完毕，确认没有问题，待人离开设备后，才可送电。送电时要做好万一发生故障的准备，即手应握电源开关或插头，接通电源后看看设备有无冒烟、放电声、焦味、火花、电弧等异常情况，一旦有异常情况，立即拉断电源，查找原因。若无异常现象，还应用试电笔检查一下设备的金属外壳有无漏电（开关开与闭均应测试）。如有漏电，应查出原因，加以清除。

231. 怎样检修线路及设备接触不良的故障？

线路及设备接触不良，会使电路时通时断、电压降低、接头发热严重、发生火花或干脆断电。

造成线路及电气设备接触不良故障的常见原因及处理方法见表7-1。

表7-1　接触不良故障的原因及处理

故障原因	处理方法
① 铜铝接头氧化、连接不良	① 按正确的方法连接，最好避免铜铝接头连接
② 导线接头连接不良	② 按正确的方法连接导线
③ 电源线被老鼠等咬伤或机械损伤	③ 查出故障点，进行修复。采取措施避免老鼠咬伤或机械损伤导线
④ 断路器、刀开关连接端头导线接触不良，尤其是铝导线时	④ 处理导线接头，压紧连接螺钉，但也不能过分用力，以免损伤导线

（续）

故障原因	处理方法
⑤ 熔断器连接端头导线接触不良，尤其是铝导线时	⑤ 同④项
⑥ 电能表与熔断器或刀开关的连接端头导线接触不良	⑥ 处理导线接头，压紧连接螺钉。不允许使用铝导线
⑦ 熔丝接触不良	⑦ 吃紧熔丝固定螺钉，但不能过分用力，以免压断熔丝
⑧ 熔断器或断路器、刀开关连接螺钉锈死，旋不到位	⑧ 更换螺钉。若无法取出，应停电处理，或更换熔断器或刀开关
⑨ 开关或灯座等接线螺钉松动	⑨ 拧紧接线螺钉
⑩ 开关或灯座等接线螺钉锈死	⑩ 更换螺钉。若无法取出，应停电处理，或更换开关或灯座
⑪ 开关（尤其是拉线开关）静触头或动触头断裂	⑪ 更换开关

232. 家用电器"群爆"是怎么回事？如何避免？

住宅供电一般都采用 380/220V 三相四线制，由于有了零线 ［这里指从供电变压器到进户线末端（住宅楼总配电箱）为止的这段零干线］，所以不管三相负荷是否平衡，负荷各相电压始终是相等的，均为 220V，因此家用电器在正常电压下工作是安全可靠的。但是如果该零线断路的话，就有可能发生家用电器、照明灯群爆事故。因为在通常情况下，由变压器送出的 U、V、W 三相线路上所接各住宅的负荷是不平衡的，有的相负荷重，有的相负荷轻。当零线断线后，便会导致负荷最轻的一相电压值升高，并有可能使接于该相的电灯或家用电器首先被烧毁（见图 7-3a），从而进一步加剧三相负荷不平衡，以致变成如图 7-3b 所示的供电情况。随之负荷较轻的另一相电灯或家用电器又可能被烧毁［例如，负荷较重的 U 相 $R_U = 5\Omega$，负荷较轻的 V 相 $R_V = 20\Omega$，则通过 U 相和 V 相的电流相同，为 $I = 380V/(5+20)\Omega = 15.2A$，所以 U 相承受电压为 $U_U = IR_U = 15.2A \times 5\Omega = 76V$，V 相承受电压力为 $U_V = IR_V = 15.2A \times 20\Omega = 304V$，V 相负荷将被烧毁］，只剩下负荷最重的一相（即 U 相）设备不被烧毁。

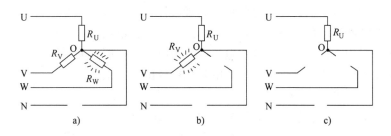

图 7-3　零线断路引起家用电器的群爆

a) 零线断路后，W 相负荷先烧毁　b) 随后 V 相负荷也烧毁

c) 最后只剩下 U 相负荷完好

为了防止零线断线，必须严格按要求施工，零线的截面积不得小于相线的截面积的 1/2（对于住宅内零线的截面积应与相线的截面积相等）；零线上不得安装开关、熔断器（对于住宅内的零线上应安装熔断器或断路器、刀开关）；电力变压器接零桩头及接地装置必须与零线可靠连接。

另外，为了防止供电线路瞬间搭线、零线断线或其他意外情况造成 220V 电压突然变成 380V 或超过 250V，使家用电器"群爆"，可以利用氧化锌压敏电阻作为过电压保护，如图 7-4 所示。正常市电的最高电压（有效值）

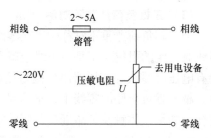

图 7-4　用压敏电阻作为家电的过电压保护

不超过 250V，其峰值不超过 350V，如采用标称电压为 390V 的压敏电阻（最低击穿电压为 370V），正常时压敏电阻呈高阻态，不会击穿；当发生错相或零线断路等意外事故时，供电电压将大大超过正常市电的最高电压，压敏电阻击穿，使熔丝熔断，从而保护了家用电器。过电压消除后，压敏电阻又会恢复到高阻（相当于开路）态。

同样道理，压敏电阻还可用作防雷保护。在一些多雷地区，常发生电能表及家用电器遭受雷击而损坏的情况。在这些地区的住宅，将压敏电阻接在电能表之前，以保护电能表和家用电器。感应雷电峰值一般均超过千伏,压敏电阻可把它吸收掉,使其电压峰值在电能表和家用电器安全值以下。防雷压敏电阻的选择,请见第 317 问。

对用于保护家用电器过电压的压敏电阻,根据有关资料,并通过实验得出家用电器熔管和压敏电阻规格的配合关系如下:

熔管容量:2A,3A,5A。

压敏电阻容量: $\geqslant 0.5kA$, $\geqslant 1kA$, $\geqslant 2kA$ 。

参考型号:MY21 - 390/0.5,MY21 - 390/1,MY21 - 390/2,MYL - 0.5 - 390V,MYL - 1 - 390V,MYL - 2 - 390V。

233. 零线为什么会带电?怎样检修?

住宅供电多采用 380/220V 三相四线制中性点直接接地的系统,即 TN 配电系统,零线与大地同电位,一般不带电,但在下列情况下也会出现零线带电现象。零线带电不仅影响正常供电,而且还可能造成触电事故和家用电器"群爆",因此必须及时查明原因并消除。

造成零线带电有以下一些原因:

(1) 三相负荷严重不对称

当三相负荷严重不对称时,在零线上便有较大的电流流过,由于零线有一定的阻抗,于是在零线上就有电压降存在,虽然接地线上不会有电压(零线在变压器出口侧与接地装置相连),但零线上却带了电,越靠近负荷侧的零线上,电压越高;零线阻抗越大,电压越高。这样,如果人体触及了靠近负荷侧的零线上,则加在人体上的电压为

$$U_r = I_0 Z_0$$

式中　　I_0——流过零线的电流;

　　　　Z_0——人体接触点至变压器接地点一段零线的阻抗。

因此有可能使人触电。

(2) 零线断路或接触不良

当零线断路或连接点接触不良,如果三相负荷严重不对称,便会在负荷侧的中性点发生电位升高,在零线上出现危险的电压。

(3) 零线接地不良

按规定,容量为 100kV·A 及以下的变压器,接地电阻不小于 10Ω,100kV·A 以上的变压器,接地电阻不小于 4Ω。如果接地装置

未达到要求，零线接地不良，甚至接地线断了，在一定条件下，会使零线电位大大升高。例如，零线未接地而另一相线接地，则接地线对地电压将升高到相电压，甚至更高。这时人站在地上接触零线是非常危险的。

(4) 电容传递

在某些情况下，即使低压线路已断开电源，但由于零线与变压器一般是不断开的，这样高压电源可能通过变压器高、低压绕组间的电容传递到零线上，要是零线接地不良或接地线断了，则零线上可能出现数千伏的高压。

现将零线带电的原因及处理方法简明地列于表7-2。

表7-2　零线带电的原因及处理方法

产生原因	处理方法
① 三相线路中有一相接地，而电网中的总保护装置未动作	① 重新校核总保护装置，使线路出现短路故障时，能及时动作，切断故障线路
② 零线断，断处后面的个别电气设备漏电或三相负荷很不对称	② 零线截面积不小于相线截面积的1/2；零线连接必须牢靠
③ 零线上装有熔断器，当熔丝熔断后，相当于零线断路	③ 零线上不许装熔断器
④ 线路上有的电气设备绝缘破损漏电，而保护装置未动作	④ 维护好电气设备，消除漏电故障
⑤ 变压器低压侧工作接地不良或连接不牢靠，三相负荷又不对称	⑤ 工作接地必须良好，接地装置连线必须牢靠，接地电阻不大于10Ω（100kV·A及以下）和不大于4Ω（100kV·A以上），并有重复接地
⑥ 供电变压器故障，高压电窜入低压侧；低压绕组有故障	⑥ 更换变压器
⑦ 在保护接零系统中，个别家用电器采取保护接地，并且漏电	⑦ 在保护接零系统中，家用电器不允许采用保护接地
⑧ 采用"一线一地"的错误方法供照明用电	⑧ 严禁采用铁棒打入地下代替零线的"一线一地"供电方法
⑨ 老鼠咬断零线，且相线与零线布置又很靠近，因感应而使零线带电	⑨ 感应电一般没有危险，但在检修中容易造成误判断，所以要维护好线路，防止老鼠等咬断导线

表中的"产生原因"中，前六项属三相四线制供电系统故障造成，应由供电部门来处理；后三项属家庭供电线路造成，需用户认真对待并处理。

需要指出的是，住宅的单相电源，其零线必须装设熔断器。这是为了保证当外线路因检修等原因造成相线与零线对调后，线路上仍有熔断器；同时也为了使住宅内线路检修时有个明显的断开点，以确保检修安全。另外，住宅单相电源的零线截面积应与相线截面积相等。

对于居民来说，重要的是不要任意摸弄零线。检修时也不要认为零线一定无电。

234. 怎样检修线路短路故障？

为了查找出短路故障点，可采用分段检查及万用表或校火灯检查。

（1）用分段检查及万用表检查

先将所有家用电器的插头从电源插座上拔下，并将所有电灯开关拨动一次，然后重新合上断路器或换上合适的熔丝（比正常使用的熔丝小些为宜），接通电源。一般来说，这时断路器不会跳闸，熔丝不会再熔断。接着逐个拨动开关，当拨到某开关时，灯不亮，断路器跳闸或熔丝突然熔断，则说明短路点就在该开关所涉的范围，如该回路导线碰连、灯座混线、灯座胶木碳化击穿等。如果逐个拨动开关至最后一个完了，断路器不跳闸，保险丝仍不熔断（灯全亮），说明照明系统良好，问题很可能出在某家用电器上。这时可依次插入各家用电器的插头（打开器具开关），当插到某一插头时，断路器跳闸或熔丝熔断，说明短路就在该插头所在的家用电器上，如插头碳化击穿、接地碰连、家用电器内部短路、绝缘损坏等。

如果不属上述两种情况，而是不管怎么处理，只要一合上断路器或插上熔断器插尾，断路器便跳闸或熔丝便熔断，则可能有以下两种原因：

1）电源插座绝缘层击穿或内部接线有短路。此时，可逐个用检查，当发现某插座有碳化、烧焦痕迹（有时伴有焦臭味），便可断定故障出在该插座，停电加以更换即可；如果从外观没有发现异常现象，可逐个打开插座盖盒仔细检查，就不难发现故障插座。如果经上述检查仍未找到短路点，则说明问题出在供电线路上。

2）供电线路上有短路故障。遇到这种情况，应逐段断开支、干线回路（注意尽量在原来的接线头处断开，应避免将完好的导线切断），当断到某处时断路器不再跳闸或熔丝不再熔断，则说明短路点在该断点到电源一侧线路内。然后仔细查找短路点。

如果用万用表来查找短路点就更为方便，具体做法是：将断路器切断或将两只熔断器插头都拔去，并拔掉所有家用电器的电源插头，把所有的照明灯泡卸下，然后分段测量线路的电阻，当断开某点时，电阻由零（因为短路）变为∞（因短路点没有经过万用表），则说明短路点在该断后的后面线路内。这样一段一段检查，缩小范围，最后找到短路点。

如果住宅各支路都采用断路器作支线路保护，则查找故障就方便得多。当某一支路的断路器跳闸，说明该支路有故障，只要对该支路查找即可；如果总断路器也跳闸，则可先将各分支断路器拉断，再合上总断路器，然后逐个合上分断路器。如果合到某分断路器即分闸（合不上），说明该支路有故障。

（2）用校火灯检查

先拔掉所有家用电器的电源插头和断开所有照明开关，拔下一只熔断器插头，另一只插头装上熔丝后插入熔断器座，把一盏校火灯（额定电压为220V、60～100W白炽灯）接到熔断器的两个桩头上，如图7-5所示，然后逐个闭合每盏灯的开关和逐个插入家用电器的电源插头。如果校火灯发红或不亮，说明这一部分未短路；如果校火灯正常发光，说明这条线路有短路故障。用此法查找线路故障时，必须注意安全，防止触电。

现在住宅总保护一般采用断路器，则可断开断路器，先用试电笔测出哪根是相线、哪根是零线；然后用导线将零线进出线短路，相线进出线接校火灯，如图7-6所示。具体检查方法同前。

实际经验表明，查找短路点的重点应该是：厨房、浴室、卫生间等潮湿、多尘处；导线沿墙拐角、穿墙穿楼板等导线易损伤处；阁楼、仓库等导线易被老鼠咬损处；导线接头处以及台灯、灯座、插销

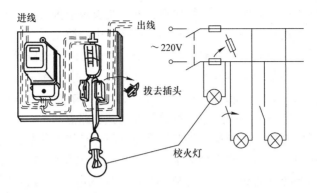

图 7-5 熔断器作总保护时用校火灯查找短路点

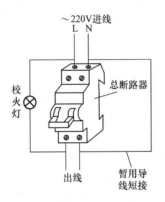

图 7-6 断路器作总保护时用校火灯查找短路点

和移动式电器具上。

235. 怎样检修线路断路故障?

照明线路断路故障可分为全部断路、局部断路和个别断路三种。具体检修方法如下:

(1) 全部断路,表现为所有的电灯都不亮,说明断路发生在干线的近电源处

当用试电笔测试插座两接线端子,如果氖泡均不亮,说明是相线断路;如果氖泡能亮(试电笔接触其中一个端子时),说明是零线断路。这时首先应检查电源总开关和总熔断器,看它们是否接触不良;

导线松脱；熔丝熔断等。如果都完好，则可在接第一盏灯或插座到电源之间逐步检查，找出断开点。

（2）局部断路，表现为只有几盏（如两三盏灯）不亮

这时只要查找这两三盏灯共同的这段导线就可，如导线连接处、分路开关处。如果分路导线截面积较小或是铝导线，则应检查芯线是否断裂。

（3）个别断路，表现为只有一盏灯不亮

重点应检查这盏灯的灯泡、灯头、灯座、开关及接线桩头（可用试电笔检查）是否良好；若没有问题，再检查与连接该灯的回路。对于移动式用电器具，则应重点检查插销和电源引线是否良好。

查找断路点的重点如下：

1）灯座及导线连接头（尤其是铜铝连接头）处；

2）导线沿墙拐角、穿墙穿楼板处；

3）阁楼、仓库等场所。

需要指出的是，如果用试电笔测试相线和零线（指裸导体部分），氖管发亮，说明相线有电，（有时零线断路，而相线又与零线紧挨着或相互缠绕着时，用试电笔测试断路的零线，氖管也会发亮，这是由于相线感应到零线的感应电，并非零线真正带电）；氖管不亮可能是不断路的零线，也可能是断路的零线或断路的相线。

另外还可用万用表检查。将万用表打到交流电压250V档上，然后由前（电源侧）向后（负荷侧）逐一测量相线与零线之间的电压。如果测得的电压约为220V，则说明被测点之前回路正常；如果测得的电压降至零，说明该点之前有断路。

236. 怎样检修线路漏电故障？

线路漏电，人体触及会引起麻电，甚至造成触电事故。线路漏电还会白白浪费电能。

漏电较轻时，熔丝不一定熔断；漏电严重时，熔丝可能经过 1 ~ 2min 就熔断。

检查线路漏电有以下几种方法：

（1）观察电能表法

关掉总开关或拔下总熔断器插头，若这时电能表铝盘仍转动，说明电能表有问题，应拆除送校；如果铝盘不转，说明电能表是好的。然后合上总开关及总熔断器插头，关掉所有灯开关，拔下全部家用电器的电源插头，暂时停止用电，看电能表铝盘是否转动，如果转动，说明线路漏电。

（2）用绝缘电阻表测试法

关掉总开关、拔下总熔断器插头，拧下所有灯泡，拔下全部家用电器的电源插头，用500V绝缘电阻表测试相线与零线之间、相线及零线与地之间的绝缘电阻。如果绝缘电阻小于0.5MΩ（新建线路）或0.22MΩ（使用中的旧线路），说明线路漏电。若要知道哪段导线漏电，可以逐段断开线路（应在导线连接处或分支处断开），逐段检查以缩小范围，最后查出故障线路。如果测得的绝缘电阻符合要求，而接上家用电器后，线路与地的绝缘电阻降低为达不到的要求值，说明家用电器及插头至家用电器的导线、插头漏电。

（3）电流表法

即在总开关或总熔断器相线（或零线）回路串接一只电流表（毫安表）。接通所有灯开关，取下所有灯泡，拔掉全部家用电器的电源插头，观察电流表指针，若指针摆动，则说明线路漏电。指针摆动的幅度，取决于电流表的灵敏度和漏电电流的大小。指针摆动幅度越大，说明漏电越严重（注意：线路漏电在15mA之内是允许的，属正常。当然漏电流越小越好）。然后按以下步骤查找漏电处：

1）切断零线，观察电流变化情况：若电流不变，则是相线与地之间漏电；若电流变为零，则是相线与零线之间漏电；若电流值变小但不为零，则是相线与零线、相线与地之间均漏电。

2）断开分支线（一般指去插座的线路）及分支开关，若电流不变，则说明干线漏电；若电流为零，则说明分支线路漏电；若电流值变小但不为零，则说明干线和分支线均漏电。

3）确定漏电线段后，逐个拉开灯开关。当拉开某一开关时，电流指针回零，则表明该灯回路漏电。对于插座线路，也可用此方法逐一检查，找出哪个插座回路漏电。

按照上述方法，逐渐将故障范围缩小到一个较小范围内，便可进一步查出漏电点。

查找漏电点的重点如下：

1）导线接头包缠处。绝缘胶带受潮会造成漏电。

2）导线拐角处、穿墙及过楼板处，容易受机械损伤。

3）导线在阁楼、仓库等暗处，容易被老鼠咬伤导致绝缘。

4）明敷在厨房、浴室等潮湿、多尘环境的导线及开关、灯座、灯头、插座等，容易使绝缘强度下降而漏电。

5）在室外明敷或沿屋檐敷设的线路，因挂搭衣物使绝缘层受损或因日晒雨淋、绝缘层损坏，受雨水浸入引起漏电。

237. 怎样查找暗敷导线的去向？

暗敷导线埋入墙内、楼板或地下，时间久了不知它往何处走线。一旦碰到需要知道导线的去向时，很不好办，凿开墙壁、楼板或地下查找吧，又会损坏房子。这里介绍一种利用废旧磁头查找暗敷导线的去向的方法。先将线圈未断的废旧磁头按图7-7接成一个信号放大器，然后将其输出接至半导体收音机音量电位器的输入端，这样就构成了一架寻找器。

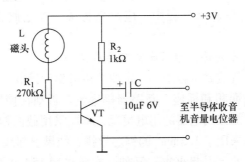

图 7-7　暗敷导线寻找器

使用时，将暗敷导线通电，接上负荷，负荷越大，灵敏度越高；然后用磁头沿墙面试探，当它接近敷有暗线的墙面、楼板或地面时，便会感应出交流信号，并经晶体管 VT 放大，送到半导体收音机的音量电位器的输入端（断开原信号），这时音量电位器便可控制灵敏度，调节音量电位器，根据扬声器中交流声的变化便可确定暗敷导线的去向，磁头越接近导线，扬声器中的交流声越响。用此方法也可确定墙内、楼板内或地下有无暗敷导线。

元件选择：磁头 L 宜选用阻抗大的（阻抗越大，灵敏度越高），也可将立体声磁头两组绕组串联以提高灵敏度；晶体管 VT 选用 3DG120，要求 $\beta \geqslant 120$；电阻 R_1、R_2 用 1/4W 或 1/2W。

238. 造成电气设备故障的原因有哪些?

电气设备从购买、安装到使用的各个环节中，由于种种原因都有可能造成设备故障，这些原因如下：

（1）购买的是假冒伪劣产品

由于假冒伪劣产品的质量不符合要求，在使用过程中必然会发生故障。例如，导线截面积比规定的小，则不能负担应有的负荷而容易过热烧断；导线绝缘强度不够，容易发生绝缘层过早老化、击穿而引发短路、漏电及火灾事故。购买了伪劣的插座、开关及家用电器等不但影响正常使用，还极易造成触电及火灾事故。

目前市场上的电气产品良莠不齐，有的不法厂商用伪劣产品冒充名优产品，也有的用不合格的产品打上合格产品的质量标签。伪劣产品危害极大，在装修工程中，应严格把关，杜绝假冒伪劣产品的混入。

（2）设计不合理，电气设备选用不当

在家庭电气装修工程中，一定要严格科学设计电气布置方案，正确选择导线截面积和插座、断路器等容量。否则在使用中会造成事故。例如，根据家用电器的用电情况，本应采用截面积为 2.5mm^2 的铜芯导线，而采用了 1.5mm^2 的铜芯导线，结果引起线路过载，绝缘层过早老化，甚至引起火灾；又如，本应采用 15A 的插座，而采用了 10A 的，结果造成插座绝缘层老化击穿等。

（3）安装错误

不按电气规程安装电气设备是引起电气事故的重要原因。例如，导线敷设过低，被物件碰断；进户线未经绝缘子固定或穿墙导线未经绝缘套管保护，致使导线绝缘层受损而造成短路、断路或漏电事故；

导线接头使用了陈旧老化的绝缘胶带或用普通的胶带代替，都会造成接头绝缘不良引发事故；吊扇挂钩安装不牢，致使吊扇跌落伤人等。另外，在固定拉线开关、插座等及吃紧电器件的接线螺丝时，用力过猛或旋得过紧，将胶木损坏等。

（4）接线错误

如将保护接零（接地）的桩头接到插销的相线或零线上，致使设备金属外壳带电，造成触电事故；误将照明开关并接在相线和零线之间，造成短路事故；误将插座与照明灯串联在一起，结果使双方供电都不足；未将零线穿入漏电保护器的电流互感器中，致使漏电保护器失去保护功能；有时还会误将额定电压是220V的家用电器接到380V动力电源上（农村及个体作坊有用380V电源），造成设备损坏。

（5）家用电器安置不当

例如，电取暖器、电扇或台灯等电器的电源引线随意拖在地上，被人踩踏而损坏绝缘层，或电线绊人，摔坏设备；家用电器安装不牢、安置不稳而跌倒损坏；应该接零（接地）的家用电器没有采取接零（接地）等。

（6）使用粗放，使用电气设备操作过猛，造成机械性损坏

如用棍棒合闸开启式开关熔断器组（俗称胶盖闸刀），推力过大损坏刀片及胶盖；拉动拉线开关用力过猛，拉断拉线或损坏开关；拔电源插头时，手持电源引线拉拔，拉断导线或造成短路事故等。

（7）清洁家用电器方法不当

例如，用粗糙的干布去清洁电视机的液晶屏面，使屏面产生划痕；用热水及汽油、苯等有机溶剂擦洗家用电器塑料外壳及附件造成损害；用水或湿布清洗电气设备，造成漏电或短路事故；带电清洁家用电器造成触电事故等。

（8）雷击等意外事故

雷击会产生强电流和高电压，若无保护措施，会损坏电能表及家用电器。家庭防雷措施请见第十章。

239. 怎样检修台灯漏电故障？

有的台灯人体触及会引起电击或麻，这说明台灯有漏电。用试电笔测试台灯的金属外壳，氖泡发亮。台灯漏电有两种可能：一是相线直接触及台灯的金属外壳，如接线头松脱等；另一种是绝缘层不良、环境潮湿受潮引起的漏电。这时外壳电压不一定很高，危险性较小。

（1）相线触及外壳的原因

1）台灯开关电源引线线头有毛刺，或接线螺栓未拧紧，接线松脱触及外壳。

2）电源引线绝缘层损伤，裸线外露触及外壳。

3）灯头处导线因灯泡功率选用过大，致使导线绝缘老化、熔化触及外壳。

4）灯头处导线磨损并碰壳。

5）原来用绝缘胶带包缠的导线，因胶带失效脱落，致使线头触及外壳。

（2）绝缘不良引起漏电的原因

1）台灯开关因接线头松动，使接线柱长期过热，引起开关绝缘层受热老化而丧失绝缘性能。

2）开关受潮湿，使开关等丧失绝缘性能。

3）用绝缘胶带包缠的导线，因受水浸或严重受潮，而胶带又搭外壳，造成漏电。

4）电源引线及灯头引线因使用年久，已经老化，丧失绝缘性能。

5）使用或存置的环境不良，如过热、过潮，在厨房或浴室使用，都会影响导线、开关等的绝缘性能，引起漏电。

（3）解决台灯漏电的办法

针对造成漏电的原因采取相应措施。这些措施主要如下：

1）使用绝缘性能良好的导线、开关及灯座。

2）认真安装，保证装配质量（有时更换开关、灯座等元件时需拆开、装配），对外壳需绝缘的地方必须用绝缘垫垫好，导线连接头的绝缘必须包缠好。

3）避免台灯受潮和水淋。为此不可将台灯放在潮湿的浴室或有烟尘雾气的厨房内使用；不可用湿布擦拭台灯，以免水分渗到开关、灯座内。

4）一旦发现导线、开关、灯座及导线连接头绝缘胶带老化、破损，应及时更换。

5）若台灯已严重受潮，可拆开部件进行烘干处理，如用电吹风吹出暖风烘干（注意风口不可过分接近导线及元件），或放在太阳下曝晒，然后再组装回去。

240. 怎样取下难以拧下的灯泡？怎样防止灯头生锈？

灯泡使用年久，灯头与灯座有时会因锈蚀而难以拧下，尤其是安装在厨房和浴室等恶劣环境的灯头更容易锈蚀。锈住了的灯泡若用力拧，灯泡容易损坏，很危险，而且可能拧坏灯座。遇到这种情况，可以采用以下方法处理。

1）灯座锈蚀不严重者，可将灯泡点亮几分钟，让其本身的热量加热灯座，然后关灯，再将灯泡拧下来。如果用此法仍不行，可用电吹风烘烤灯座 1min 左右，至灯座略微烫手为止，然后试拧灯泡。若仍不行，可继续加热，并用螺钉旋具轻击灯座卡口。要注意烘烤时吹风口绕灯座慢慢转动，使加热均匀，温度不要过高以免烧坏灯座。

2）灯座锈蚀严重者，先断开断路器或拔掉总熔断器插尾，将灯座上的金属锈用小刀刮除，用酒精涂擦灯座，必要时用小刀插入灯座和灯头之间的间隙试着轻轻撬动，然后按 1）的方法处理。更换灯泡前，应将灯座上的锈铁用小刀刮去，并最好涂以防腐油。

若灯座锈蚀过于严重，应更换灯座。

为了防止灯头生锈，对于厨房、浴室等容易引起锈蚀的场所的灯泡，可以在灯座和灯头锌片上涂上薄薄一层工业凡士林（中性凡士林）或耐高温润滑脂，再装上灯泡即可。注意涂层不可太厚，以免受热后熔化滴落。

241. 怎样检修 H 形三基色节能荧光灯？

H 形三基色节能荧光灯的外形结构如图 7-8 所示。其常见的故障及检修方法见表 7-3。

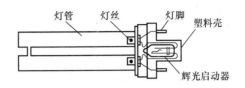

图 7-8 H 形荧光灯的外形结构

表 7-3 H 形三基色节能荧光灯常见的故障及检修

故障现象	可能原因	检修方法
灯不亮	① 灯丝断裂	① 撬开铝壳与塑料壳连接处，用电烙铁将灯脚焊锡烫化，取下塑料壳，用万用表欧姆档检查灯丝
	② 其他部位有断路点	② 同上。用万用表欧姆档检查其他连接部位
不起动，局部发红	辉光启动器故障	可用手指弹击塑料壳试试。若仍不能启动，则可按上法取下塑料壳，更换辉光启动器
起动困难	① 气温较低	① 不必修理
	② 电源电压过低	② 用万用表检查电压
	③ 灯管质量差或老化	③ 更换灯管。若灯管老化，则灯丝部位的灯管出现黑斑
	④ 镇流器不合格	④ 更换镇流器
灯光发暗	① 电源电压偏低	① 用万用表检查电压
	② 灯管老化	② 更换灯管
镇流器过热，有焦臭味	镇流器绕组发生短路	立即切断电源进行检查，更换镇流器
灯座损坏	质量差或使用不当	更换灯座。这时需拆装 H 形灯。拆装时只能捏住灯头的铝壳，将灯管平行地拔出或插入，禁止捏住玻璃管摇动或推拉灯管，以免灯管与灯座松动或脱落

242. 怎样消除调光灯和荧光灯引起的干扰?

电子无级调光灯能使白炽灯从亮到暗或从暗到亮连续而均匀地调光，并具有节电和延长灯泡使用寿命的优点，因此很受用户欢迎。然而有些牌号的调光灯，由于电子线路中忽略了吸收干扰的电路，使用时会使收音机发出强烈的噪声，使电视机的图像出现横条干扰，影响收听和收看。

产生干扰的原因是由于一般电子调光器采用晶闸管调压元件，调节电位器改变晶闸管的导通角，晶闸管每次开关时都具有陡峭的电压波形，谐波分量很多，因此会产生较大的谐波干扰，尤其是亮度调得较暗时干扰更大（谐波分量更多）。调光器发出的干扰信号可以向四周空间辐射，还可以沿电源线传播，干扰接在同一电源线上的收音机、电视机。

为了克服调光灯的这种谐波干扰，可以在晶闸管两端并联一谐波吸收电路，它由一只电阻和一只电容串联而成，也可按图7-9所示的方法进行连接。图中，电阻 R 可选用 470Ω ~ 1000Ω、1W；电容 C 可选用 0.022μF ~ 0.1μF、耐压大于 250V 的电容器，如 CZ 型、CJ41 型、CBB 型、CL 型等。若买不到上述元器件，也可用荧光灯辉光启动器中的电容器代替，按图中虚线接入，效果尚好。

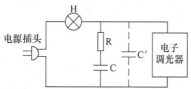

图7-9　调光灯防干扰电路的接法

荧光灯是一种放电灯，也容易产生宽频带干扰电波。通常荧光灯辉光启动器中设有一只 0.005 ~ 0.01μF 的纸介电容器，目的是为了防止荧光灯对收音机和电视机的干扰。如果这个电容器损坏了，可将辉光启动器取下，打开铝罩，更换一只电容器或更换新的辉光启动器即可。

243. 电子镇流器式荧光灯有哪些特点？

电子镇流器式荧光灯具有节能、不需辉光启动器、起动快、天气冷及电压低（ <160V ）都能正常启动等特点。

常用的 DZJ 系列电子镇流器主要性能指标见表7-4。

表 7-4 DZJ 系列电子镇流器主要性能指标

指标 功率/W	启辉电压 /V	正常工作 电压/V	起动时间 /s	功率因数	对比节电率 （%）	备注
40	70	150	<0.5	0.97	23	对比节电是与普通镇流器在照度相同的条件下比较
30	80	150	<0.5	0.98	31	
20	70	150	<0.5	0.97	28	
15	80	150	<0.5	0.98	34	

244. 电子镇流器是怎样工作的？

电子镇流器的线路形式有很多种，但其电路模式大同小异。其中串联谐振式是较为典型的一种，如图 7-10 所示。它实际上是一种逆变电路，两只晶体管集电极电压波形为矩形波，频率为 20 ~ 60kHz。

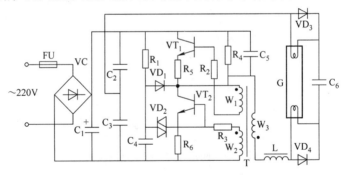

图 7-10 DZJ 系列电子镇流器电路

该电路由整流滤波电路（VC、C_1）、高频振荡开关电路（R_1、C_4、VD_2、VT_1、VT_2 及 T）和输出负荷谐振电路（L、C_6）等部分组成，C_5 为抗干扰电容。

工作原理：接通电源，220V 交流电经整流桥 VC 整流、电容 C_1 滤波后，得到 310V 的直流电压。该电压经电阻 R_1 向电容 C_4 充电，当 C_4 上的电压超过双向触发二极管 VD_2 的触发电压（16 ~ 25V）时，VD_2 导通，一正向脉冲电流加到晶体管 VT_2 的基极，使其导通。此时 310V 电压经电容 C_2、二极管 VD_3、电容 C_6、荧光灯下端灯丝、电感

L、变压器 T 绕组 W_3、VT_2 及电阻 R_6 所构成的充电回路充电。电容 C_6 与电感 L 组成一串联谐振电路，当 VT_2 导通时，因变压器 T 中绕组 W_1、W_2、W_3 极性缘故，VT_2 仍保持导通，VT_1 反向截止。当充电过程结束瞬间，W_1 和 W_2 感应电动势极性突然反向，此时电路翻转，VT_1 变为导通，VT_2 变为截止。于是串联谐振电路中的电容 C_4 上所充之电通过 VT_1 及 R_5 放电，使串联谐振电路产生振荡，并产生方波（即开关波）电压。方波馈到电感 L 和电容 C_6 的串联谐振电路，形成近似正弦波的高频（30～60kHz）振荡电压。串接在充放电回路中的荧光灯灯丝同时也获得预热。C_6 上的高频电压直接加到灯管两端，而使灯管点亮（起动时达 300～400V），灯管点亮后，由于电感 L 的限流作用，电压降为 90～100V 的工作电压。电流主要通过灯管，但 C_6 支路仍有一定分流，而对灯丝有辅助加热作用。

图中，电容 C_2 起隔直作用；二极管 VD_3、VD_4 起电压峰值阻尼作用，以防止灯管早期端头发黑；谐振电路的频率主要由电感 L 和电容 C_6 决定，C_5 和 W_3 对频率也有一定影响。

245. DZJ 系列电子镇流器元件参数是怎样的?

DZJ 系列电子镇流器电路图如图 7-10 所示。其元件参数如表 7-5 所列。

表 7-5　DZJ 系列电子镇流器元件参数

代号 ＼ 规格 ＼ 功率/W	40	30	20	15	13
R_1	1MΩ	1MΩ	1MΩ	1MΩ	1MΩ
R_2、R_3	6.8Ω 1/8W	6.8Ω 1/8W	6.8Ω 1/8W	6.8Ω 1/8W	2.2Ω
R_4	510kΩ 1/8W	510kΩ 1/8W	510kΩ 1/8W	510kΩ 1/8W	1MΩ
R_5、R_6	0	1Ω 1/8W	2.2Ω 1/8W	3.3Ω 1/8W	2.2Ω 1/8W
C_1	10μF 350V	10μF 350V	4.7μF 350V	4.7μF 350V	4.7μF 350V
C_2	0.1μF 160V	0.1μF 160V	0.1μF 160V	0.1μF 160V	0.033μF 160V
C_3	0.1μF 160V	0.1μF 160V	0.1μF 160V	0.1μF 160V	—

(续)

功率/W 规格 代号	40	30	20	15	13
C_4	0.1μF 63V	0.1μF 63V	0.1μF 63V	0.1μF 63V	0.1μF 63V
C_5	4700pF 400V	4700pF 400V	4700pF 400V	4700pF 400V	1000pF 400V
C_6	0.01μF 630V	0.01μF 630V	0.01μF 630V	0.01μF 400V	2200pF 800V
T	1367/−19	1367/−19	1367/−19	1367/−19	1367/−19
L	136/−2	136/−2	136/−2	136/−2	E5
VC、VD_1、VD_3、VD_4	1N 4004	1N 4004	1N 4004	1N 4004	1N 4004
VD_2	DB3(32V)	DB3(32V)	DB3(32V)	DB3(32V)	DB3(32V)
VT_1、VT_2	BU406	BU406	C2298	C2298	C2298

注：R_5、R_6 为 VT_1、VT_2 发射极附加调试电阻；变压器 T 和电感器 L 磁体均用 MX−2000 材料压制，T 为双孔磁体，L 的舌宽为 E9。

246. 怎样检修电子镇流器式荧光灯？

现以广泛使用的串联谐振式电子镇流器为例，介绍其检修方法。

串联谐振式电子镇流器电路如图 7-11 所示。其常见故障及检修方法见表 7-6。

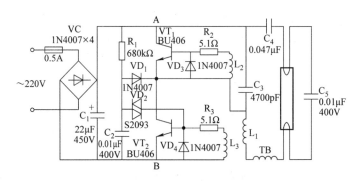

图 7-11　电子镇流器电路

表7-6 电子镇流器荧光灯常见的故障及检修

故障现象	可能原因	检修方法
灯不亮	① 灯丝断裂 ② 印制电路板上的熔丝熔断或脱焊	① 检查荧光灯管灯丝是否良好 ② 检查熔管是否良好；检查电源引线与电路板之间是否有脱焊及断线。另外，可用万用表测量 A、B 两点之间的直流电压，正常时应为 300～350V，若此电压太低，则不能起动点燃灯管
熔丝熔断	① 整流桥 VC 击穿 ② 滤波电容 C_1、旁路电容 C_2 漏电或击穿 ③ 晶体管 VT_1、VT_2 烧坏	① 观察 VC 外表有无烧焦现象；用万用表电阻档检测整流桥 VC 的 4 只二极管正、反向电阻值是否正常 ② 用万用表高阻档检测 C_1、C_2 的电阻值，正常时 C_1 有充放电现象，C_2 的阻值为无穷大 ③ 检查 VT_1、VT_2，并更换新品
灯管内有网状光亮滚动，且亮度较暗	① 晶体管 VT_1、VT_2 特性变坏 ② 旁路电容 C_2 漏电或容量不足 ③ 滤波电容 C_1 有虚焊现象	① 检查并更换 VT_1、VT_2 ② 检查并更换旁路电容 C_2 ③ 这时除出现网状光亮滚动外，还伴有"吱吱"的响声。检查焊接情况，对虚焊点重新点焊一下
灯管点燃后不稳定，有闪烁现象	① 整流桥 VC 虚焊，使桥式电路形成半波整流 ② 印制电路板铜箔线有腐蚀断线 ③ 晶体管 VT_1、VT_2 虚焊 ④ 旁路电容 C_2 漏电或容量不足	① 用万用表测量 VC 输出电压是否正常，正常时为 300～350V，若此电压为上述电压的一半及以下，则说明 VC 为半波整流输出 ② 检查电路板，一般可从外观上发现腐蚀现象 ③ 检查并重新点焊 ④ 检查并更换电容 C_2
仅灯管两端发光	① 谐振电容 C_5 严重漏电或容量不足 ② 双向触发二极管 VD_2 性能变坏	① 检查并更换电容 C_5 ② 更换 VD_2

（续）

故障现象	可能原因	检修方法
电源电压正常、熔丝完好，但灯管不能点燃	① 晶体管 VT_1、VT_2 烧坏 ② 双向触发二极管 VD_2 性能差或损坏 ③ 电感 L_1、L_2 脱焊或断线 ④ 电容 C_4、C_5 有击穿	① 检查并更换 VT_1、VT_2 ② 用万用表测量 VT_1、VT_2 各引脚的工作电压。若 VT_2 的工作电压大于200V，而 VT_1 的工作电压几乎为 0V，则说明 VD_2 有故障，可更换 VD_2 ③ 若测得 VT_1 的工作电压约300V，而 VT_2 的工作电压为 0V，则可能 L_1、L_2 有脱焊或断线，可重新点焊及修理 ④ 用万用表测量并更换

第八章 ▶▶▶▶▶

家庭安全用电

247. 造成居民触电的原因有哪些？

造成居民触电事故的原因是多方面的，如电气设备（家用电器）质量差、安装不规范、使用不当及缺乏电气安全知识、违反操作规程、环境恶劣及偶然因素等。

（1）电气设备不合格

1）使用绝缘性能不良的导线，导线连接头未包缠绝缘胶带或用非绝缘材料包缠。

2）开关、灯座、插销、熔断器等缺损。

3）灯座胶木下缘太短或缺损，使螺口灯泡的锌皮外露。

4）家用电器内部接线松脱，导体碰壳。

5）电器绝缘性能差等。

（2）电气设备安装不合格

1）开关、插座、照明灯安装过低，小孩玩耍引起触电。

2）绝缘导线敷设过低，被机械损伤绝缘层引起漏电；裸导线架设过低，易被人触及触电；临时电源线随便丢在地上，被人踩或机械损伤而漏电。

3）导线截面积选得过细，遇大风被吹断。

4）刀开关倒装，拉开闸刀后刀片上仍带电，人误认为刀片无电触及而触电。

5）无保护接零（接地），或接零（接地）不合格，当相线碰壳或漏电时，设备金属外壳带电。

6）用"一线一地"装电灯、黑光诱虫灯，当拔去接地极时触电。

7）螺旋灯座当相线与零线的位置接错，人手触及螺旋灯座的金属外露部分时，造成触电。

8）单极开关接在零线上，当开关关断，灯座或电气设备上仍带电，人误认为关断开关就没有电了，清洁或检修时造成触电。

9）在一个插座上接入过多的用电设备，使导线或插座承受不了，引起过热损坏绝缘层，造成触电或火灾。

10）三孔或四孔插座（插头）的接零（接地）端子误接在相线上及错误接线，使用电设备外壳带电。

11）漏电保护器失灵或动作电流调整过大等。

（3）使用不当及缺乏电气安全知识

1）电气设备受潮、被雨淋湿或用水冲洗家用电器，从而严重降低电气设备的绝缘性能。

2）电气设备长期过载，使绝缘层加速老化。

3）家用电器过分接近热源，绝缘层被烫烤而损坏。

4）在导线上晾晒衣物损坏导线绝缘层。

5）用湿布擦拭带电的电器。

6）错误使用插销。

7）过分接近断落的导线，甚至用手去捡。

8）认为电不可怕，触摸漏电的设备或用金属物触碰带电体。

9）人体过分接近架空导线，尤其是 10kV 及以上的高压线。

10）在电气设备上乱堆杂物。

11）冬天用灯泡取暖。

12）电视机室外天线、广播线离架空导线过近、被风吹落搭在导线上引起带电；也有的居民将上述设备固定在避雷针上，当雷击避雷针时，将雷电流引入室内伤人。

13）调节电视机室内天线时，天线碰及未插到位的电源插头的插脚上。

14）发现人、畜触电时，未先断开电源，就直接用手去拉已触电的人、畜。

15）雷雨天使用电视机、收录机，尤其当有室外天线时，更容易遭雷击。

16）雷雨天使用电话、手机容易遭雷击。

17）私拉电网防盗、电鱼等。

（4）违反操作规程

1）新购的家用电器使用前未看说明书就盲目安装、调试和使用。

2）停电检修电气设备前没有检验设备是否有电或进行短路放电（有的设备本身停电后，由于其他线路窜电、开关装在零线上及电解电容器的蓄电作用、彩色电视机高压嘴积聚静电等，设备内部仍然带电）。

3）停电检修电气设备时没有采取防止突然来电的措施。如拔去熔断器插尾后没有将它放在身边，使不知情的人将插尾插入而造成检修者触电；拉断断路器后没有通知别人或未挂上"有人检修，禁止合闸"的警告牌，使不知情的人合上断路器而造成检修者触电。

4）带电检修电气设备时安全用具不合格，如使用绝缘把柄破损的电工钳等。

5）带电检修时双手同时触及导线操作；人体没有站在干燥的木板或绝缘物上作业；操作时人体裸部靠在砖墙、金属管道上；无人监护。

6）用自耦变压器降压代替安全电压。

7）使用220V或110V行灯。

8）手持式电钻无1:1的隔离变压器或未采取保护接零（接地）等防范措施。

9）用裸导线头插入插座代替插头使用。

10）未将刀开关拉闸就在闸刀下桩头接线。

11）检修电视机等家电时触及带电的底板（有的产品底板带电）。

12）在线路附近修建房屋等工作时没有采取安全措施，触及带电导线等。

（5）环境恶劣

1）电气设备处于狭窄、昏暗的场所，因看不清容易触及带电体，一旦触电，又因场所狭窄，不易脱身。

2）电气设备处于潮湿、有腐蚀性物质的场所，绝缘性能降低。

3）电气设备处于高温的场所，绝缘层容易老化损坏。

4）电气设备处于易受鼠害的场所，绝缘层被咬坏。

5）电气设备处于铁箱、罐等导电物体的场所。

6）在危险场所带电检修，无人监视等。

（6）偶然因素

1）导线断落触及人体。

2）接近高压导线断落的地面。

3）静电感应等。

248. 家庭防触电有哪些措施？

从第 247 问分析造成居民触电事故的原因中，我们可以采取相应的防范措施来避免和减少触电事故的发生。这些具体措施如下：

1）采取保护接零（接地）措施，将用电设备的金属外壳可靠地接零（接地），插销的正确接线请见第 182～184 问。这样，即使用电设备漏电，也不会发生触电事故。

2）当没有条件采用接零（接地）保护时，可采用漏电保护器，这样，即使人遭触电，保护器能在 0.1s 内切断电源，从而保护了人身安全。

3）如果上述 1）、2）条均未做到，则至少应采取电气隔离措施（见第 302 问），并应加倍注意安全用电。有了电气隔离，当人体触及漏电的用电器时，也不会（或很少）有漏电电流通过人体。

4）在没有实现保护接零（接地）的家庭，切不可将用电设备的金属外壳接在自来水管或暖气管上实现所谓的保护接地。否则会造成更大的触电事故（见第 290 问）。也不可随便用一根铁条打入地下作为接地装置。接地装置的接地电阻必须保证小于 4Ω。这对于家庭是较难做到的。

5）不可购买伪劣的电气设备（家用电器），否则可能会造成触电、火灾等事故。

6）选用的导线及电气设备，必须与负荷容量相配合，以免导线及电气设备过载，加速绝缘层老化，引发事故。容量不足的导线及电气设备，应及时更换。

7）敷设线路，安装电气设备，必须严格按照电气安装规程进行。导线距地、距阳台等建筑物水平距离或垂直距离必须符合要求；插座开关等安装高度要符合标准。不可乱拉乱接导线和设备，否则会给以后用电造成严重隐患。

8）不论在室内或室外敷线，都应选用绝缘性能良好的导线，而不能使用裸导线。所用的电气设备必须绝缘良好、不破损，不可有裸露的带电体。暗线敷设更要严格按要求进行，不允许用塑料护套线随便埋设于墙内。

9）临时使用的导线要用绝缘导线，禁止使用裸导线。临时线悬挂要牢固，不得随地乱拖。临时线用毕后应及时拆除。安装临时线时，应从负荷侧开始装至电源一端，待线路全部安装完毕才能通电使用。拆除临时线时，顺序与此相反。

10）禁止私自拉设电网灭鼠、捕兽、电鱼和防盗。

11）开关应接在相线上。

12）安装电灯和黑光诱虫灯严禁使用"一线一地"的办法，即用铁棒插入地下来代替零线。

13）不能将电灯线拉得很长，用电灯当电筒使用，以免电线绝缘磨损，灯头导线外露而触电。

14）使用螺口灯泡时，相线应接在灯座中心弹舌片上，灯泡拧进后，金属部分不应外露。

15）尽可能不用灯头开关，因为使用这种开关时，手必须接触灯头，很容易造成触电。也尽量不要用床头开关。

16）调换灯泡或清洁灯具时，应先关灯，人站在干燥的凳子或木梯上，人体不接触地面和墙。

17）不用湿手和湿布清洁灯具、更不能让水淋湿电气设备及家用电器。

18）安装、使用或检修电气设备时，不能赤膊、赤脚或穿潮湿的鞋子。

19）检修电气设备时，尽可能不要带电进行，若必须带电工作，则应严格按照第229问去做。

20）在检修电气设备前，应先用试电笔测试是否带电，经确认无电后方可工作。另外，为防止电路上突然来电，应拔下熔断器插尾并放在身边；切断断路器时应通知别人或挂上警告牌。

21）平时要经常注意检查电气设备的完好性，以便及时发现缺陷，及时消除。重点要检查插座、插头有否损坏，断路器、刀开关、开关、熔断器等有无缺损及缺盖；电源引线有无破损、被鼠咬；导线接头处绝缘胶带有无脱落或受潮；导线等有无过载、老化；家用电器有无漏电等。

22）在清洁或检修厨房、浴室及光线昏暗等易造成触电事故场所的电气设备时，必须停电进行。

23）禁止在雷雨天修理线路上的电气设备。

24）不可将电熨斗、电烙铁、手电钻、行灯等电气设备的导线绕在手臂上进行工作。

25）严禁带电移动电气设备（除携带式器具外）。

26）插头的插脚要插到底，不可插一半，否则拔插头时容易触及插脚而触电。

27）刀开关的胶盖必须盖好，否则不但容易触电及引起火灾，而且操作时若负荷端有短路故障，强大的电流会使熔丝爆断，熔化的金属会飞溅出来伤人。

28）农村有线广播扬声器突然发出怪叫声或起火时，要拉断扬声器开关，切不可去拔地线，也不要去摸扬声器等部件。因为这很可能是电力线碰及广播线。

29）发现人、畜触电时，切勿用手直接去拉触电人、畜，而应切断电源后去救；若一时找不到电源开关，紧急时，应用干燥木杆、竹竿、木板、衣服等施救。

249. 农村居民如何做好安全用电？

农村住宅绝大多数是自己建房自家安装电气的，或者是请农村电工和懂得一些电气知识的人帮忙安装的，不像城市住宅那样规范合理。农村居民用电知识也较城市居民贫乏，而且农村有些用电设备是城市居民很少接触到的，例如三相异步电动机、水泵、脱粒机、黑光诱虫灯、碘钨灯、高压汞灯等，这些都是容易发生触电事故的设备。另外，由于农村居民经常下地劳动，赤脚、湿手比较普遍，同时农村住宅多以泥地、水泥地和砖地作地坪，加上使用粗放，因此，农村居民发生触电、火灾及雷击事故的可能性要大大高于城市居民。

根据上述实际情况，农村家庭用电应特别注意以下安全事项：

1）新建住宅或旧房改造时，不懂电气的人不要随便乱敷线，而应请专业的电工帮助设计施工。因为电气布线是否合理、电气设备选型是否妥当、安装质量如何，对住家今后的安全用电关系甚大。

2）新建住宅时必须要注意所建住宅及脚手架是否距电力线路或变压器台过近。如果距离不合要求，应找电力部门，切不可鲁莽兴建，否则施工时易造成触电伤亡事故，并有可能造成电力部门不同意而建好后也得拆除的严重后果。

3）农村住宅还存在没有实施统一的保护接零（接地）专用线的情况。为了安全，有的居民便用一根铁棒打入地下作为接地极，这样做很难达到接地电阻不大于4Ω的要求，因此也是不安全的。

4）农村安装漏电保护器比较普遍。为了能使保护器真正起到保护作用，必须选用合格的产品，正确安装接线，正确调整动作电流，同时平时要加强维护。

5）尽量少用螺口灯座，因为螺口灯座的螺旋部分是作为一个电极的，它很可能被接在相线上，当更换灯泡或清洁灯具时容易触及螺旋部分而造成触电。农村更应强调使用卡口灯座。

6）近年来家用电器在农村也迅速普及，在使用家用电器时不能马马虎虎，应避免赤脚、湿手去接触家用电器。在不了解某家用电器性能及使用要求前，不要随便玩弄。

7）农村中因电扇漏电造成的触电伤亡事故尤为突出，主要原因是不用时间较长，贮存环境较潮湿，赤脚、湿手操作及带电搬动电扇。应针对上述原因慎重使用。

8）农村中使用废旧或破损的导线作电线较为普遍，尤其是临时用电。使用时没有仔细检查，裸露的导线没有很好包缠，一旦人体触及就会造成触电。户外用的导线接头以往一直沿用黑胶带包缠（应采用具有良好耐水、耐酸性能的自黏性橡胶带多层包缠），但由于黑胶带受潮或雨淋后失去绝缘作用，或因天长日久而变质老化或脱落，因此常常有人误触及这样的导线接头而触电。如果当裸露导线下面堆放草堆、柴火，万一导线短路就会引起火灾；临时电源线及水泵、脱粒机电源线，因多次重复使用，若保管和使用粗放，更易损坏绝缘层而造成触电事故。

9）电动机是农村居民和个体作坊常用的电气设备，常见的不安全因素有：开关箱及接线盒等的进出口引线、箱口处引线扭损或断芯，造成外壳带电或短路。为此，在导线的进出口端应垫有弹性的缓冲层；橡皮护套必须嵌入箱口处，以防导线在端口处破皮漏电。

10）场院或田间使用的脱粒机也是容易造成触电事故的设备。为此应做好以下事项：

① 电缆线引至脱粒机处用卡子固紧，以防移动拉断电缆线或使接线头松脱。

② 从接线盒到开关和到电动机之间的导线均用钢管固定在脱粒机上，以防电缆线磨破漏电。

③ 改用四芯橡胶套电缆线供电，并将四芯电缆的保护接零（接地）线接至接线盒内的接地螺钉上。注意，切不可将保护线误接在电源相线上。

④ 若在电动脱粒机上装上漏电保护器，则是最有效的保护措施。但应做好防污脏、雨水措施。

11）潜水泵也是造成触电事故较多的设备，它的安全使用要点，见第277问。

12）农村发生拉线和变压器接地线触电的事故也远远高于城市，要教育儿童不要玩耍拉线和变压器接地线。

13）因跨步电压造成的触电死亡事故在农村尤为突出，造成跨步电压触电事故的原因，大多是由于导线断落，触电者缺乏安全知识，想用手去捡，而接近导线断落处，或进入带电拉线的水田里去捞浮萍引起。

14）农村私拉电网捕兽、电鱼和防盗比较突出，有极个别的农户尚有搭线窃电的行为，应严加禁止。

250. 老人和小孩使用家用电器应注意哪些事项？

随着家用电器的普及，家庭中老人和小孩使用和接触电气设备的情况越来越普遍。尤其是双职工家庭，平时家中往往只留老人和小孩，他们随时都有可能使用家用电器，因此，老人和小孩造成的触电伤亡和电气火灾事故也开始突出起来。

老人反应较迟钝、健忘、眼花、嗅觉和听觉也不大灵敏；小孩无知、不知深浅、胆大、好奇、好动，这些都是造成老人和小孩发生事故的原因。为了避免老人和小孩使用家用电器时发生意外事故，应注意以下安全事项：

1）老人应尽量少使用或不使用电炉、速热器等电热器具。否则，由于老人健忘，容易将牛奶或水煮出容器外，甚至煮干，发生烧毁设备或短路、火灾事故。另外，老人眼花，容易将电源引线靠近电热器具而烧成短路。

2）老人和小孩不要去清洁灯具或更换灯泡，以免站在凳子上跌倒或造成触电事故。

3）有老人和小孩的家庭，若有条件，家用电器金属外壳应采取保护接零（接地）措施，安装漏电保护器，以确保安全。要不然，大人上班前，应将会引起触电事故的家用电器电源插头拔掉。也可以在家用电器前设置一块绝缘垫或干燥的木板，作为电气隔离，也较安全。

4）在有老人和小孩的家庭，尽量不用立地扇、台扇和立地灯，而应采用吊扇和吊线灯、壁灯。

5）洗衣机是老人常用的设备，在使用未接零（接地）的洗衣机时，要在站立位置设置一块绝缘垫或干燥的木板，或穿上胶鞋后方可操作，以免洗衣机漏电造成触电事故。洗衣机用毕，应先拔掉电源插头，再进行擦干工作。

6）当家用电器使用中发生故障或意外事故时，切不可去拆弄，而应立即拔掉电源插头，待子女回家后再告诉他们，由他们去处理。

7）观看电视时，若发现机内冒火、冒烟，或有异常气味并伴随"啪啪"声，说明电视机可能发生严重故障，应立即关机，不可继续收看。雷雨天不要收看电视和收录机，也不要站在阳台上，以免遭受雷击。

8）对于小孩，要教育他们不要随意摆弄或拆开电气设备；不要将金属丝等插入插座或电气设备的散热孔内，以免造成触电事故。小孩切不可使用电热器具、电熨斗、电烙铁等，以免造成意外事故。

9）当大人使用电热器具时，尤其是在使用电熨斗和电烙铁时，不要让小孩接近。这类电器使用完毕后，也要放置在小孩拿不到的地方，以免余热将他们烫伤。同样道理，大人们在检修家用电器、修理收录机、电视机时，也不要让小孩过分接近（出于好奇，他们会来观看），并随时提醒他们某处有电，不许乱动。

251. 什么是绝缘不良、绝缘老化和绝缘击穿？

线路或电气设备绝缘不良时，当加以电压时，绝缘部分便有电流流过（称为泄漏电流）。绝缘不良，可以通过绝缘电阻表以电阻值的形式间接地测量出来。电气设备的绝缘性能越差，泄漏电流越大，所测得的绝缘电阻也越小。电气设备绝缘不良，如果发生在局部部位，可以采用加强绝缘的方法（如包缠绝缘胶带、补垫绝缘板等）处理；如果是整体绝缘不良，应作烘干处理（对于某些用电设备）或尽早更换。

绝缘老化是指在正常工作情况下，线路或电气设备的绝缘材料随着使用的进程逐渐"老化"，泄漏电流逐渐增大而失去绝缘性能的现象。

绝缘击穿是指线路或电气设备的绝缘材料所承受的电压超过某一限度时，会在某些部位发生放电而遭到破坏（击穿）的现象。固体绝缘材料一旦击穿，一般就不能恢复其绝缘性能。固体绝缘材料的击穿有两种基本形式，即热击穿和电击穿。热击穿是绝缘材料在外加电压作用下产生的泄漏电流使绝缘材料发热，如果热量来不及散发，材料的温度就会升高，而绝缘电阻是随温度的升高而减小的，故泄漏电流将会增大，从而又使材料进一步发热，这一恶性循环导致绝缘材料被烧穿。电击穿是绝缘材料在强电场的作用下，因通过绝缘材料的电流迅速增大而被击穿。

绝缘材料除了老化和击穿外，还会因受机械损伤和腐蚀性物质、潮湿、粉尘等作用而降低其绝缘性能或导致破坏。

线路或电气设备的绝缘严重老化或击穿损坏时，应马上更换，否则会造成触电、短路及火灾等事故。平时对线路或设备的绝缘层应加强维护。

252. 对线路、电气设备（包括家用电器）的绝缘有何要求？

绝缘电阻一般用 500V 绝缘电阻表测量，绝缘电阻的单位用兆欧

（MΩ）表示。

（1）家庭电气线路和电气设备的绝缘要求

新安装的与已在使用的绝缘电阻要求是不相同的。前者的绝缘电阻值要求高些。因为新线路和电气设备未经使用，绝缘性能应该高些，而经过使用的线路和电气设备，由于受环境的影响、电化学作用、使用中可能曾出现过过载或短路故障、长期受外力作用，以及长期使用绝缘自然老化等，都会使绝缘性能降低。

1）对于新安装的线路和电气设备。绝缘电阻要求不小于0.5MΩ，否则应查找原因（如检查敷设或安装是否损伤绝缘，导线接头绝缘是否包缠好等，详见第126~128问），经处理，绝缘电阻达到要求后，方可投入使用。

2）对于使用中的线路和电气设备。绝缘电阻要求如下：相线与相线之间不小于0.38MΩ；相线（火线）与零线或地线之间不小于0.22MΩ；36V特低电压线路的绝缘电阻，要求不小于0.22MΩ。

3）对于厨房、浴室等环境恶劣的场所敷设的线路。绝缘电阻可降低要求，一般不小于0.1MΩ也算合格。

（2）家用电器的绝缘要求

1）出厂前的家用电器。家用电器出厂前必须做绝缘试验。对一般的家用电器，规定要在常温时和温升试验之后，分别用500V的绝缘电阻表测量其绝缘电阻，带电部分和有接地危险的非带电金属部分（即金属盖子、外壳）之间的绝缘电阻必须在1MΩ以上。此外，根据家用电器的不同种类，有的还要做更多的绝缘试验，如必须做溢水绝缘试验、浸水绝缘试验、耐湿绝缘试验等，上述试验均用500V绝缘电阻表测量，要求绝缘电阻必须在0.3MΩ以上，待干燥后或者通电后的绝缘电阻必须在1MΩ以上。一般规定洗衣机、电饭锅、电冰箱、空调器等要做这些试验中的一部分。

2）经修理后的一般家用电器，绝缘电阻必须在1MΩ以上，方为合格。

3）对于使用中的家用电器，一般要求绝缘电阻不小于0.5MΩ。当然，绝缘电阻越高，使用安全性越好。

253. 怎样鉴别电线的优劣？

电线的质量好坏事关用电安全，切不可马虎。电线一旦穿管暗埋，若要翻工，谈何容易。因此电线预埋前必须严格检验。

鉴别电线产品优劣的方法如下：

1）首先应看电线的包装。电线应具有生产厂家、厂址、合格证、商标、生产许可证、质量体系认证书。在电线绝缘外皮上应打印有型号、规格、导线截面积及电压。

2）看导线质量。①导线截面积应符合要求，可用卡尺测量出导线直径 d，然后根据 $S = \frac{\pi}{4}d^2$ 计算出导线的截面积。合格的导线截面、线径，其误差不超过 0.2%，而伪劣产品往往截面、线径偏小。②导线的铜材颜色应为紫铜色，色泽柔和。如果导线黄中发白，说明铜材质量较差。③取一段导线头，用手反复弯曲，应手感柔软，强度高，不易折断，说明铜材优良。

3）看电线绝缘层。①电线塑料或橡胶外皮应光滑、色泽鲜亮、质地细密，没有龟裂。②用打火机点燃绝缘层不起明火。③导线线芯应居绝缘层正中。

4）检查电线长度。电线长度的误差不能超过 5%。如果超过此标准，说明短斤少两，多为低劣产品。

254. 怎样判断电气线路绝缘陈旧老化？

为了保证安全用电，对线路和电气设备的绝缘情况应有大概的了解。下面介绍几种判断电气线路绝缘老化程度的方法，这些方法同样适用于判断电气设备（包括家用电器）的绝缘状况。

(1) 外观观察法

顺着导线观察其绝缘层，若发现绝缘层出现颜色失去光泽、变暗、发硬、裂纹、发脆、部分脱落，用双手弯曲导线时导线僵硬，甚至绝缘层开裂、脱落，这说明该导线已经有了不同程度的老化和严重老化。严重老化的线路必须马上更换。

（2）用绝缘电阻表测量绝缘电阻

具体测量方法见第346问。如果所测得的绝缘电阻小于第252问中规定的最低限值，说明该线路绝缘有问题，应仔细检查导线绝缘情况。

有时测得的绝缘电阻很低，不一定是导线老化所致，也有可能是导线在墙角处、穿墙穿楼板处、绝缘包缠处未处理好，或者老鼠咬坏绝缘等引起的，因此要认真查对。

（3）估算法

即通过计算负荷和电气布线所使用的年头以及布线环境等，大致估计出导线绝缘是否老化及老化的程度。若实际用电负荷（电流）没有超过导线所允许的安全载流量，导线绝缘温度不超过规定的限值（一般不超过65℃），那么导线是不会过早老化的。

对于电气设备及家用电器，若用外观观察法，发现导线发硬、发脆，接线端子排、胶木碳化、烧焦等，就可判断出该电器绝缘已老化。如果老化发生在个别部件上，说明此处曾发生过过热或短路故障，这时可作局部绝缘处理或更换部件即可；如果老化发生在众多的部件上，说明该电器寿命即将终止，不宜再用。

255. 造成电气绝缘损坏、老化的原因有哪些？

造成布线、电气设备及家用电器绝缘损坏、老化的主要原因如下：

1）机械损伤。如导线与墙角、水泥楼板接触，逐渐磨损；进户线处处理不当，风吹导线将导线绝缘层磨损；拖在地上的电源引线或临时电源线被踩伤或压伤；外力冲击造成电气设备损伤；在旋转部分、接触部分因磨耗造成绝缘老化；结构材料的屈曲、扭曲、拉伸等应力或异常振动、冲击等的反复作用造成绝缘老化等。

2）环境恶劣。如布线或家用电器靠近热源；电冰箱电源引线紧贴冷凝器；家用电器在阳光下曝晒；安装在厨房中的布线和电气设备受到有害气体腐蚀，潮气、油污、灰法及热作用下加速老化；电气设备经常受潮；以及受到化学药品、有害物质的腐蚀等。

3）设备使用不当。如线路长期过载，使绝缘过早老化；熔丝选得过大，当出现短路故障时不能迅速熔断而损坏线路或设备的绝缘；

在夏天长时间使用电视机等家用电器，也会损害机内绝缘。

4）鼠害、虫害。导线及电气设备被老鼠、白蚁等小动物咬坏绝缘。

5）雷击过电压损坏电气绝缘。

256. 什么是带电和漏电？如何判别？

相线直接接触家用电器的金属外壳，称为设备带电；家用电器因绝缘受潮、不良或老化而引起的金属外壳有电，称为设备漏电。我们通常说的漏电，包括上述两种情况。

人体触及带电的家用电器金属外壳时会受到严重的电击，因为这时外壳的电压为220V；人体触及漏电的家用电器金属外壳时不一定会受到严重的电击，多数是感到麻电，因为这时外壳的电压较低，一般为十几伏至一百多伏。而电击或麻电又与环境及所穿的鞋有关。

如何判别是相线碰壳带电还是一般不严重的漏电呢？通常有以下几种判别方法：

（1）用试电笔检查

将试电笔接触家用电器的金属外壳，如果试电笔氖泡发光，表示带电或漏电；不发光，表示不带电、漏电或电压很低。测试时若外界光线较强，可用手遮挡，以免氖泡发光显示不明显而误判。要判断是带电还是不严重的漏电，可先用试电笔测试一下220V的相线，看看氖泡发光亮度，然后与在家用电器外壳测得的氖泡亮度进行比较，若一样亮，则有可能是相线碰壳（带电）故障；若亮度比在220V相线上测得的弱，则是一般不严重的漏电。这样判断并不十分可靠，因为有的氖泡启辉电压较低，测试时很难从其亮度强弱作出判断（氖泡的启辉电压分散性较大，从几十伏至百余伏都有）。若是一般不严重的漏电，人体触及外壳后，原发光的氖泡就会熄灭；若是相线碰壳，人体触及就会遭电击。在没有作出判断之前，不可用手去试，可采用$1k\Omega$ 数千欧的电阻代替人体电阻触试。最好用以下方法进一步检查。

（2）用万用表检查

将万用表量程开关拨在交流250V或500V档，万用表的一支表笔搭在接地体（如自来水管、金属上、下水管道等，注意要接触良好）上，也可搭在电源的零线（必须注意安全，一定要先用试电笔找出哪根是零线）或保护接零（接地）线上，另一支表笔搭在被测的家用电器金属外壳（不可搭在油漆面，应搭在金属体上），如果指针指示约 220V，说明外壳带电；如果指针有指示，但数值很小，说明漏电不严重，数值较大，则说明漏电严重。如果在干燥的环境里，测得外壳的电压不大于 50V，或者在潮湿的环境里，不大于 36V，则说明漏电还不严重，人体触及不会发生危险。但也不可以忽视安全，因为一旦已发生漏电，便有可能加速绝缘老化，使漏电逐渐趋于严重。

（3）用灯泡检查

在没有万用表的情况下也可用灯泡检查。取一只 220V 的灯泡（带灯座），从灯座上引出两根电源线，将一根接触到电源的零线，另一根接触到家用电器的金属外壳，若灯泡正常发亮，则表示相线碰壳；灯泡不亮，表示不带电或一般不严重的漏电。用这种方法检查时，必须注意安全，并仔细从事，以免触电。

257. 造成家用电器外壳带电及漏电的原因有哪些？

1）未采取保护接零（接地）措施，或接零（接地）线连接不牢靠，也有的用户采取错误的做法，如将接地线直接连接在自来水管上，一旦家用电器外壳带电或漏电，便使自来水管长期带电。

2）家用电器内部带电导体因压紧螺钉松动、短路、绝缘层被老鼠咬破、机械性损伤或绝缘老化等造成短路碰壳，使外壳带电。

3）家用电器受潮、被水侵蚀、有害气体或液体腐蚀等造成漏电。

4）绝缘损坏、老化，见第 255 问。

258. 怎样查找家用电器的漏电故障？

发现家用电器漏电后，应先判断出是相线碰壳的直接带电，还是绝缘不良等引起的漏电，然后分别情况查找出漏电的原因和故障部位，并加以修复或处理。

（1）对于直接带电故障应重点检查

1）检查电源线引入家用电器内部的端头连接螺丝有无松脱；导线有无磨损、断股；绝缘有否严重老化；导线芯有无毛头碰连外壳等。

2）检查家用电器的内部连接线及电气元件有无损坏、严重老化、击穿等情况。

3）检查电源线（家用电器侧）及电器内部有无被水淋或严重受潮。

4）已装设保护接零（接地）的家用电器，应检查连接螺钉有无松动、锈蚀；接零（接地）线有无断线；接零（接地）装置是否良好。

（2）对于漏电故障应重点检查

1）检查电源引线及家用电器有否受潮、污脏。

2）家用电器有无过载或使用年久绝缘老化。

3）有无发生过短路故障及绝缘击穿的情况。

4）同（1）中4）项。

259. 怎样做好浴室的安全用电？

浴室在使用时，通常是水雾迷漫，十分潮湿；平时不用时，室内湿度也很大。另外，入浴时人体裸露，全身浸水，人体电阻很小，一旦触电，极易死亡，因此，对浴室用电要加倍重视。浴室用电应注意以下事项：

1）浴室内的布线应采用穿 PVC 管等暗埋方式，避免采用木槽板或明线布线。因为木槽板会吸收大量水分，使导线经常处于潮湿的环境中，降低导线绝缘，引起漏电。导线不宜穿钢管敷设，以免穿线钢管引入电压，并有可能降低线路的绝缘水平。若用明线布线，宜采用加强绝缘或双重绝缘的导线，如 BVV、RVV、BXHF 型导线。

2）尽可能不要在浴室的淋浴间或浴盆附近安装开关、插座等，更不能使用床头开关、灯头开关类电器，以免这些电器受潮或绝缘损坏引起漏电而造成触电事故。浴室如有接线盒或开关，其内的导线接头应采用具有良好耐水、耐酸性能的自黏性橡胶带多层包缠。

浴室开关应安装在浴室外，若非得安装在浴室内，则不能使用普通开关，而应使用防水型拉线开关，灯座应使用防水灯座。浴霸开关为浴霸配套电器，为防水防溅式。

3）浴室内尽量少使用电器。除电热水器、浴霸外应尽量不用其他电器。在洗澡时使用电器是最危险的，如不慎将电器落入浴盆内，一般人的反应是立即抓起电器将它扔出盆外，殊不知这时接触电器外壳通过人体的电流可高达 500mA，能立即致人死命。同样在浴盆外使用电器也很危险。

4）千万不可将家用电器的接零（接地）线接在自来水管上作为保护用。因为家用电器外壳一旦漏电，会将电压加到自来水管上，而浴室用水都经过自来水管过来，这样就会造成洗澡人触电死亡。

5）应采用保护接零线，插座必须正确接好保护接零。

6）有条件的家庭，可以采取等电位措施。即将浴室内的各种金属管道、结构件（包括地下钢筋），以及进入浴室内的专用保护接零（接地）线用 20mm × 30mm 扁钢或截面积不小于 6mm^2 的铜芯导线互相连通，如图 8-1 所示。这样连接后不论哪一金属管道引入多少电压，因浴室内各部分互相连通都基本带同一电位而不会出现电位差，确保了安全。

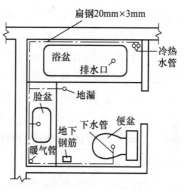

图 8-1　浴室内的局部等电位措施

7）浴室使用的电热水器必须是名牌优质产品，以保证绝对安全，千万不可购买伪劣产品。电热水器的安装必须严格按照说明书的要求实行。若不放心，宜选购燃气式淋浴器或预热式电热水器（使用前先将水加热，然后拔掉电源插头洗澡）。

8）电热水器必须带有漏电保护器。有人认为既然住宅配电箱内已安装有漏电保护器，电热水器再带有漏电保护功能似乎多余。其实不然，安装在配电箱内的漏电保护器，通常按漏电动作电流不大于 30mA、动作时间不大于 0.1s 调整的。对处于浴室中的人来说，漏电动作电流应更小（如不大于 5mA）才能保证安全。而家庭总漏电保护器要将动作电流调整到 5mA 一般很难做到（因为正常布线漏电流就有可能大于 5mA）。因此电热水器本身应带有漏电流很小的漏电保护器，以确保安全。配电箱内的漏电保护器只能作为后备保护。只有当电热水器内部的漏电保护器失灵时，它能起到保护作用。

260. 怎样防止电热水器触电事故？

电热水器造成的触电事故时有发生，必须引起高度重视。

许多人认为的电热水器漏电，就是电热水器本身漏电。其实在电热水器漏电事故中，由环境漏电引起的占七成，电热水器触电事故的主要原因不是产品本身，而是用电环境本身的带电性。

用电环境带电性的原因诸多，如接地（PE 线）不良或缺失；乱拉电线，把地线接在水管上；采用劣质的开关插座；线路老化短路；开关接在零线（N 线）上等。

由于电热水器的地线是接到内胆上的，若接地不可靠，一旦家中任何电器发生漏电或线路老化造成相线与地线搭接，地线不仅不能将电导入地下，反而将电导入电热水器内，造成电热水器中的水带电，直接威胁到电热水器用户的生命安全。倘若是因为地线接地不良导致的漏电，除了洗澡的人会遭受危险外，还有可能影响到使用其他家用电器的家人安全。

有人认为，洗澡时把电热水器的电源插头拔掉，就不会造成触电事故。其实未必如此。因为在一些接地不好或根本没有接地的建筑中[在一些老小区，常缺少接地（PE）线]，可能有的家庭会将地线与水管连接，让水管充当建筑的接地。这种情况下，如果一户人家中的电器发生漏电，那么整栋楼的水管都会带电。正在使用电热水器洗浴的用户，尽管拔下了插头，还是会被水管导入的电流击伤。

为了防止电热水器触电事故，务必做到以下要求：

1）和空调器一样，电热水器也必须要有资质的机构人员来安装，用户不能自己安装。安装前安装人员首先要测试用电环境，检查线路情况，如果用电环境存在地线（PE 线）带电、缺失隐患，都不能安装。只有在确保用电环境安全情况下，才能安装并使用电热水器。

2）购买电热水器首先要检查产品有无 3C 认证，电热水器本身（内部）有无带漏电保护器，以确保产品质量。

3）电热水器的电源插头均采用三极插头，三极分别对应相线（L 线）、零线（N 线）和保护接地（接零）线（PE 线），PE 线接带有"⏚"符号的一极。

4）电热水器供电支路必须接在配电箱中漏电保护器之后，而不可接在总开关之后漏电保护器之前。配电箱内的漏电保护器作为后备保护，电热水器内部的漏电保护器作为基本保护。

5）定期检查配电箱内及电热水器内部的漏电保护器动作情况（均有试验按键），以确保使用安全。

261. 怎样做好厨房的安全用电？

厨房的环境条件比较差，水蒸气、油烟及腐蚀性气体很多，如果厨房电气安装和使用不当，很容易造成电气设备绝缘水平降低，绝缘加速老化，发生各种故障。因此，对厨房用电要格外重视。厨房用电应注意以下事项：

1）厨房内的布线应采用 PVC 管等暗埋方式，避免采用木槽板或明线敷设。

2）厨房内的电源引线，如换气扇、排油烟机等的电源线宜采用加强绝缘或双重绝缘的导线，至少应采用塑料护套线，而不能采用胶质线（花线）；引线在厨房内不宜有接头，因为接头的绝缘胶带很容易受潮、污损并失去弹性，从而造成漏电或短路事故。

3）厨房内尽可能少装电气设备，一般只装数只电源插座就可以。厨房的灯开关宜安装在厨房外面。灯座宜采用防水灯座，普通灯座容易产生锈蚀、导线接头烂断、灯泡锈死拧不下来等情况。在检修、调换灯泡或搞卫生时都容易造成触电事故。

4）厨房内的灯不宜安装在离抽油烟机很近的地方（抽油烟机本身防潮照明灯除外），以免灯泡污脏，灯具锈蚀。可以采用吸顶灯安装在远离抽油烟机的天花板（装饰板）上。

5）使用煤气或液化石油气的厨房内，严禁将插座、开关类电器安装在离地较近处。因为煤气或液化石油气比空气重，一旦泄漏会往下沉，若空气不流通，会滞留在室内低洼区。这时插拔插头或开合开关，触头产生的火花会引起煤气或液化石油气燃烧爆炸，造成重大的事故。

6）在检修、清洁灯具或更换灯泡时，应先拉断断路器或将熔断器插尾拔去，在断电的情况下进行，以免发生触电事故。

262. 怎样辨别线路是高压线路还是低压线路？

这里所指的高压线路是 3～10kV 线路，低压线路是 380/220V 线路。近年来，随着高层建筑的增多，农村住宅的新建，居民在安装太阳能热水器和其他活动中触及高压电线造成伤亡的事故屡见不鲜。其中一个重要的原因是有些居民将高压电线误认为是低压电线，因而麻痹大意，过分接近所致。

高压线路在农村通常是单独架设的，而在城市，由于土地紧张，往往是高、低压线路同杆架设。鉴别是否高压线路还是低压线路可以从以下几个方面去分析：

1）单独架设时，高压线路电杆之间的距离要较低压的大，杆子也较高；高、低压同杆架设时，最上层是高压线路，下层是低压线路；高压线路横担较长，线间距离大，低压线路横担较短，线间距离小。

2）看绝缘瓷瓶。高压绝缘瓷瓶一般有两种型式：高压针式绝缘子（一般为茶褐色）和高压瓷横担绝缘子（一般为白色）（见图8-2）；低压绝缘瓷瓶为针式（一般为白色）。高压绝缘子大，低压绝缘子小。

3）看导线出处。高压架空线一般很少有分支线，其分支线是引到变压器高压侧的，或引向油开关等设备；低压架空线由变压器低压侧引出，而低压线的出处是引向住宅等；高压线路只三根导线，低压线路一般四根（三相加一根零线）或两根（相线加零线）导线。

根据上述不同特点，就不难分清哪条是高压线路，哪条是低压线路。

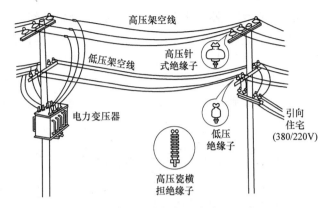

图 8-2　高压线路与低压线路的区别

263. 什么是无高度触电危险的建筑物？

无高度触电危险的建筑物是指干燥、温暖、无导电粉尘的建筑物。室内地板是由干木板、沥青、瓷砖等非导电材料制成；室内金属占有系数小于 20%（所谓金属占有系数，就是金属制品所占的面积与建筑总面积之比），如木质地板的住宅。

264. 什么是有高度触电危险的建筑物？

有高度触电危险的建筑物是指潮湿、炎热、高温和有导电粉尘的建筑物。室内地板是由水泥、砖块、泥土、湿木板等材料制成；一般金属占有系数大于 20%；相对湿度经常在 85% 以上；环境温度经常在 40℃ 以上。如由导电材料制成的地板的住宅；光线昏暗的房间、阁楼、地窖，以及农村的一些作坊、泵房等场所。

265. 什么是有特别触电危险的建筑物？

有特别触电危险的建筑物是指特别潮湿、有腐蚀性气体、煤尘或游离性气体的建筑物。如厨房、浴室，以及有导电粉尘等场所。

266. 为什么浴室和厨房的线路与灯头容易漏电？

浴室、厨房及卫生间潮气大，水蒸气上升会使线路（除暗敷外）

和灯头（除防水防潮式外）上附着水分；若木槽板敷线时，木槽板会吸收大量的水分，使导线经常处于潮湿的环境；厨房内温度较高，由于炒菜、用火，空气中含有一氧化碳、二氧化碳、二氧化硫、油气、盐分等有害及有腐蚀性的介质。安装在这类环境中的线路与灯头有电气设备，容易受到腐蚀，绝缘容易老化，因此容易造成漏电、短路等事故。

267. 能否用铁棒打入地下代替零线给照明供电？

有的农村居民用铁棒打入地下代替零线给照明供电。这种方法虽然能使电灯正常发光，但极不安全，应严加禁止。这是因为：

1）如果接地不良或接地极与导线连接不可靠，在连接处就有较高的电位存在，人一旦触及便会触电。

2）当人拔去接地极或接地引线断折后人去接触时，电流就经过人体入地，发生触电事故（见图8-3）。

图8-3 用一线一地方法
供电的危险

268. 为什么尽量不用床头开关和灯头开关？

床头开关可装在床架上，使用起来方便，但它极不安全。因为床头开关安装很低，小孩玩耍易造成触电事故。床头开关一般是由硬电木制造的，不抗击，吊挂在床架上容易与木架相碰，造成破损。另外，床头开关经常摆动、受力，电源线端头绝缘容易磨损，使裸导线外露。床头开关和灯头开关的开关把手离导线很近，人体经常接触，万一开关有破损、漏电等故障，就会造成触电事故（见图8-4）。因此，为了安全起见，尽量不要用床头开关和灯头开关，而改用拉线

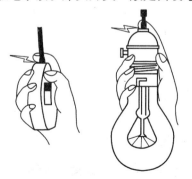

图8-4 用床头开关与灯头
开关容易造成触电

开关。

269. 单极开关为什么规定要串联在相线回路中?

单极开关（如拉线开关、拨动开关）不能串接在零线回路，而必须串接在相线回路。因为开关串接在相线回路，开关断开后，相线被切断，设备上便没有电，人触及设备的任何部位都不会触电（见图 8-5a）；要是开关串接在零线上，则开关断开后，只是将零线切断，而相线仍通过设备，因此设备将长期带电（见图 8-5b），这是很不安全的。例如断开接在零线上的开关后，电灯熄灭，人误认为没有电了而去检修灯座，就会造成触电事故。

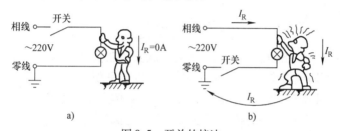

图 8-5　开关的接法

a）开关装在相线回路，对　b）开关装在零线回路，错

270. 使用电源引线应注意哪些事项?

家用电器一般使用单相电源，其电源引线有采用二芯或三芯护套铜软线。

二芯线用于不需接零（接地）保护的用电设备，三芯线用于需要接零（接地）保护的用电设备，其中黄/绿相间（过去有黑）的线芯为接零（接地）线，专用于连接家用电器的金属外壳。使用电源引线应注意以下事项：

1）电源引线的长度一般为 5m 左右，当长度超过 5m 时，应采用接线插座板，不宜用导线连接（用绝缘胶带包缠），否则容易造成触电和短路事故。

2）不可用胶质线作为电源引线，而应用橡皮绝缘纱编织软线或聚氯乙烯护套软缆或软线（后两者不能用于外部金属部件温升超过

75℃的电器)。

3)电源引线与插头的连接入口处,应用压板压住导线,以免接头接到拉力而松脱。

4)电源引线不要任意在地面拖动,以免不小心绊倒人或摔坏电器设备。

5)电源引线不可与油垢、水、化学品、炽热物、锋利物接触,以免损伤绝缘层。

6)电源引线不要过分弯曲及反复弯曲、绞扭或脚踏,以免损伤导线。

7)要经常注意和检查电源引线,发现问题应及时处理。

271. 使用插销应注意哪些事项?

插销由插座和插头组成。插座一般安装在供电线路的末端,通过插头给家用电器供电。使用插销应注意以下事项:

1)插座有二孔、三孔和四孔之分,具体选用请见第169问。

2)插座和插头的接线需正确。尤其是保护接零(接地)线的接法必须正确。插座和插头的接线请见第182和184问。

3)插座和插头的额定电流应按1.5~2倍负荷电流来选择,选择过小易使插销过热而损坏。

4)插座不宜安装在高温、潮湿的场所,而应安装在干燥、清洁的场所。

5)不允许两台或几台家用电器合用一个插座或两个插头共同插在一个插座内(见图8-6a),以免发生过载发热、触电及短路事故。

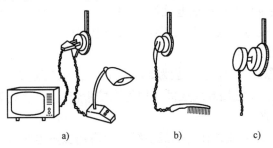

a)   b)   c)

图 8-6　插销的几种错误用法

6）不允许把家用电器两根电源引线的线头直接插在插座的插孔内，以免发生短路和触电事故（见图8-6b）。

7）插座或插头绝缘损坏后必须及时更换，切不可对付使用。

8）经常注意检查插座和插头的完好性；插头根部电源引线有无损断；若发现插销有发热或烧焦现象，应检查是否过载，插座与插头接触是否良好，插头插脚有无氧化层，必要时需拆开插座或插头将接线连接可靠。

9）插头插入插座要插到底，插脚不可外露，以免造成触电或因接触不良造成过热。

272. 怎样正确使用多联插座？

多联插座是为多个用电器具共用一路电源而设计的一种通用插座，家庭已被广泛使用。它可以固定安装，也可以不固定安装。使用多联插座时应注意以下事项：

1）对于家庭中那些不需要经常移动的家用电器，多联插座可固定安装在墙上（见图8-7b）。安装高度离地不低于1.3m，这样有利安全。

2）作临时电源时（不固定），如为照明、维修等提供临时电源时，有以下两种做法：

① 将多联插座（或单独插座）安装在插座板上，并配以电源开关、指示灯和熔断器（见图8-7c）。

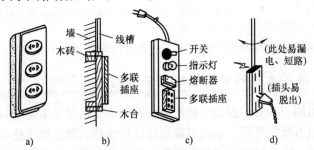

图 8-7 多联插座的使用

a）多联插座 b）固定在墙上 c）装在插座板上 d）吊挂使用（错误）

现在市售多联插座大多带指示灯（发光二极管），也有带小按钮开关，使用起来十分方便。但一般不带熔断器。

② 直接用多联插座。使用时将电源线放开，用完后把电源线盘绕起来放好。

前一种方法比后一种方法更方便、安全。

3）像电冰箱、洗衣机、空调器、电炉、电炒锅等功率较大或需接零（接地）的家用电器，应采用单独安装的专用插座，而不宜与其他电器设备共用一个多联插座。

4）不允许吊挂使用。插座吊挂使用会使电线受拉力及摆动，造成压接螺钉松动，并使插头与插座接触不良。

5）不允许将多联插座长期放在地面、桌上使用，这样不但容易使金属等异物掉入插孔造成短路事故，而且容易造成触电事故，小孩子玩耍就更危险了。

273. 怎样处理插脚拔离而插头留在插座内？

有时拔橡胶、塑料、胶木绝缘的插头时，会碰到插脚拔离而插头留在插座内的意外情况，如图 8-8 所示。

这时千万不可慌张，切勿用手直接去拔插脚，也不可带电用电工钳去拔，因为这样做很容易引起插脚将插座内夹片拉坏变形，甚至造成插座内两插孔夹片之间短路。正确的处理方法是：先切断电源（如

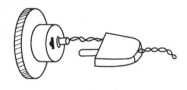

图 8-8　插脚留在插孔的情况

切断断路器或拔掉熔断器插尾），在无电的情况下进行处理。

274. 黑胶木材料表面烧成粉末状后还能用吗？

胶盖闸刀开关的胶盖、插座外壳胶木等是由黑胶木绝缘材料制成的，当被电弧烧坏后，表面可能烧焦成粉末状，黑色胶木绝缘材料就成为导体。因为粉末的成分是碳和灰粉，碳是有导电性的。两个电极之间原来是靠胶木绝缘，现胶木失去绝缘作用，该电器就不允许再通电使用。否则就会烧断熔丝，甚至产生大电弧而烧伤操作者的脸

和手。

这时应做如下处理：如果烧得不严重，可将烧坏的痕迹刮去，涂上绝缘清漆，直至绝缘电阻达到 $1M\Omega$ 以上方可使用。否则应更换胶木件。固体绝缘击穿后，一般不能恢复绝缘性能。

275. 换装螺口灯泡应注意什么？

为了防止短路，换装螺口灯泡前，应检查螺口灯座中心弹舌片位置是否在正中心，有无松动现象。若弹舌片不在中心位置，应先停电，拧松舌片固定螺钉，拨正后再拧紧。经检查认为无问题了，再装换螺口灯泡。拧螺口灯泡时，应将灯泡上的螺旋圈全部拧入灯座内，以防触电。

276. 怎样防止手机充电引起的火灾事故？

手机由于使用率较高几乎每天都要充电，由手机充电引起的火灾事故时有发生。为了防止手机充电引起的火灾事故，应注意以下事项：

1）不使用劣质充电器。

2）充电器必须与手机匹配。

3）使用充电器的时间段，房间内需有人在。万一发生意外，也可立即处置。

4）要将充电器插在通风散热良好的地方充电。

5）使用充电器要掌握好时间，不能长时间充电，更不能一天到晚将充电器插在插座上。这样容易使插线板发热，导致充电器爆炸起火。

6）不要在一个插座上插满各种电器的插头，尤其是夏天，否则很可能导致插座过热短路起火。

277. 怎样防止潜水泵的触电事故？

潜水泵在农村广泛使用。由于潜水泵与金属管道和水渠、池塘相连，通常又安装在露天，所以如果安装、使用不当，极容易造成触电事故。为了防止潜水泵的触电事故，应采取以下措施：

1）潜水泵电动机的绝缘必须良好。使用前应先通电检查外壳是否漏电，有漏电的水泵不能使用，务必处理好绝缘后方可使用。

2）潜水泵及电源电缆线不用时应妥善保存，不可放在杂物处，不可弃在一旁不管，以免霉烂。

3）不懂电气知识的人不要擅自安装潜水泵（当然也包括其他电气设备），以免接线错误或安装不当造成严重的触电事故。

4）潜水泵外壳、电动机外壳、进水管等均应可靠连接，并采取保护接零（接地）措施，否则一旦导线绝缘层损坏或接线端头松脱，会造成整个水泵系统带电，并使水渠、水池也带电。而水渠、水池是人们经常去洗手、洗澡的地方，要是带了电，会造成严重的触电事故。为了防止意外，要教育孩子不要到有潜水泵工作的水渠、水池内去玩水、游泳。

5）采用钢管保护敷线时，不许将有接头的电线引入钢管，因为接头绝缘一旦被雨水浸湿或松动脱落，钢管与接头接触便会带电。

6）电缆线绝缘必须良好，接线头在接线盒内连接要可靠，并有防止接线头直接受力的措施，以防拉动电缆将线头拉脱，造成相线碰壳事故。

7）使用中应勤检查，一旦发现有异常情况，应及时查明原因，并加以修复。

第九章

接地与接零

278. 电气设备为什么要进行接地与接零？

接地与接零主要目的是为了保证人身安全和设备安全。

电气设备接地与接零的种类很多，按其目的可分为以下几大类别：

1）工作接地。是为了保证电气设备在正常或故障情况下都能安全运行而在电力系统某一点（如变压器中性点）进行的接地，如图9-1 所示。

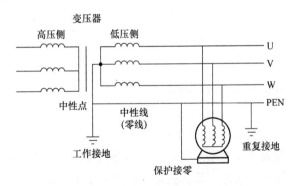

图9-1 工作接地、重复接地和保护接零示意图

2）保护接地与保护接零。是为了保证人身安全而采取的一种接地（接零）。保护接地的接地电阻应不大于 4Ω。

3）重复接地。如图9-1 所示，与变压器直接接地的中性点连接的中性线称为零线（零干线）；将零线上的某点（如住宅楼集中电能表箱处）再次接地（该点与接地装置相连），称为重复接地。重复接地的接地电阻一般不大于 10Ω，进入住宅楼处的重复接地的接地电阻应不大于 4Ω。

4）防雷接地。又称过电压保护接地，是为了将雷电流导入大地的接地，它包括各种避雷装置的接地。防雷接地的接地电阻应不大于 10Ω。

5）防静电接地。是为了将静电迅速导入大地的接地，以防止火灾和爆炸的危险，如汽车储油罐上拖到地面的铁链，计算机房防地面等静电的接地。防静电接地的接地电阻可以允许大些，如几十欧至数百欧。

6）屏蔽接地。又称隔离接地。是为了防止电磁感应（信号干扰）而对电气设备或干扰源的金属外壳、屏蔽罩、屏蔽线的外皮或建筑物金属屏蔽体进行接地。例如，在彩色电视机中高频头等器件和液晶电视机内部的大量敏感元器件进行的屏蔽接地（接金属框架，然后接到保护接零线上）。

7）等电位联结。等电位联结和保护接地都可以减小建筑物电气设备内出现的电位差，但前者减小电位差的效果更好，即安全性更好。

279. 什么叫保护接地？

电气设备因绝缘下降或损坏时，会引起正常情况下不带电的金属外壳带电，人体一旦触及就会发生触电事故，为了保障人身安全，需要采取保护接地或保护接零措施。

将电气设备在正常情况下不带电的金属外壳与接地装置进行良好的连接，叫作保护接地，简称接地，如图 9-2 所示。

在图 9-2a 中，当家用电器某相的绝缘损坏时，其金属外壳就长期带电，同时由于线路与大地存在着绝缘电阻 R 和对地电容 C，如果人体触及此家用电器的外壳，则接地电流 I 就全部通过人体形成回路，人就遭到了触电的危险。但由于绝缘电阻 R 值一般很大，所以其触电危险程度远较图 9-2b 所示情况的小。

在图 9-2b 中，当家用电器某相的绝缘层损坏时，其金属外壳就长期带电，如果人体触及此家用电器的外壳，则接地电流 I 就经过人

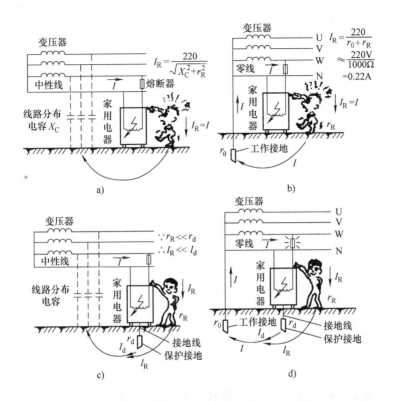

图 9-2 保护接地分析图

a) 中性点不接地系统中不接地（接零）的危害 b) 中性点接地系统中不
接地（接零）的危害 c) 中性点不接地系统中的接地保护 d) 中性点接地
系统中的接地保护（若熔丝额定电流不大于 11A 时，才安全）

体和变压器的工作接地构成回路，其大小为

$$I_R = \frac{U_x}{r_R + r_0}$$

式中　U_x——额定相电压，即 220V；

r_R——人体电阻（Ω）；

r_0——工作接地装置的电阻（Ω）。

人体电阻 r_R 一般为 800～1500Ω，现假设为 1000Ω，r_0 通常为
4Ω，U_x 为 220V，将上述数据代入上式，得 $I_R \approx 220$mA。如此大的电

流足以使人死亡。

在图 9-2c、d 中，当家用电器有保护接地装置时，若发生绝缘损坏使家用电器金属外壳带电，这时保护接地电阻 r_d 与人的对地电阻 r_R 并联，接地电流 I 将同时沿着接地体（通过电流 I_d）和人体（通过电流 I_R）两条通道流过。流过每一条通道的电流值将与其电阻的大小成反比，即

$$\frac{I_R}{I_d} = \frac{r_d}{r_R}$$

式中 I_R、r_R——沿人体流过的电流（A）及人体电阻（Ω）；

I_d、r_d——沿接地体流过的电流（A）及其电阻（Ω）。

由上式可见，当 r_d 越小，则通过人体的电流也越小，保护作用就越大。通常人体的电阻比接地装置的电阻大数百倍，所以流经人体的电流也比流经接地装置的电流小数百倍。

对于图 9-2d，家用电器设有保护接地装置，人体处在和保护接地装置并联的位置，一般 $r_0 \approx r_d = 4\Omega$，$r_R = 1000\Omega$，若忽略导线及设备电阻的影响，则故障电流为

$$I \approx \frac{U_x}{r_0 + r_d}$$

将 $r_0 = r_d = 4\Omega$，$U_x = 220V$ 代入上式，其故障电流为

$$I = 220V/(4+4)\Omega = 27.5A$$

接触电压一般与对地电压相等，即人体承受的电压约为

$$U_R = U_d = \frac{r_d}{r_0 + r_d} \cdot U_x = \frac{4}{4+4} \times 220V = 110V$$

而零线对地电压为

$$U = \frac{r_0}{r_0 + r_d} \cdot U_x = \frac{4}{4+4} \times 220V = 110V$$

通过人体的电流为

$$I_R = U_R/r_R = 110V/1000\Omega = 0.11A = 110mA$$

显然，该电流要较图 9-2b 中的电流（220mA）小一半，即较图 9-2b 的安全些。但 110mA 电流对人体来说还是十分危险的（安全电

流应不大于 30mA）。然而我们还应该看到，如果家庭的总保险丝额定电流不大于 11A，则在上述的 27.5A 故障电流下能迅速熔断，从而切断电流，确保了人身安全。

由以上分析可见，有了保护接地，当人体触及到带电的金属外壳时，由于人体电阻与接地电阻并联，且人体电阻（约 1kΩ）远比接地电阻（约 4Ω）大，所以通过人体的电流要比流过经接地装置的电流小得多，对于人的危险程度就显著地减小了。

保护接地通常用于中性点不接地的电力系统，见图 9-2c，也可用于中性点接地的电力系统，见图 9-2d。

需要指出的是，如果熔丝额定电流大于 11A，则由于熔断时间长，对生命是有威胁的，不能保证其保护功能。因此对于中性点接地系统采取保护接地措施，总熔丝的额定电流只能选择不大于 11A 才能确保安全。这就是保护接地的局限性。

280. 什么叫保护接零?

将电气设备在正常情况下不带电的金属外壳，用导线与电力系统的零线可靠连接，这就是保护接零，简称接零，如图 9-3 所示。保护接零用于 380/220V 中性点接地的电力系统。

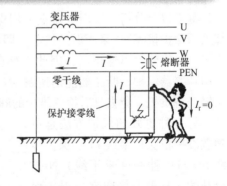

图 9-3　保护接零示意图

有了保护接零，当设备外壳带电时，故障电流就由相线流经设备外壳到零线，再回到变压器的中性点。由于故障回路的电阻、电抗很小，所以故障电流很大，强大的电流能使断路器跳闸或把熔断器内的熔丝熔断，切断电源，从而就可避免人体遭受触电的危险。

保护接零必须由单位统一施工，在零干线上统一引入专用的保护接零线至每个住户。要是没有统一施工，每家每户自行从自家的零线（实际是零支线）上采取所谓的"保护接零"，是很危险的，应禁止。

281. 家用电器如何实现保护接零（接地）？

住宅供电一般都采用 380/220V 中性点直接接地的系统。如果家用电器采用保护接地的话，为了安全，接地装置的接地电阻必须足够低，一般不大于 4Ω。按照变压器工作接地电阻 4Ω 和保护接地电阻 4Ω 计算，当家用电器发生相线碰壳故障时，故障回路将产生 27.5A（220V/8Ω）的电流，27.5A 故障电流只能保证额定电流为 11A 的熔丝迅速熔断。如果家庭用电量不大，熔丝可选取 11A 以下，因此当发生家用电器相线碰壳故障时，熔丝能迅速熔断，从而保证人身安全。然而，随着居民用电量的增加，绝大部分家庭使用大于 11A 的熔丝或使用断路器作保护，这时采用保护接地就不能保证人身安全了。

保护接地还有一个缺点是：要做到接地电阻为 4Ω，对于一般家庭来说是十分困难的，需要几十至上百千克（公斤）钢材做接地装置。尤其对于居住在楼上的居民更为麻烦，甚至找不到合适的埋设接地体的场地。如果接地电阻达不到 4Ω，则保护接地的作用就会降低。

鉴于以上分析，家用电器宜采用保护接零（现在城市住宅几乎都采用保护接零）。采用保护接零，即使家庭用电量很大，熔丝选择很大，仍能使它迅速熔断，因此不存在熔丝受 11A 限制的问题。若使用断路器保护，断路器能迅速跳闸。另外，还可以省去接地装置，减轻经济负担，免去日后检修维护的麻烦，同时接线也方便。

另一种更好的保护方法是单独敷设一根保护零线 PE。保护零线 PE 与中性线（零干线）N 是分开的。从电源侧向室内引入保护零线，家用电器的金属外壳都接在保护零线上，如图 9-4 所示。不管是否有重复接地或与系统接地共用接地线，保护零线都是单独引入，故称为单相三线制或三相五线制。这种保护方式可以避免由于末端线路、分支线路或主干线中性线（零干线）断线所造成的家用电器群爆等的危害。这种接线，

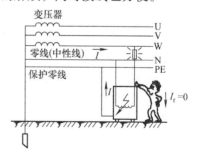

图9-4 三相五线制（TN–S系统）

只有当保护零线断开，而且有一台家用电器发生相线碰壳时才会发生危险，因此大大减少了家用电器外壳出现危险电压的可能性。

另外，采用 TN－C－S 系统也是十分安全的，详见第 17 问。

282. 哪些家用电器需要或不需要接零（接地）?

凡是绝缘下降或损坏能引起金属外壳带电的家用电器一般都需要采取保护接零（接地）。

电冰箱、空调器、洗衣机、电热水器、台式或落地式电风扇、电熨斗、电饭锅、微波炉、消毒柜、浴霸、液晶彩电和携带式电动工具等都需采取接零（接地）。

以下情况的家用电器可以不接零（接地）：

1）安装在 2.5m 以上的不导电建筑物上，用木梯等才能接触到，并且不会同时碰及接地部分的家用电器，如吊扇、换气扇、分体式空调器（立式除外）等。

2）已可靠地安装在已接零（接地）的构架上的家用电器。

3）供电电压为 36V 及以下的家用电器。

4）外壳为绝缘塑料制品，即使发生相线碰壳故障，外壳也不会带电的家用电器。如普通彩色电视机、收录机、电热梳等。

5）安放在地面为干燥和不易导电的木质地坪、沥青面等的房间内的家用电器。

接零（接地）用符号"⏚"表示。有的家用电器，如收音机、电视机等，在电子电路中有"⊥"或"⏛"符号，这表示以金属底板、机壳及某些公共接点的电位作为零电位。

283. 隔离变压器二次侧需要接零（接地）吗?

手枪电钻、手提砂轮等手提式电动工具，有采用变比为 1∶1 的隔离变压器的，其变压器二次侧不允许接零（接地）。这是防止触电的基本保安措施之一。其原因如下：

当 1∶1 隔离变压器二次侧不接零（接地）时，即使手提式电动工具漏电或相线碰壳，由于二次侧为不接地系统，因此没有电流经过人体（电流没有回路），也就不会引起触电事故（见图 9-5）。当然

1:1变压器的绝缘应良好，同时二次引出的电源线不要太长且绝缘良好，以防止线路绝缘一旦损坏，变成二次接地而失去保护作用。如果二次接零（接地），则当电动工具漏电或相线碰壳时，电流就会经过人体、大地流回到电源，造成触电事故。

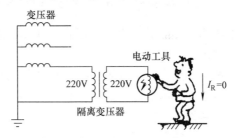

图 9-5　采用隔离变压器保护原理图

284. 对移动式用电设备如何实行保护接零（接地）安全措施？

移动式用电设备（包括携带式用电器具），由于经常与人体接触，因此容易发生事故。为了确保安全，应做好以下事项：

1）由于移动式用电设备位置经常变化，不便采用固定的接地保护，在中性点接地的供电系统中（住宅供电均属此类系统），应采取保护接零，必要时可装设漏电保护器，漏电动作电流不大于 30mA、动作时间不大于 0.1s。

2）电源引线应使用完整的多芯橡胶绝缘软线或聚氯乙烯护套软缆或软线，其中黄/绿相间的双色芯线（以往是黑线）是专供保护接零（接地）用的，铜芯截面积不得小于 $1mm^2$，导线两端必须连接牢固。

3）所使用的插头、插座应完整无损，接零（接地）插脚和插孔应有明显的标志，严防误插。单相三孔插座的保护接零插孔应单独用导线与保护接零线（PE 线）连接，不准就近与零线连接。

285. 什么是住宅的等电位联结？

在国标 GB 50096—2011《住宅设计规范（附条文说明）》中，把总等电位联结和浴室内局部等电位联结作为一个电气安全基本要求加以实施。

等电位联结有总等电位联结、局部等电位联结和辅助等电位联结之分。

（1）总等电位联结

总等电位联结能消除自建筑物外经电气线路和各种金属管道引入故障电压的危害，防止因接地故障导致触电事故的发生。

住宅总等电位联结是将建筑物内的下列导电部分汇接到进线配电箱近旁的接地母排（总接地端子板）上而互相连接。总等电位联结主要由以下几部分组成：

1）电源进线配电箱内的 PE 母线排。

2）信息系统（包括有线电视、电话、保安系统）。

3）自接地体引来的接地线。

4）金属管道，如给排水管、热水管、采暖管、煤气管、通风管、空调管等。

5）金属门窗和电梯金属轨道。

6）建筑物金属结构等。

住宅的每一电源进线处都应做好总等电位联结，各个总接地端子板应互相连通。实施中，可利用建筑物基础、梁主钢筋组成接地网，与每一个总接地端子板相连。自户外引入的上述各管道应尽量在建筑物内靠近入口处进行总等电位联结。

总等电位联结平面图示例如图9-6所示。

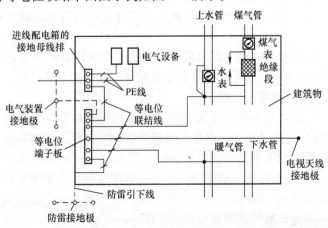

图9-6　建筑物内的总等电位联结平面图示例

需要指出的是，煤气管和暖气管虽纳入总等电位联结，但不允许用作接地体。因为煤气管在入户后应插入一段绝缘部分，并跨接一放电间隙（防雷用），户外地下暖气管因包有隔热材料，不易采取措施。

（2）局部等电位联结和辅助等电位联结

局部等电位联结是指在建筑物的局部范围内按总等电位联结的要求再做一次等电位联结。例如在楼房的某楼层内，或在某个房间内（如在触电危险大的浴室内）所做的等电位联结。

浴室是潮湿场所，发生心室纤颤致死的接触电压值为 25V（干燥场所为 50V），而在浴室内在人全身湿透的条件下该值更低。为确保安全，需对浴室做局部等电位联结。

辅助等电位联结是指在有可能出现危险电位差的地方和在可同时接触的电气设备之间或电气设备与装置外导电部分（如水管、暖气管、金属结构等）之间直接用导体做等电位联结。

当某一场所需做多个辅助等电位联结时，可改做局部等电位联结。这样做的效果接近，但组织实施却简单方便得多。

286. 等电位联结怎样安装和测试？

（1）等电位联结的安装要求

1）金属管道的连接处一般不加跨接线。

2）给水系统的水表需加跨接线，以保证水管等电位联结和有效接地。

3）装有金属外壳的排风机、空调器、金属门窗框或靠近电源插座的金属门窗框及距外露可导电部分伸臂范围内的金属栏杆、顶棚龙骨等金属体需做等电位联结。

4）一般场所离人站立处不超过 10m 距离内如有地下金属管道或结构，可认为满足地面等电位的要求，否则应在地下加埋等电位带。

5）等电位联结的各连接导体间可焊接，也可用螺栓连接。若采用后者，应注意接触面的光洁，并有足够的接触压力和面积。等电位联结端子板应采用螺栓连接，以便定期拆卸检测。

6）等电位联结的钢材应采用搭接焊。

7）等电位联结线与基础中的钢筋连接时，宜用镀锌扁钢，规格一般不小于 25mm×4mm；等电位连接线与土壤中的钢管等连接时，可选用塑料绝缘电线 BVR－16mm² 及以上，穿直径为 25mm 的钢管；其他连线，可用 20mm×3mm 镀锌扁钢，或截面积不小于 6mm² 的铜线。

8）等电位联结线用不同材质的导线连接时，可用熔接法和压接法，并进行搪锡处理。所用螺栓、垫圈、螺母等均镀锌。

9）等电位联结线应有黄绿相间的色标。在等电位联结端子板上刷黄色底漆，并标以黑色记号，符号为"▽"。

10）对暗敷的等电位联结线及连接处，应做隐检记录及检测报告。对隐蔽部分的等电位联结线及联结处，应在竣工图上注明其实际走向和部位。

11）为保证等电位连接的顺利施工和安全运作，电气、土建、水暖等施工和管理人员需密切配合。管道检修时，应由电气人员在断开管道前预先接通跨接线，以保证等电位联结的导通。

12）在有腐蚀性环境中进行等电位联结，各种连接件均应做防腐处理。

浴室的等电位联结参见第 259 问。

（2）导通性测试

等电位联结安装后，应进行导通性测试。测试电源可用空载电压为 4～24V 的直流或交流电源。测试电流应不小于 0.2A。当测得等电位联结端子板与等电位联结内管道等金属体末端间的电阻不超过 5Ω 时，可认为合格。投入使用后应注意定期检查和测试。

287. 什么叫接地装置？什么叫人工接地体和自然接地体？

接地体和接地线的总称为接地装置（见图 9-7）。

接地体又称接地极，是埋入地下的金属导体，一般由两根或两根以上的接地导体组成。它起着将故障电流引入到大地的作用，使家用电器接地的金属外壳的电位限为与大地的电位相同，即零电位。

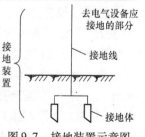

图 9-7　接地装置示意图

接地线是连接接地体与家用电器接地金属外壳的金属导线。

接地体或接地极按结构可分为人工接地体和自然接地体。人工接地体是指为接地而采用人工方法在地下埋设的接地体，通常用角钢或钢管等垂直埋入地下，当土质较硬接地极打入困难时也可挖沟平敷。几根接地体用圆钢或扁钢焊接而成。自然接地体是指可以用来作为接地体的敷设在地下的金属管道、建筑物钢筋混凝土基础的钢筋、自流井插入管等。

人工接地体要达到规定的接地电阻（保护接地为 4Ω，一般重复接地为 10Ω，防雷接地为 10Ω）需要花费大量的钢材。为了节约钢材，并降低接地电阻，应尽可能利用自然接地体。如果利用自然接地体能达到接地电阻值要求的，且自然接地体又是非常可靠的，则不必再埋设人工接地体。一般情况下，是利用自然接地体的同时，埋设部分人工接地体。

常用的自然接地体有

1）各种地下的金属管道。但严禁使用煤气管、输油管等有火灾和爆炸危险的管道。

2）与大地有可靠连接的建筑物的钢结构件。

3）建筑物钢筋混凝土基础的钢筋。

4）地下电缆的金属外皮。

288. 为什么在同一供电系统中保护接地与保护接零不可混用？

如果在同一台变压器供电的系统中，一部分家用电器外壳采用保护接地，另一部分家用电器外壳采用保护接零，则当采用接地的家用电器发生相线碰壳故障时，故障电流便经过外壳流到接地装置（r_d）入地，又从大地经变压器中性点处的接地装置（r_0）返回变压器低压侧中性点。故障电流经过两处的接地电阻后，零线上的电位便升高，并有可能升高到危险值。这时若人体触及正常保护接零的家用电器外壳，也会造成触电事故（见图 9-8）。所以，在

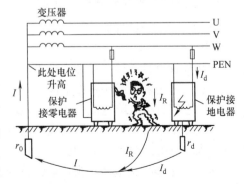

图 9-8 同一供电系统中接地与接零混用的危险

同一低压供电系统中，保护接地与保护接零不可混用。

289. 什么是重复接地？怎样做才正确？

在 380/220V 三相四线制中性点直接接地的系统中，为确保接零方式的可靠，防止零线断线造成的危害，还必须在零线的适当地方进行必要的接地，这种接地称为重复接地。重复接地一般应设在零干线的末端，即设在进入住宅楼的集中电能表箱或总配电箱处。

如果在保护接零方式中没有重复接地，万一零线断线，接在断点以后的零线回路上采用保护接零的家用电器中，只要有一台发生相线碰壳故障，则所有保护接零的家用电器的外壳都会出现约为 220V 的对地电压，这是非常危险的。

要是有了重复接地，就可大大降低这个电压值，从而降低危险程度（见图 9-9）。

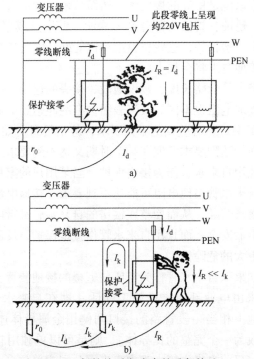

图 9-9　保护接零方式中的重复接地

a）无重复接地时零线断线的危险　b）有重复接地时零线断线后危险程度降低

290. 能否用自来水管或下水道管作接地体?

住户自己安装接地装置是一件费钱费工的事,尤其是住在楼上的居民更是困难。为此许多人为了"安全"和方便起见,喜欢把自来水管当作保护接地来用。即将家用电器或插座的保护接零(接地)线引至自来水管上,以实现所谓的安保措施。有的家用电器产品在说明书上也要求用户这样做。这是很危险的。因为如上所述,自来水管或下水道管作为接地体是很不可靠的。

当埋入地下的自来水管或下水道管为金属管道时,可以用它来作为自然接地体,以降低整个接地体的接地电阻值。但一般不宜单独用它作为接地体。

有人认为,自来水管既然埋设在地下、管路又长,且管中的水又是导电的,应该说是良好的接地体。然而自来水管接头很多,为了防止水管漏水、锈蚀,管接头部分都要涂漆,缠麻丝或聚四乙烯带等,而且水表接头是塑料的,这些材料绝缘性能好,因此自来水管若不采取措施,其接地电阻将会很大。

由于自来水管管路长度、敷设地段、接头的连接方法等不同,各自来水管的接地电阻也不同。实测表明,有些能达到电业部门的规定要求(不大于4Ω),有些则达不到要求,甚至很高(如几十欧);有些在某个时期能达到要求,但在某个时期又达不到要求。

如果单独用自来水管作为接地保护,当某用户的家用电器外壳带电时,由于自来水管接地电阻可能达不到要求,接地电流不能使断路器跳闸或使熔丝熔断,从而使整座楼房的自来水管都带电,危及整座楼房人员的生命安全。而且用自来水管作接地保护,反而有虚假的安全感,带来更大的危险性。

当然,如果以自来水管作为整座住宅楼的接地装置,以电气工程的一个项目来由电业部门进行施工的话〔即在自来水管每个接头、水表两侧及地下相当一段管路的接口两侧用金属导体连接(焊接),使自来水管成为一个完整的良导体〕,则是可以单独用它作为接地保护的。然而,目前自来水管大都由自来水公司或单位自己施工,不可能按电业部门要求安装,因此用它作为接地保护是不可靠的。

291. 能否用电话的地线或避雷针的接地体作家用电器的接地体？

电话的地线和避雷针的接地体都不能作为家用电器的接地体。因为雷电有可能击中电话的地线和避雷针，强大的雷电流流入大地，会在地线或接地体上产生电压降，从而使接在其上的家用电器外壳带电，甚至还有可能把雷电引到家用电器上造成灾难性的危害。

292. 三孔插座和三极插头如何接零（接地）？

电冰箱、空调器、电熨斗、电炊具、电风扇等家用电器使用三极插头。因插座和插头接线错误引起的触电事故比较多，因此必须充分重视。

单相三孔插座的插孔排列和标志如图 9-10a 所示。图中

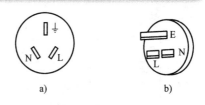

图 9-10 单相三孔插座和三极插头的标志
a) 插座 b) 插头

L 表示相线，N 表示零线，PE（或 E）表示保护接零（接地）线，接地符号为"⏚"。

单相三孔插座的正确接线如图 9-11 所示。图 9-11a 和图 9-11b 适用于三相五线制保护接零系统，图 9-11c 适用于三相四线制保护接零系统，图 9-11d 适用于三相四线制保护接地系统。在保护接零系统中，图 9-11a 和图 9-11b 的安全性较高。图 9-11c 中的插座接零（接地）桩头直接用导线与地线（零干线或统一施工的专用保护接零线）相连，不许接在零支线上。

单相三孔插座常见的错误接线及分析参见第 183 问。

至于相线和零线，虽然不管接在 N 或 L 接线桩头，对供电及家用电器均没有多大影响，但最好还是按图中要求将相线接在 L 桩头，零线接在 N 桩头，以便统一接线，利于检修；同时家用电器内部电路的相线和零线也是按相应的电源插头相线和零线来布置的，因此正确接线对安全用电有好处。要是接反了，当"关断"家用电器的电源开关后（并未拔去插头），机内仍然有电，如果误认为机内已无电

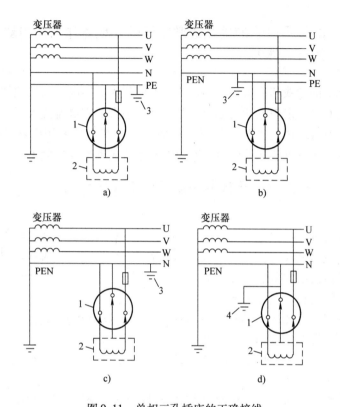

图 9-11　单相三孔插座的正确接线

a) TN – S 系统　b) TN – C – S 系统　c) TN – C 系统　d) TN – C 系统

1—单相三孔插座　2—家用电器金属外壳　3—零线重复接地　4—保护接地

了而进行检修，极易造成触电事故。

　　单相三极或三相四极插头的保护接零（接地）桩头处在插头面的上部，插脚稍长，与用电设备的外壳相连。由于接零（接地）的插脚较接相线和零线的插脚稍长一些，便可保证插座和插头的接零（接地）触头在导电的触头接触之前就先行连通，而在导电触头脱离以后才能断开，从而有效地起到保安作用。

293. 怎样安装接地体？

　　安装接地体应符合以下要求：

1）接地体的接地电阻，用于保护接地时为 4Ω，用于一般重复接地或防雷接地时为 10Ω，用于住宅楼进户处的重复接地时为 4Ω。

2）垂直接地体可用不小于 30mm×30mm×4mm 的角铁或壁厚不小于 3.5mm、管径为 25~50mm，长度为 2~2.5m 的钢管，埋入地下 0.8m。垂直接地体一般不少于两根（具体几根应视埋设地点的土壤情况而定），相互之间的距离一般为 2.5~3m 为宜。距离过近会影响接地电阻的降低。接地体的埋设如图 9-12 所示。实际表明，在上海及江南一带，地下水位较高及土壤较湿润地区的住户，一般可打一根或两根这样的接地极即可。

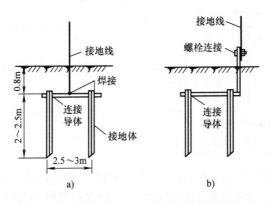

图 9-12 接地体埋设方法

3）连接接地体应用截面积应不小于 48mm^2 的扁钢或直径不小于 8mm 的圆钢，通过焊接（没有条件时尚可用螺栓压接）与接地体紧密连接。

4）如果接地体深度达不到 2m，接地电阻达不到要求时，应进行人工降低接地电阻处理（见第 297 问）。

5）应充分利用自然接地体，以减少钢材消耗量。

294. 怎样敷设接地线？

敷设接地线应符合以下要求：

1）接地线一般用铁线、裸铜线或裸铝线，当然也可以用绝缘铜线或绝缘铝线。所用的接地线不能有折断现象，不得已用零料线时，应采用焊接或螺栓加防松弹簧垫圈压接等可靠的方法连接。

2）接地线与接地体的连接方法有两种，一种在地下、一种在地面连接（见图 9-12）。后者检修维护方便。

3）保护接零（接地）线应具有足够的机械强度，其最小截面积不得小于表 9-1 中的数值。移动式和携带式用电器具应采用 0.7 ~ 1.5mm² 以上的多股绝缘铜线。

表 9-1　接零（接地）线的最小截面积

接零（接地）线类别		最小截面积/mm²
铜	绝缘铜线	1.5
	裸铜线	4
铝	绝缘铝线	2.5
	裸铝线	6
圆钢	户内：直径不小于 5mm	19.6
	户外：直径不小于 6mm	28.3
扁钢	户内：厚度不小于 3mm	24
	户外：厚度不小于 4mm	48

4）保护零干线的截面积不得小于相线的 1/2，零支线不得小于相线的 1/3，且符合最小截面积要求，以保持足够的导电能力。

5）接地线与接地体的连接，应采用焊接或螺栓紧密连接。

6）接零（接地）线用螺栓与家用电器连接时，必须紧密可靠，应加防松弹簧垫圈。每一接零（接地）的家用电器必须用单独接零（接地）线与保护接零（接地）专用线相连，不可将各家用电器的接零（接地）线串联使用。否则，只要有一台家用电器接零（接地）不良，其他家用电器也都失去了保护。

7）保护接零线上不得接入熔断器或开关，否则保护接零线在熔丝熔断或开关拉断时处于断开状态时，就起不到保护作用。

8）保护接零线在进入住宅楼集中电能表箱或配电箱处应再重复接地，接地电阻不大于 4Ω。这当然是建房部门的事。

9）接零（接地）线必须与相线、零线有明显的区别（尤其穿管时）。接零（接地）线穿过楼板等处应加护管保护，接地线一般应明露，以便检查。

295. 怎样选择接地体的埋设地点?

接地体埋设地点的选择是否适当，直接影响钢材用量和接地效果。为了以尽可能少的材料达到接地电阻（4Ω）的要求。接地体的埋设地点应尽可能选择以下地点：

1）接地点附近地下有可利用的自然接地体，以降低成本。

2）尽量靠近有地下水或潮湿、土壤电阻率较低的地方（不同土壤的电阻率见表9-2）。应避免靠近烟道或其他热源，以免土壤干燥，使电阻率增高。

3）不应在垃圾、灰渣等含有腐蚀的土壤中埋设，以免接地装置被锈蚀。

4）如果不得已而只能埋设在腐蚀性较强的土壤中时，接地体应采用镀锌等防腐措施，或适当加大其截面积。

5）如埋设在高电阻率土壤中时，应采用人工处理土壤的方法（见第297问）来降低土壤电阻率。

296. 什么叫土壤电阻率? 其大小与哪些因素有关?

土壤电阻率是以边长为1cm的正方体的土壤电阻来表示的，符号为 ρ，单位为 $\Omega \cdot cm$。土壤电阻率越小，越容易达到接地电阻的要求，所用钢材越少。

影响土壤电阻率大小的因素有

1）土壤种类：不同种类的土壤电阻率是不同的，甚至相差很大。

2）土壤含水量：土壤含水量越大，电阻率越小，但当含水量超过75%时，电阻率变化则不大，甚至增高。干燥土壤的电阻率非常大。

3）温度：当土壤温度在0℃及以下时，电阻率突然增高；当温度由0℃逐渐上升时，电阻率也逐渐减小，但达到100℃时电阻率反而会升高。

4）土壤的成分和物性：当土壤中含有酸、碱、盐等导电介质时，电阻率显著降低（但对接地体的腐蚀也大）。另外，土壤的颗粒越紧密，电阻率越低。

常见的土壤电阻率见表 9-2。

表 9-2　常见的土壤电阻率

土壤种类	电阻率近似值 /(Ω·cm)	不同情况下电阻率的变化范围/(Ω·cm)		
		较湿时(一般地区、多雨区)	较干时（少雨区、沙漠区）	地下水含盐碱时
黑土、园田土	0.5×10^4	$3 \times 10^3 \sim 10^4$	$5 \times 10^3 \sim 3 \times 10^4$	$10^3 \sim 3 \times 10^3$
黏土	0.6×10^4	$3 \times 10^3 \sim 10^4$	$5 \times 10^3 \sim 3 \times 10^4$	$10^3 \sim 3 \times 10^3$
沙质黏土	1×10^4	$3 \times 10^3 \sim 3 \times 10^4$	$8 \times 10^3 \sim 10^5$	$10^3 \sim 3 \times 10^3$
黄土	2×10^4	$10^4 \sim 2 \times 10^4$	2.5×10^4	3×10^3
沙土	3×10^4	$10^4 \sim 10^5$	10^5	$3 \times 10^3 \sim 10^4$
沙、沙砾	10×10^5	$2.5 \times 10^4 \sim 10^5$	$10^5 \sim 2.5 \times 10^5$	—

夏季由于雨水多，土壤潮湿，所以在夏季测得的接地电阻要比土壤干燥的季节低。

297. 怎样降低接地电阻值？

当接地体只能埋设在高土壤电阻率的地区，而又不能利用自然接地体的情况下，可采用人工方法降低接地电阻。常用的方法有

1）换土法。用黏土、黑土或沙质黏土等代替原有较高电阻率的土壤。置换的范围是在接地体周围 0.5～1m 以内和接地体长的 1/3 处，如图 9-13 所示。

2）保水法。把接地体埋在建筑物的背阳面或比较潮湿的地点；在地下埋有接地体的地面栽种植物；将污水（无腐蚀）引向埋设接地体的地点，接地体采用钢管，每隔 20cm 钻一个直径为 5mm 的小孔；使水渗入土中。

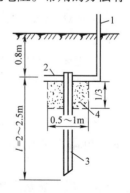

图 9-13　换土法

1—引下线　2—连接扁钢

3—接地体　4—置换低电阻率的土壤

3）化学处理法。用炉渣、木炭、炭黑、食盐、废碱液等与土混合后埋入接地体的周围，并夯实。采用化学处理法，能将接地电阻降低为处理前的 40% ~ 60%，而且土壤电阻率越高，效果越显著。但要注意，接地体应用镀锌材料。

4）深埋法。如果接地点的深层土壤电阻率较低，可适当增加接地体的埋设深度，最好埋到有地下水的深处。深埋后的接地电阻不受土壤冻结和干枯所增加电阻率的影响。

5）外引接地法。通过金属引线将接地体引至附近电阻率较低的土壤或河、塘水中，以降低接地电阻。但应注意，外引接地装置（防雷用时）要避开人行道，以防止跨步电压触电。

6）延长法。延长接地体或采用其他形式的接地体，增加与土壤的接触面积，以降低接地电阻。

7）对冻土进行处理。在冬天往接地点的土壤中加泥炭，防止土壤冻结。

8）采用接地电阻降低剂。由碳粉和生石灰作为主要原料的接地电阻降低剂，因没有电介质物质，能在土壤中长期使用，不会因地下水而流失，故接地电阻低而稳定。对于坚硬岩盘地带，采用埋设接地线和接地电阻降低剂并用的方法相当有效，其接地电阻值比只埋接地线的场合约降低 40%。这种方法只要在挖掘好并敷上接地线的沟内撒上粉状接地电阻降低剂，再将旧土回填即可。自制接地电阻降低剂的主要成分配比是：水泥 2 份、石墨粉 2 份、生石灰 1 份，均匀混合后加入适当量的食盐水。

298. 怎样估算接地电阻值？

接地电阻是接地体对地电阻和接地线电阻的总和。由于接地线的电阻很小，可以忽略不计。接地电阻的简化计算如下：

（1）单根接地体的接地电阻计算

$$R = K\rho$$

式中　　R——接地电阻（Ω）；

　　　　K——接地体的接地计算系数，见表 9-4；

　　　　ρ——土壤电阻率（见表 9-3）。

（2）多根接地体的总接地电阻计算

$$R_z = \frac{R}{nK_d}$$

式中　　R_z——总接地电阻（Ω）；

　　　　R——单根接地体的接地电阻（Ω）；

　　　　n——接地体根数；

　　　　K_d——接地体的利用系数。因为家庭条件下，接地体根数不
　　　　　　多，可取 $K_d = 0.8 \sim 1$，根数多，取小值。

表 9-3　接地计算系统 K 参考值表

接地体形状	规格/mm	计算外径/mm	长度/m	$K/\times 10^{-4}$
钢管	$\phi 38$	48	2.5	34
			2.0	40.7
	$\phi 50$	60	2.5	32.6
			2.0	39
角钢	$\angle 40 \times 40 \times 4$	33.6	2.5	36.3
			2.0	43.6
	$\angle 50 \times 50 \times 5$	42	2.5	34.9
			2.0	41.8

【例1】　某住家的接地体由三根相距 3m 的 40mm × 40mm × 4mm
的角钢组成，每根接地体长为 2m，已动土壤为黑土，试估算接地电
阻值。

解：由表 9-2 查得黑土的电阻率为 $0.5 \times 10^4 \Omega \cdot cm$，取 $K_d =$
0.9，查表 9-3 得 $K = 43.6 \times 10^{-4}$，已知 $n = 3$，将以上数值代入多根
接地体的总接地电阻计算公式，得

$$K_z = \frac{0.9 K \rho}{n K_d} = \frac{0.9 K \rho}{n K_d}$$

$$= \frac{0.9 \times 43.6 \times 10^{-4} \times 0.5 \times 10^4}{3 \times 0.9} \Omega \approx 7.2 \Omega$$

（3）已知接地电阻的要求值，求所需的接地体根数

$$n \geqslant \frac{0.9 R}{R_z K}$$

式中符号同前。系数 0.9 是考虑各单根接地体之间采用 12mm×4mm 的扁钢连接，及其一定的散流作用而增加的。

（4）正方形板状接地体垂直埋设时的接地电阻计算

$$R \approx \frac{0.25\rho \times 10^{-4}}{S}$$

式中　S——接地体面积（cm²）；

　　　其他符号同前。

利用以上公式只能对接地电阻进行粗略的估算，仅供参考，并不能以此为依据。接地电阻的正确值必须由实测得到。

299. 怎样测量接地电阻值？

测量接地电阻有以下两种方法：

（1）用接地电阻测量仪测量

手摇式接地电阻测量仪一般有 E、P、C 三个接线端子，测量时分别接于被测接地体、辅助接地体 1# 和 2#（见图 9-14）。辅助接地体 1#、2# 与接地体之间的距离一般为 20m 和 40m，然后以 2r/s 的速度摇动仪器的摇柄，对指示数逐渐进行调节，便可直接从刻度盘上读出被测的接地电阻值。测量前应将接地装置的接地线断开，如果接地线上没有供测量时用的可断开的连接点，尚可直接在接地线上测量，但所测阻值稍偏小。

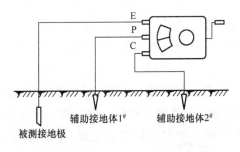

图 9-14　接地电阻测量仪端子接线

（2）用万用表粗测

测量方法如下（见图 9-15）：在离接地体 A 为 3m 处插入两个临

时接地极 B 和 C，使 AB = AC，且呈等腰三角形，所夹顶角在 30° ~ 60°范围内，然后用万用表的欧姆挡分别测出 A 与 B、B 与 C 及 C 与 A 之间的电阻值，设分别为 R_{AB}、R_{BC}、R_{CA}，将这三个电阻值代入下式便可估算出接地电阻值 R。

$$R = \frac{1}{2}(R_{AB} + R_{CA} - R_{BC})(\Omega)$$

临时接地极可采用长度为 0.5 ~ 0.6m、直径为 10mm 的圆钢，也可用其他金属代替，垂直插入地下的深度应不小于 0.4m。测量线应与接地体及临时接地极可靠连接。

为了保证测量的准确性，测量时应注意：

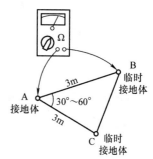

图 9-15　用万用表粗测接地电阻

1) 正确接线，按要求进行测量。

2) 应将接地装置与所有连接的家用电器接地线断开，测量避雷用接地装置时，应与避雷引下线断开。

3) 不应在雨季测量接地电阻，而应该在土壤干燥的季节（土壤电阻率最大时）进行测量。

300. 怎样维护和检查接零（接地）装置？

有了保护接地与保护接零并不就是万事大吉了。由于接地体与接地引下线的连接处及接地（接零）线本身，有时会遭受外力破坏或腐蚀而被损伤、断裂，因此平时应做好检查、维护工作，使接地装置与接地（接零）线真正起到保安作用。日常维护检查内容有

1) 首先应检查保护接地（接零）线与被保护设备的连接方法是否正确。连接不正确（如没有加弹簧垫圈，没有清除外壳的铁锈或油漆等），即使装设了保护接零（接地）线，也起不到良好的保护作用。正确的连接方法如图 9-16 所示。

2) 检查保护接零（接地）线与被保护设备连接是否良好。它们之间的连接一般采用螺钉连接，时间久了，可能因松动或腐蚀而造成

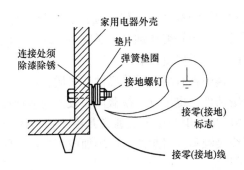

图 9-16　保护接零（接地）线的连接方法

接触不良。当发现锈蚀时，应用小刀或砂纸清除连接处的铁锈，必要时更换垫圈和螺钉，然后拧紧带防松弹簧圈的螺钉。有时为了判断连接处是否接触良好，可用万用表欧姆档（R×1）测量家用电器外壳和接零（接地）线之间的接触电阻，读数为零，说明接触良好；读数不为零，说明接触不良，应重新处理，直到等于零为止。注意，切不可用 R×10～R×10k 档测量，因为用这些档位测量，即使结果为零（实际可能不为零），也不能说明接零（接地）线和外壳连接良好。

3）检查接零（接地）线是否有损伤、腐蚀等缺陷，若有缺陷应及时处理。

4）对于保护接地装置，挖开接地引下线的土层，检查地面下0.5m 以上部分接地线的腐蚀程度；必要时挖下 0.8m，检查接地线与接地体的连接情况。

5）防雷接地装置的维护参见第 332 问。

301. 接地装置出现异常现象怎么办？

当发现接地装置有异常现象时，应及时采取措施予以消除。具体做法如下：

1）接地体露出地面。这时应深埋或填土覆盖和夯实。

2）连接点松脱。应清洁连接面，然后拧紧连接螺钉。必要时更换弹簧圈、垫片等部件。

3）接地线有机械损伤、断股或锈蚀现象。这时对不严重的损伤及断股，可用相同导线补强（并联于损伤、断股导线处）；情况严重时，应予以更换。对于轻度锈蚀，可做除锈处理，并涂以防锈漆或黄油；锈蚀严重时，应予以更换。

如果由于土壤中含有酸、碱等腐蚀性物质，可在土壤中加入中和剂，以改善土壤条件，也可以更换截面积较大的镀锌接地线。

4）接地体的接地电阻增大。通常是由于接地体严重锈蚀或接地体与接地引下线接触不良引起的。应增加或更换接地体，拧紧连接处的螺栓或重新焊接。

302. 在无法实现保护接零（接地）的家庭如何安全用电?

城市新建住宅楼几乎都采用三相五线制或单相三线制供电，即在这些系统中敷设有一根供保护接零用的专用线（PE 线）。这类住宅实现家用电器的保护接零（接地）就非常方便。如果有的住宅没有实施统一的保护接零（接地）措施，若用户一家一户去做接地装置，很难达到接地电阻不大于 4Ω 的质量要求。为此，可不做接零（接地）装置，而采取以下一些保护措施：

1）可将三孔插座和三极插头的接零（接地）桩头空着不用，或改用二孔插座和二极插头，并将电冰箱、洗衣机等家用电器的电源线内的一根接零（接地）线剪去裸露线头，用绝缘胶带包缠好，使它不能与相线、零线相碰。

2）家庭的单相电源进线上（相线和零线）都要装设断路器、瓷底开启式开关熔断器组或隔离开关，以便在紧急情况下拉掉总开关，使整个住宅都没有电。

3）使用家用电器时随时得提醒自己：该家用电器外壳可能有电，特别使用携带式用电器具时，必须用试电笔测试一下外壳是否漏电。操作时不赤脚、不湿手，而应穿上有绝缘性能的鞋（如胶鞋、塑料鞋、皮鞋等），站在干燥的木板上或凳子上，使人与大地或人与用电器具外壳隔离（即所谓的电气隔离法）。该方法是无接零保护的家庭中经常采用的一种较为有效的安全措施。

4）最根本的解决办法是装设漏电保护器，并定期（如 1 个月）试验其动作的灵敏度，以确保安全。

第十章 ▶▶▶▶▶

家庭防雷及避雷设施

303. 雷电是怎样形成的?

雷电是由雷云产生的。雷云一般认为是这样形成的：地球表面的大气层距离地面越高，气温就越低，大气层大约每上升 1km，气温降低 6℃。在雷雨季节里，太阳把地面晒得很热，地面大量的水分被蒸发，蒸发的水分以蒸汽的状态浮悬在大气的上层。当这些蒸汽上升到一定的高度，遇到上部的冷气时，便凝结成小水滴或冰粒，形成积云。此外，水平移动的冷气团或暖气团，在其前锋交界面上也会形成极大面积的积云。当云中悬浮的水滴很多时便成了乌云。云中的水滴受强烈气流的吹袭，会分裂为一些小水滴而被气流携走。运动中的大、小水滴发生相互碰撞摩擦，便产生了静电。事实证明，较大些的水滴带正电荷，小水滴（气流）带负电荷。这样，云就由于电荷的分离而各部分带有不同的电荷。

带电的云块对大地会产生静电感应，云块下的大地被感应出异性电荷。雷云中的电荷分布并不是均匀的，无论是在云和云之间，还是云和地之间，电场强度都不是到处一样的。当云中电荷密集处的电场强度达到 25～30kV/cm 时，就会发生放电，产生强烈的"中和"，出现极大的电流，于是就看到闪光，听到隆隆的雷声，这就是我们平常所说的闪电和打雷。由于声音的速度是 330m/s，而光的速度是 30 万km/s，所以在雷电发生的时候，总是先看到闪光，然后再听到雷声。

闪电的形状较多，有枝状、片状、球状、连珠状和缎带状等。其中枝状闪电最为常见。这种闪电具有高达 200 万 A 的强大电流，蕴藏着十分巨大的潜在能量，故其破坏性最大。

片状闪电是在去的上层、下层大气间发生的放电。仿佛一组电焊机在云中工作，发出大片耀眼的闪光。这种闪电范围较大。由于远离地面，因此对人的危害不大。

球状闪电是一种少见的、特殊的雷电现象，也称雷球。它的成因，至今尚无确切的解释。它是紫色或灰红色的发光球体，直径为 10~30cm，最大的可达 1m。雷球随气流在空中或地面上飘游，接近地面的速度为 1~2m/s。但它往往见缝就钻，能够通过烟囱或开着的窗户、门缝和其他缝隙进入室内，在室内无声无息地转一圈后又溜走。有时也发出"咝咝"的声音。消失后会留下一股带刺激性的烟雾。雷球所蕴藏的能量虽然远不及枝状闪电和片状闪电，但它有时也会发生爆炸，造成人、畜伤亡，破坏建筑物。

连珠闪电就像在空中的一串明珠。它实际上是由许多排列在一起的雷球组成。缎带闪电则像一条飞舞在空中的飘带。

雷电活动的强度因地而异。某一地区雷电活动的强度通常用平均雷电日表示。雷电活动具有一定的分布规律：热而潮湿的地区多于冷而干燥的地区；陆地多于湖海；山区多于平原；山的南坡多于北坡；傍海山坡多于离海山坡。

304. 雷电有哪些类型？各有何危害？

雷击是一种主要的自然灾害。雷电产生极高的电压（数百千伏至数亿伏）和极大的电流（数十至数百千安），它会造成电气设备损坏、房屋着火及人、畜伤亡。

雷电按照其危害方式可以分为直击雷、雷电感应和雷电侵入波三种。对家庭危害最大的是直击雷和雷电侵入波。

(1) 直击雷

大气中带有电荷的雷云对地电压可高达数亿伏。当雷云同地面凸出物之间的电场强度达到空间的击穿强度时，产生的放电现象，这就是通常所说的雷击。这种对地面凸出物直接的雷击叫作直击雷。

人、畜一旦受雷击便可能引起死亡；房屋受雷击，有可能引起火灾；电视天线若没有采取适当的防雷措施，一旦被雷电击中，就会将雷电引入室内损坏电视机及造成人员伤亡。直接雷击虽然是最严重的，但家庭遭受直击雷的概率比雷电侵入波要低。

（2）感应雷

感应雷是附近落雷时电磁作用的结果，分静电感应和电磁感应两种。静电感应是雷云在放电前接近地面时，在地面凸出物的顶部感应出大量异性电荷，当雷云和其他部位或其他雷云放电后，凸出物顶部的大量电荷顿时失去约束，呈现很高的电压，以雷电波的形式高速沿凸出物传播。电磁感应是在发生雷击后，强大的雷电流在周围空间产生磁场的巨大变化，使附近金属导体或金属结构产生很高的感应电压。这两种电压波因为是被雷电感应出来的，所以称为感应雷。

雷电感应能达到数百千伏的高电压，如果人站在离雷击地点 5 ~ 10m 以内，也会因跨步电压而受到伤害。

（3）雷电侵入波

所谓雷电侵入波，是指由于架空线路或架空金属管道上遭受直击雷或感应雷而产生的高压冲击雷电波，可能沿线路或管道侵入室内。

雷电侵入波传入室内，会在插座、灯头等处产生反折，甚至有可能使 1m 长的空气间隙放电，雷过电压值可达数亿伏。它不但会造成人身伤亡，还会毁坏电能表及室内的电气设备和家用电器，因此危害极大。家庭遭受此类雷的概率最大，约占所有雷害事故中的 70%。

305. 哪些建筑物易受雷击？

建筑物所处的位置、结构及高度不同，受雷击的概率也不同。容易遭受雷击的建筑物如下：

1）平原、旷野上孤立的建筑物。

2）河边、湖边、土山顶部的建筑物。

3）地下水露头处，特别潮湿处，地下有导电矿藏处或土壤电阻率较小处的建筑物。

4）山谷风口处的建筑物。

5）金属屋面、金属水槽、屋顶有电视天线及砖木结构的建筑物。

6）高出地面约 20m 及以上的建筑物。

7）建筑物群中高于 25m 的建筑物。

8）对于贮藏易燃、易爆物品的仓库等有危险性的建筑物，虽然不很高，但仍需装避雷针或避雷网，以确保安全。

306. 为什么砖混结构的房子比砖木结构的房子更易受雷击?

砖混结构的房子,其楼板、楼梯梁、檩大量使用钢筋混凝土构件,它比起同样高的砖木结构的房子更易遭受雷击。其原因如下:

砖混结构的房子上、下分布大量的钢筋及其他金属件,因此具有较强的引雷作用。虽然建筑物内的钢筋并没有直接的电的连接,但仍会使接近雷云处有更强的电场,因而容易遭受直击雷。其中屋内最高处的檩、梁架充当了接闪器。

如果砖混结构的房子没有设置避雷针或避雷网,一旦遭受雷击,因其没有良好的泄雷功能(只有引雷作用),将会遭受很大的损害,可能会引起建筑物的放电或机械破坏并引燃易燃物,导致火灾。

砖木结构的房子,由于少用或不用金属构件,因而没有引雷作用,故较少受到雷击。但需指出,砖木结构房子一旦遭受雷击,因其泄雷功能比砖混结构的房子更差,雷击损害程度将更大,极易导致火灾。

为了防止砖混结构的房子遭受雷击,至少应该把屋顶部分的金属构件或钢筋混凝土构件在电气上连接起来,并使之良好接地。更有效的措施是安装避雷针或避雷网。

307. 怎样估计雷电发生的高度?

打雷时伴有闪光和雷声。有时雷闪光极强,响声暴烈;有的雷闪光较弱,响声低沉。虽然不能以闪光的强弱和响声的大小来判定雷电的强弱(因为它与观察者的距离远近有关),但闪光强烈、响声暴烈的雷,往往离地面较近,尤其是看到闪光与听到雷声的时间间隔较短的雷,离地面越近,也越有危险性。要是闪光与雷声几乎同时出现,则便是距观察者很近的落地雷,危险性极大。离地面很高的雷一般为雷云之间产生的雷,对地面上的人及建筑物不会造成威胁。

由于光传播的速度约为 30 万 km/s,可以说雷电发生的闪光几乎瞬间到达人眼里,而声音在空气中传播的速度约为 340m/s(在 16℃时),所以只要记下从看到闪光至听到雷声的这段时间 t,再乘以 340,便是雷电发生处离观察者的距离。例如,记录下的 $t = 8.5s$,则雷电发生处离观察者的距离为 $340t = 340m/s \times 8.5s = 2890m$。

308. 造成雷击伤亡的原因有哪些？

　　人遭受雷击造成伤亡的原因有：直接雷击、放电雷击（雷电侵入波）、旁侧雷击、接触电压和跨步电压雷击等。

　　1）直击雷击。即雷电直接落在人身上，雷电流经过人体流入大地，造成人员死亡，如图 10-1a 所示。

　　2）放电雷击（雷电侵入波）。即雷击侵入波传入室内，并在插座、灯头等处产生反折，强大的雷过电压击穿空气，对人体放电，造成人员伤亡，如图 10-1b 所示。

　　3）旁侧雷击。即雷电击中树木或建筑物，处于树木或建筑物附近的人受到雷电压放电而遭受伤害，雷电流通过人体流入大地，如图 10-1c 所示。造成这种雷击的原因是由于雷击电流流过树木或建筑物时，其电阻和接地电阻较大引起的。

　　4）接触电压雷击。即人体某部位与受到雷击的物体接触，人体某部位与足之间产生电位差，当电位差相当大时，雷电流就通过人体分流而使人身遭受伤害。如雷击铁质水箱，而有人正好在使用与水箱连通的自来水时，便会发生此类雷击，如图 10-1d 所示。

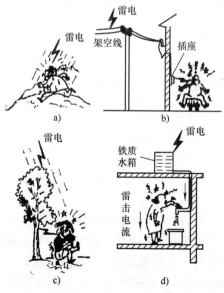

图 10-1　各种雷击事故

5）跨步电压雷击。即雷击电流流向大地并向大地泄散时，沿着地表面会产生电位差，当电位差相当大时，雷击电流就通过人体分流而使人体遭受伤害，如图 10-2 所示。雷击电流越大、雷击点至人的脚的距离越近、跨步越大、土壤电阻率越高，则越危险。

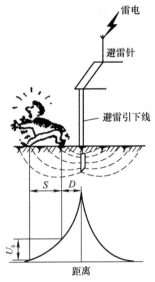

图 10-2　跨步电压雷击

309. 户外遇到雷雨时怎么办?

防止户外遭雷击的措施如下：

1）雷雨时尽量少在户外或田野逗留；不去易受雷击的地方，如房顶、阳台、山顶、岭背、江河、湖泊、池塘、游泳池、小船、高杆、孤独树、铁丝网、架空线等；避免乘自行车、三轮车和敞篷交通车。

2）出外钓鱼遇雷雨时，应立即停止钓鱼，将渔竿收起，平放在地上。因为像碳素钓竿或被雨水淋湿的钓竿，均是良好的导体，拿在手中，钓竿尖端放电，将招致雷击。人蹲在低洼处，双脚并拢。

3）不得已必须在户外或田野工作时，也应穿塑料薄膜雨衣，穿雨鞋，用竹柄油布伞；尽可能使自己的身体低些，以减少直接雷击的可能性；双脚要靠拢，防止产生大的跨步电压。野外遇雷雨时，应蹲在低洼处，两手手指堵住耳朵，不可横躺在地上。

4）躲入安全场所，如金属容器、金属箱体、钢筋混凝土房子、电车等。但不可躲在帐篷内。

5）不得已时，可以蹲在避雷针的保护范围内，如设有避雷针的建筑物、烟囱等旁边，但要求避雷针尖对自己有不小于45°的保护角，且必须记住，不能过分接近建筑物，更不准触及建筑物，一般需远离5m以上（见图10-3），并远离接地装置。紧急避雷时间过去后，应设法躲到更安全的地方去。

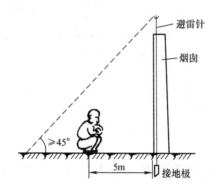

图 10-3　在避雷针保护范围内避雷

6）附近有10m以上的树木时，要离开根部5～10m，离开任一根树枝都要有2m以上的距离。

7）不要将锄头、铁锹、雨伞、钓竿、电筒等物伸过头和肩部；将身上带的眼镜、手表、首饰等金属制品取下来。

8）有许多人时，要相隔几米分散躲避，严禁手拉手聚在一起。

310. 雷雨天人为什么不能在大树、屋檐和草垛下躲雨？

有的人在野外遇到雷雨，便在大树下躲雨，这是很危险的。因为在旷野里，大树是周围最高的突出物，在雷云的作用下，大地的电荷会不断地通过它向天空中的雷云放电，从而将雷云中的雷电引向大树，因此躲在大树下的人极有可能被雷电击中。

有的人遇到雷雨，便一面躲到屋檐下避雨，一面观赏雷电的壮观场面。殊不知，雷电很可能击中高大的建筑物，或虽低矮但较孤独的建筑物，强大的雷电流可能就沿着你躲藏的地方入地，造成旁侧雷击或跨步电压雷击，甚至可能遭受直击雷。同样道理，也不可在草堆下、牛棚、瓜棚等内躲雨。

311. 雷雨天人为什么不能在避雷针下避雷？

有人认为，既然避雷针能防雷，人站在避雷针下是安全的，这是一种误解。避雷针实际上是引雷针，能将雷电引到接闪器上，然后通过避雷装置，将强大的雷电流导入大地。所以避雷针容易招雷。当雷电击中避雷针时，由于避雷针和接地装置有一定的电抗，在接地引下线上会产生很高的雷电压。该电压会对站在附近的人体放电，致人员伤亡。另外，强大的雷电流通过接地极泄入大地，还会在接地极周围地表面产生电位差，人跨入该区会因跨步电压而伤亡。因此，在万不得已的情况下，不要到避雷针下躲雷。在避雷针下躲雷时人至少应离开避雷针5m以上，保护角不小于45°（见图10-3）。

312. 在室内怎样防止雷击伤人和损坏家用电器？

防止室内遭雷击的措施如下：

1）迅速拔去电视机室外天线插头及有线（闭路）电视插头。室外天线插头（馈线）应与保护间隙或接地极相连；如无保护间隙或接地装置，则应将引入室内的一段馈线连同插头抛出室外，以防止雷电击中室外天线将雷电引入室内。

2）迅速将门窗关闭好。

3）将贵重的家用电器的电源插头从插座中拔去。因为雷电一旦击中220V低压架空线路，雷电波将经电源线进入室内，给家用电器（尤其是彩色电视机等机内有许多娇贵的电子元器件）造成破坏。

4）人应尽量离开灯头、插座、开关、电线、电气设备、水管、煤气管等远些。因为雷电击中架空线路或金属管、屋顶水箱，雷电波就会侵入室内，并在灯头、插座、开关等处产生反折，强大的雷过电压击穿空气，对人体放电，放电电流通过人体流入大地，造成人员伤亡。

5）不可洗澡、洗头；应离开浴室、厨房等潮湿场所。因为人体潮湿，更容易遭受雷电的伤害。

6）不可站在阳台上、屋檐下；不要靠近钢窗、墙壁，不要光足站在水泥地或泥地上。否则容易遭受雷击。

7）雷雨时不要打电话，也不要用手机和计算机。

313. 为什么雷雨天要把有线电视天线或室外天线插头及电源插头拔下？

雷电损坏电视机通常有两种可能：一是雷电冲击波从有线电视馈线引入电视机或雷电击中室外天线，造成电视机损坏；二是雷电侵入波经电源线传入家用电器机内造成损坏。而后者造成损坏的概率远比前者多。

电视机等电子类家用电器，机内有许多集成电路等电子元器件。这些元器件耐高压脉冲能力很差，雷电侵入波一旦进入机内，极容易造成这些元器件损坏。若不拔掉电源插头，即使将机上的电源开关关掉，雷电侵入波仍能进入机内。因为家用电器的电源开关属低压开关，断电后开关触点离断间隙仅几毫米，这间隙对 220V 市电是安全可靠的断开状态，但对于几百万伏、几千万伏的超高压雷电脉冲来说却可以使间隙击穿，进入机内损坏元器件。

因此，雷雨季节每当看完电视或外出办事家中无人，应拔掉室外天线插头或有线电视插头。室外天线插头（馈线）应与防雷保护间隙或接地极相连；如无保护间隙或接地装置，则应将引入室内的一段馈线连同插头抛出室外，以防止雷电击中室外天线将雷电引入室内。同时将电源插头拔掉。对于其他贵重的家用电器也应这样做。

314. 雷雨时为什么要迅速关好门窗？

雷电中有一种叫作球形雷的，也称雷球。它是一个直径为 10 ~ 30cm（最大可达 1m）、发灰红色或紫色的"火球"。雷球随气流在空中或地面飘游，滚动速度为 1 ~ 2m/s。它能通过烟囱或门窗等侵入室内，有时在室内转了一圈后又溜走，有时会发生爆炸，伤害人、畜和家电设备等。因此，为了防止雷球侵入室内造成危害，雷雨时要迅速关好门窗。

315. 雷雨时为什么人应远离灯头、插座、电线等?

雷电击中架空线路，雷电波侵入室内，对人身安全造成极大的威胁。分析这类事故发现：①雷电日多的地区事故比雷电日少的地区严重；②郊区事故比城区严重；③木电杆事故比钢筋混凝土电杆严重；④易击地区事故比一般地区严重。

据事故统计分析表明：①雷击进户线住宅内灯头对人体放电而造成死亡的距离绝大多数在 1.5m 以内，占全部事故数的 90% 以上；②雷击进户线住宅内灯头对人体放电而造成受伤的距离在 1.5 ~ 2m 范围内，占全部事故的 7%；③放电距离超过 2m 者一般都没有发生人身伤亡事故。因此，为了安全起见，人应尽量远离灯头、插座、电线等。

316. 怎样处理遭雷击者?

当人遭受雷击后切不可惊慌失措，应冷静而迅速地处理。遭受雷击的人并不一定死亡，即使不省人事，甚至心脏停搏、呼吸停止，也有可能是"假死"，应不失时机地迅速进行人工呼吸和心脏按压等急救，直至送医院进行医治。具体急救方法与抢救一般触电者相同，可视情况进行人工呼吸、人工胸外心脏按压或两者同时进行。因雷击所受的外伤和烧伤可用普通方法处理。

317. 住宅防雷装置有哪些?

经常采用的家庭防雷装置有避雷针、避雷网、阀型避雷器、保护间隙和压敏电阻，以及浪涌保护器（常用家用电器防雷）等。避雷装置包接闪器、引下线和接地极。

(1) 避雷针和避雷网

避雷针在农村住宅用得普遍，避雷网多用在城市住宅楼。

避雷针和避雷网实际上都是接闪器，安装在房屋顶上，利用它们高出被保护物的突出地位，把雷电引向自身，然后通过引下线和接地极把雷电流引泄入大地，从而保护建筑物免受雷击。

（2）阀型避雷器

在多雷地区也有用它来保护电能表和家用电器的。避雷器通常接于电能表前的线路上与大地之间。相线上和零线上均要安装。当雷电击中低压配电线路时，避雷器立即放电，并将雷电能量导入大地，使被保护线路和设备的绝缘免受过电压危险。在雷电过去后，避雷器会自动截断工频续流，恢复系统正常供电。家庭通常采用 Y1W – 0.28型和 Y1.5W – 0.28 型氧化锌避雷器。

（3）放电间隙

它是由两个金属电极构成的一种最简单的防雷装置。一个电极被接保护设备，另一个电极与接地装置相连。两电极之间保持规定的间隙距离。正常情况下，两电极之间由空气绝缘，当有雷电过电压发生时，间隙空气击穿，将雷电流经接地装置引入大地。雷电过后，它能自动消弧。

放电间隙与阀型避雷器比较，可靠性较差，但成本低，制作安装方便。具体制作见第 331 问。

（4）压敏电阻

压敏电阻也是多雷地区用来保护电能表和家用电器的防雷装置。它是一种半导体敏感陶瓷元件，又称为氧化锌压敏电阻，简称MOV。压敏电阻的图形符号如图 10-4 所示。

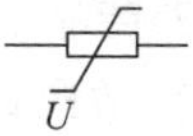

图 10-4　压敏电阻的图形符号

压敏电阻在额定（标称）电压以内，其漏电流极小（微安级），可看作是开路状态；而当两端电压一旦超过额定电压，即出现过电压时，立即被击穿，可看作是导通状态。当过电压一消失，又恢复正常。压敏电阻的平均持续功率很小（仅数瓦），瞬时功率却很大，通流量可达几万安。

压敏电阻的规格很多，只有正确选用才能起到良好的保护作用。压敏电阻的选择主要确定以下两个参数：

1）选定标称电压 U：一般根据下面的经验公式选择。用于交流电路中

$$U \geqslant (2 \sim 2.5) U_{AC}$$

式中　U_{AC}——交流电路电压有效值。如接在 220V 的电路，则 U_{AC} = 220V。

用于直流电路中，有

$$U \geqslant (1.8 \sim 2) U_{DC}$$

式中　U_{DC}——直流电路电压。

2）选定通流量：选择通流量要留有适当的裕量。因为在同一个电压等级下，通流量越大，可靠性越高，但体积也大一点，价格贵一些。一般作为过电压保护时，可选 3 ~ 5kA；作为防雷保护时，可选 10 ~ 20kA；防止 220V 电压突然升高而引起家用电器"群爆"所采用的压敏电阻保护，参见第 232 问中的要求选择。

可用于家庭防雷的压敏电阻有 MY31 – 0.22V、10kA 或 MY31 – 0.22V、20kA。

（5）交流浪涌保护器

它可用于家用电器的防雷，也可保护由于交流电源的突然浪涌而引起的电压较大幅度上升所带来的影响。保护器的参数为 220V、10A。它能经历上万次浪涌，因此是比较理想的避雷装置。这种保护器在国外产品上使用较多。

（6）放电管

它是目前应用最广泛的一种避雷装置，它能将线路上的过电压限幅。陶瓷封装管耐冲击能力可达 40kA 以上，放电时间也较短。放电管一般安装在住宅电源进线端，保护包括电能表在内的整个家庭用电设备的安全。

（7）将进户线的瓷瓶铁脚及进户杆上的瓷瓶铁脚接地

为了降低雷电波沿低压架空线路侵入室内造成危害的程度，还可以将支持进户线的瓷瓶铁脚及达到房屋的第一根电杆（进户杆）上的瓷瓶铁脚接地，且接地电阻要求不大于 10Ω。这种方法多用于农村住宅。

几种避雷装置的安装示意图如图 10-5 所示。

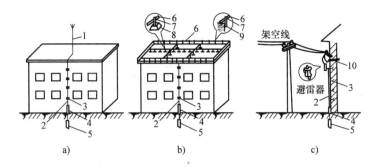

图 10-5　几种常用避雷装置安装示意图
a）避雷针　b）避雷网　c）避雷器
1—避雷针　2—引下线　3—支持卡子　4—保护管　5—接地极
6—避雷带　7—焊接　8—支持水泥座　9—支持铁件　10—进户管

318. 建筑物多高时需装避雷针？为什么？

按规定，建筑物高度超过 20m 时需装设避雷针或避雷网。但这不等于说较低的建筑物就没有遭受雷击的危险。对于贮藏易燃、易爆物品的仓库等有危险性的建筑物，变电所、重要的文物古迹建筑等，虽不很高仍需装设避雷针或避雷网；处于旷野中的建筑物，虽很低也应装设避雷针或避雷网。

避雷针的保护角（即被保护建筑物最凸出点与针顶的连线同针本身间所成的夹角），对于一般建筑物在 60°以下；危险场所在 45°以下。

319. 怎样计算单支避雷针的保护范围？

用避雷针保护建筑物，其保护是有一定范围的，超过这个范围就不能得到保护。保护范围与避雷针的架设高度及避雷针之间的相互位置（多根避雷针时）有关。

滚球法计算单支避雷针保护范围示意图 10-6 所示。

我国对滚球半径的规定见表 10-1。

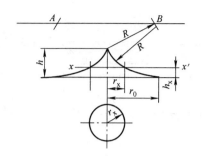

图 10-6　滚球法求单支避雷针保护范围

表 10-1　我国对滚球半径 *R* 的规定

建筑物防雷类别	滚球半径/m	避雷网尺寸≤*l*(m×m)
第一类	30	5×5 或 6×4
第二类	45	10×10 或 12×8
第三类	60	20×20 或 24×16

另外，粮、棉及易燃物大量集中的露天堆场，当其年预计雷击次数大于或等于 0.05 时，应采用独立避雷针或架空避雷线防直击雷。独立避雷针或架空避雷线保护范围的滚球半径可取 100m。

具体计算方法如下：

1. 当避雷针高度 $h \leqslant R$ 时

1）距地面 R 处作一平行于地面的平行线。

2）以避雷针针尖为圆心，R 为半径作弧线交于平行线的 A、B 两点。

3）以 A、B 为圆心，R 为半径作弧线，弧线与避雷针针尖相交并与地面相切。弧线到地面为其保护范围。保护范围为一个对称的锥体。

4）避雷针在 h_x 高度的 xx' 平面上和地面上的保护半径，应按下列公式计算：

$$r_x = \sqrt{h(2R-h)} - \sqrt{h_x(2R-h_x)}$$

$$r_0 = \sqrt{h(2R-h)}$$

式中　r_x——避雷针在 h_x 高度的 xx' 平面上的保护半径（m）；

R——滚球半径（m），见表 10-1；

h_{x}——被保护物的高度（m）；

r_0——避雷针在地面上的保护半径（m）。

2. 当避雷针高度 $h > R$ 时

这时应在避雷针上取高度等于 R 的一点代替单支避雷针针尖作为圆心。其余的做法同前。在上式两式中的 h 用 R 代之。

【例 1】 一座第二类防雷建筑物高度 h_{x} 为 20m，高度 h_{x} 水平面上的保护半径 r_{x} 为 5m，试求单根避雷针的高度。

解：（1）计算法查表 10-1，得滚珠半径 $R = 45$m。

$$5 = \sqrt{h(2 \times 45 - h)} - \sqrt{20 \times (2 \times 45 - 20)}$$

$$s = \sqrt{90h - h^2} - 37.4$$

$$90h - h^2 = 42.4^2 = 1797.8$$

解得 $h = 30$m

避雷针架设在该建筑物顶上，因此避雷针本身长度为 30m - 20m = 10m。

（2）作图法（见图 10-7）

首先画出建筑物高度 $h_{x} = 20$m 和被保护半径 $r_{x} = 5$m。

1）距地面 $R = 45$m 处作一平行于地面的平行线①；

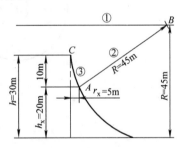

图 10-7　作图法求避雷针高度

2）以 A 点为半径 $R = 45$m 作弧线交于平行线 B 点②；

3）以 B 点为半径 $R = 45$m 作弧线交于建筑物轴心垂直延长线于 C 点③；

4）量出 C 点距地面的高度 $h = 30$m。避雷针长度即 10m。

320. 怎样计算两支等高避雷针的保护范围？

两支等高避雷针的保护范围，在避雷针高度 $h \leqslant R$ 时，当两支避雷针距离 $D \geqslant 2\sqrt{h(2R - h)}$ 时，应各按单支避雷针的计算方法计算；当 $D < 2\sqrt{h(2R - h)}$ 时，应按以下方法计算（见图 10-8）：

1）$AEBC$ 外侧的保护范围，按单支避雷针的方法计算。

2）C、E 点应位于两避雷针间的垂直平分线上。在地面每侧的最小保护宽度按下式计算：

$$b_0 = CO = EO = \sqrt{h(2R - h) - \left(\frac{D}{2}\right)^2}$$

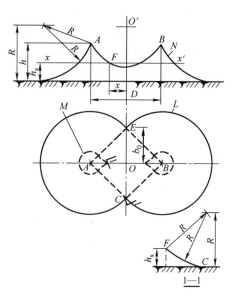

图 10-8　两支等高避雷针的保护范围

L—地面上保护范围的截面　M—xx' 平面上保护范围的截面　N—AOB 轴线的保护范围

3）在 AOB 轴线上，距中心线任一距离 x 处，其在保护范围上边线上的保护高度按下式计算：

$$h_x = R - \sqrt{(R - h)^2 + \left(\frac{D}{2}\right)^2 - x^2}$$

该保护范围上边线是以中心线距地面 R 的一点 O' 为圆心，以 $\sqrt{(R - h)^2 + \left(\frac{D}{2}\right)^2}$ 为半径所做的圆弧 AB。

4）两避雷针间 $AEBC$ 内的保护范围，ACO 部分的保护范围按以下方法计算：

① 在任一保护高度 h_x 和 C 点所处的垂直平面上，以 h_x 作为假想避雷针，并按单支避雷针的方法逐点确定（见图 10-8 中 1—1 部分图）。

② 确定 BCO、AEO、BEO 部分的保护范围的方法与 ACO 部分的相同。

5）确定 xx′ 平面上的保护范围截面的方法：以单支避雷针的保护半径 r_x 为半径，以 A、B 为圆心作弧线与四边形 AEBC 相交；以单支避雷针的 $(r_0 - r_x)$ 为半径，以 E、C 为圆心作弧线与上述弧线相交（见图 10-8 中的粗虚线）。

321. 什么叫避雷带和避雷网？

沿建筑物屋顶四周易受雷击部位明设的作为防雷保护用的金属带（通常采用 $\phi8$ 圆钢）作为接闪器，沿外墙作引下线和接地网相连的装置称为避雷带。避雷带多用于民用建筑，特别适用于山区住宅，由于雷击选择性较强（可能从侧面横向发展对建筑物放电），用避雷带（网）保护性能比避雷针更好。

避雷网分为明装避雷网和笼式避雷网两大类。

沿建筑物屋顶上部明装金属网格作为接闪器，沿外墙装设引下线，接到接地装置上，称为明装避雷网，一般建筑物中常采用这种方法。而把整个建筑物中的金属结构钢筋连成一体，构成一个大型金属网笼，称为笼式避雷网。笼式避雷网又分为全部明装避雷网、全部暗装避雷网和部分明装、部分暗装避雷网等几种。例如在高层建筑中，都是用现浇的大模板和预制装配式壁板，结构钢筋较多，从顶板到梁、柱、墙、板以及地下基础都有相当数量的钢筋，把这些钢筋从上到下以及室内的上下水管、热力管网、电气线管、电气设备及变压器中性点等均与钢筋连接起来，形成一个等电位的整体，叫作笼式暗装避雷网。

322. 对避雷装置有什么要求？

避雷装置（避雷针、避雷网等）由接闪器、引下线和接地体组成。

对避雷装置的主要要求如下：

1）接地装置的导体最小允许尺寸见表10-2。

表10-2 接地装置的导体最小允许尺寸

防雷装置	圆钢直径 /mm	钢管直径 /mm	扁钢截面积 /mm²	角钢厚度 /mm	备 注
避雷针在1m及以下时 避雷针在1～2m时 避雷针装在烟囱顶端 避雷带（网） 避雷带装在烟囱顶端	$\phi 12$ $\phi 16$ $\phi 20$ $\phi 8$ $\phi 12$	$\phi 20$ $\phi 25$	 48（厚4mm） 100（厚4mm）		镀锌或涂刷防锈漆，在腐蚀性较大的场所应增大一级或采取其他防腐蚀措施
明设 暗设 装在烟囱上时	$\phi 8$ $\phi 10$ $\phi 12$		48（厚4mm） 60（厚5mm） 100（厚4mm）		同上
水平埋设 垂直埋设	$\phi 12$	 $\phi 50$壁厚3.5	100（厚4mm）	 4	在腐蚀性土壤中应镀锌或加大截面

2）引下线沿建筑物外墙以最短路径敷设，不应构成环套或锐角，引下线的一般弯曲点为软弯，最好不小于90°，如果弯曲较小时，则必须满足下式要求：$D \geqslant L/10$〔式中 D 为弯曲的开口点的垂直长度（m）；L 为弯曲部分的实际长度（m）〕。因建筑美学有要求时，也可暗设，但截面要加大一级。

3）建、构筑物的金属构件（如消防梯）等可作为引下线，但所有金属部件之间均应连接成电气通道。

4）采用多根引下线时，为了便于检查接地电阻以及检查引下线和接地线的连接状况，宜在各引下线距地面1.8m处设置断续卡。

5）在易受机械损伤的地方，地面上约1.7m至地下0.3m的一段应加保护管。保护管可用竹管、角钢或塑料管。用钢管时，应顺钢管长度方向开一个豁口，以免高频雷电流产生的磁场在钢管中引起涡流，使电感量增大，从而使接地装置的阻抗增大，不利雷电流泄入地中。

6）接地电阻要求不大于10Ω。

为了降低接地装置的接地电阻，减少钢材用量，可以利用一些自然接地体作为辅助接地体。但实施时应注意以下事项：

1）可以利用下水道、建筑物基础的钢筋和某些金属管道等自然接地体。

2）有爆炸和火灾危险的管道，如煤气管、输油管等不能用作接地极。

3）自来水管、暖气管也不能用作接地极。因为这类管道一旦遭雷击，在管道上会产生过电压，危及人身安全。

4）不能只利用钢筋混凝土基础的钢筋作接地极，原因见第323问。

323. 住宅防雷装置是否能利用建筑物的钢筋作接地极？

住宅防雷装置应尽量利用地下自然接地体作接地极，如金属管道、下水道、建筑物钢筋混凝土基础的钢筋等，但有爆炸和火灾危险的管道，如煤气管、输油管不能用作接地极。另外，自来水管、暖气管也不能用作接地极。因为这类管道一旦遭雷击，在管道上会产生过电压，危及人身安全。在利用自然接地体的同时，应另设人工接地极，使接地电阻达到要求（一般为10Ω）。

必须指出，不能只利用钢筋混凝土基础的钢筋作接地极，原因是：①雷电流从钢筋透过混凝土而入地，有可能使混凝土产生裂纹而逐渐遭到损坏，影响基础强度；②混凝土的接地电阻随土壤的干、湿而变化，湿时很低，干时很高。在干时遭受雷击，由于接地电阻高而不利于雷电流的泄放，影响防雷效果。因此，对于住宅或储存易燃、易爆物品的仓库，不能只利用基础钢筋作接地极，应另设人工接地极作防雷接地极。

324. 对避雷针有何要求？如何安装？

避雷针宜用镀锌圆钢或钢管制成，其粗细要求见表10-3。当避雷针高度在2m及以下时，可采用单根钢管，当高度大于2m时，应用钢管相互连接（焊接）。为了防止锈蚀，钢管应镀锌，至少应涂刷防锈漆。

表 10-3　避雷针粗细要求

针长	避雷针	
	圆钢直径/mm	钢管直径/mm
1m 以下	≥12	≥20
1～2m	≥16	≥25

避雷针可以直接安装在建筑物上，基顶端做成尖状或分叉状。避雷针安装在屋顶上，可参照图 10-9 进行；安装在墙上，可参照图 10-10 进行。装在烟囱顶上的避雷针，应选用直径为 20mm 的镀锌圆钢。

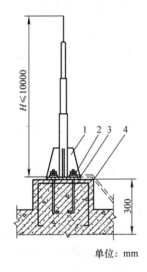

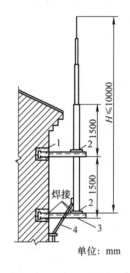

图 10-9　在屋顶上安装避雷针的
做法
1—厚度为 8mm 肋板 4 块
2—M16 底脚螺栓
3—300mm×300mm×8mm 底板
4—引下线（12mm×4mm 扁钢或 φ8mm 圆钢）

图 10-10　在墙上安装避雷针的
做法
1—240mm×240mm×2500mm 预制钢筋梁
2—厚度为 6mm 的钢板
3—<63mm×6mm 角钢支架　4—引下线

325. 对避雷装置的引下线有何要求？如何安装？

避雷用接地引下线可以使用截面积不小于 $35mm^2$ 的镀锌铁线、扁铁或 φ8mm 圆钢。当然也可以用铜线，但铜线太贵，且易被盗。

一般不宜用铝线，因为铝线机械强度很差，很不可靠。

引下线应取最短的途径，尽量避免弯曲。引下线不允许套入钢管中加以保护，因为雷电流是一种波头陡度很大的高频电流，当它通过引入线时，其磁场会在钢管内产生涡流，相当于在雷电流泄放回路中增加了电感，亦即增大了接地装置的冲击阻抗，不利于尽快将雷电流泄放入大地。

引下线与埋在地下的接地极的连接应采用焊接，一般应使用氧乙炔焊或电弧焊，不应用锡焊，以保证接触良好牢固。如没有条件做到时，也可用压接的方法，如用螺栓连接。为了压紧可靠，必须加防松弹簧垫圈，压接前需将连接部位除锈清洁，使之露出金属光泽。连接处的外表面可涂防腐剂。

326. 对避雷装置的接地极有何要求？如何施工？

防雷接地装置接地极与保护接地的接地极安装要求大致相同，只不过前者接地电阻要求不大于 10Ω，后者一般不大于 4Ω；另外，由于雷击电流很大，所以前者接地极尺寸也稍大（见表 10-4）。

表 10-4　防雷接地装置的材料最小尺寸

材料名称	圆钢直径 /mm	扁钢		角钢厚度 /mm	钢管壁厚 /mm
		截面积/mm²	厚度/mm		
材料尺寸	12	100	4	4	3.5

住宅防雷接地极的施工应注意以下事项：

1）接地装置应远离热源（如烟道），以免接地电阻难以达到 10Ω 的要求。

2）接地极埋设深度不应小于 0.5m。

3）为了降低接地电阻和节约钢材，应尽量利用自然接地体。其可利用或不可利用的自然接地体，请参见第 287 问。在利用自然接地体的同时，为了达到接地电阻的要求，应另设人工接地极，以确保安全。

4）不能只利用钢筋混凝土基础的钢筋作接地极。

5）为了降低跨步电压，防直击雷的接地装置距建筑物入口和人行道应不小于3m。否则应采取以下措施之一来防止跨步电压触电：

① 将接地装置局部深埋1m以上。

② 将接地带局部包以绝缘物；如在水平接地带上包以50~80mm厚的沥青层。

③ 铺设沥青碎石路面，或者在接地装置上敷设50~80mm厚的沥青层，其宽度超出接地装置两侧各2m。

327. 农村架设避雷针有什么简单方法？

在农村，为了节约钢材，避雷针（接闪器）不必全部用金属材料，可以采用木杆，沿杆敷设高出于木杆1m的，截面积为6~10mm^{2}的导线。如果没有所需截面积的导线，也可用几根较小截面积的导线平行敷设，使它的总截面积不小于50mm^2。

另外，也可以利用附近的烟囱、水塔、大树等作为避雷针的支持体，以节省投资。

328. 对避雷网有何要求？如何安装？

避雷网由避雷带组成。避雷带主要用于重点保护建筑物易受雷击的部位，如屋檐、屋脊、屋角和女儿墙等，一般可用 ϕ8mm 镀锌圆钢或12mm×4mm扁钢敷设（见图10-11）。通常，要求屋面上任何一点离避雷带距离不大于10m；当有三条以上避雷带平行敷设时，每隔30~40m应将平行的避雷带相互连接起来。

避雷网（带）通过引下线与接地装置相连。引下线与接地装置的做法同前。

某多层住宅屋顶避雷网安装图如图10-12所示。该避雷网具体做法如下：

1）用 ϕ10 镀锌圆钢制作避雷网。避雷网高出檐沟、屋脊150mm。

2）用3×30（mm）镀锌扁钢做避雷网支持卡。卡与卡的间距为1m。

3）用 ϕ12 镀锌圆钢做避雷网引下线。引下线沿墙身暗敷设，在离地0.5m处设墙洞式断接卡（测试卡）。

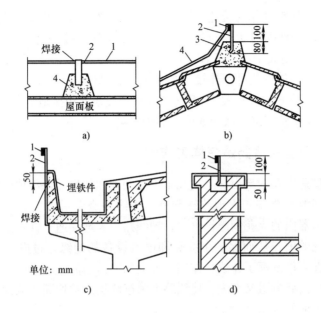

图 10-11 避雷带安装示意图

a) 装在屋面上 b) 沿屋脊安装 c) 沿天沟安装 d) 沿女儿墙安装

1—避雷带 2—12mm×4mm扁钢支架 3—预制支座(每米
一个,转角处0.5m一个) 4—引下线

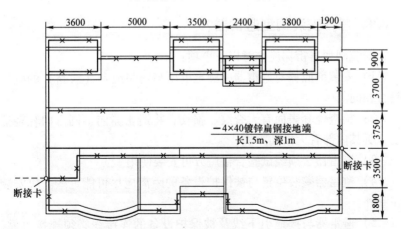

图 10-12 某多层住宅屋顶避雷网安装图

4）结构钢筋作为接地体，沿建筑物外围成环状敷设，并沿几条轴线纵横拉通成网状，与桩基主筋焊接四处。接地体埋深应大于0.5m，每组用大于或等于 $\phi16$ 钢筋 2 根。

5）接地体中构件间连接：200mm 长，满焊。

6）接地电阻值不大于 4Ω（因与重复接地共用接地装置）。

7）$\phi10$ 镀锌圆钢从接地体引到配电箱。

329. 阀型避雷器是怎样工作的？

阀型避雷器内部由一个或几个串联间隙和特性元件组成。平时这些火花间隙把线路与大地绝缘起来，当线路遭受雷击引起冲击电压时，避雷器内的火花间隙被击穿，把线路与大地接通，并把过电压限制在很低的值，从而保护了线路和电气设备的绝缘。过电压一旦消失，特性元件发挥了非线性作用，即大的冲击电流流过时电阻小，冲击电流过去后电阻又变大，使线路上的续流迅速被切断，从而使系统恢复雷击前的状态。

用于 380V 及以下设备防雷的阀型避雷器，通常采用氧化锌避雷器（压敏电阻型 MY）。这种避雷器的阀片用非线性材料特性较好的氧化锌制成，无间隙或局部阀片有并联间隙。

330. 怎样安装阀型避雷器？

安装阀型避雷器应注意以下事项：

1）安装前应核对避雷器的额定电压与安装地点（线路）的电压是否相同。

2）检查瓷套表面有无裂纹、损伤；将避雷器向不同方向轻轻摇动，听其内部有无松动声响。

3）避雷器必须经试验合格后方可安装使用。

4）避雷器安装位置与被保护设备的距离应尽可能近些。应安装在室外。

5）避雷器与接地引下线及被保护设备的连接线必须连接可靠，连接时应先清除连接处的氧化层和油污等。上下引线不得过紧或过松。接地引下线可采用直径大于 3mm 的镀锌铁线或铜导线。

6）避雷器应垂直地面或稍倾斜安装。

7）接地装置的接地电阻必须合格，不大于10Ω。

331. 怎样制作和安装放电间隙？

（1）放电间隙的型式

放电间隙又称保护间隙、空气间隙，有两种型式：一种是羊角间隙，另一种是锯齿间隙。

1）羊角间隙避雷器。它是由直径为0.71mm铜线或镀锌铁线弯成羊角状的间隙，间隙为2～3mm，铜线或镀锌铁线的长度没有什么规定，一般可取10～20cm，如图10-13a所示。羊角保护间隙可用瓷夹板固定。

2）锯齿间隙避雷器。它是由两组四块约20mm×20mm×2mm的铜片相对布置而成的间隙，相对面剪成锯齿状，铜片齿间距离1～2mm，安装在较厚的绝缘板（如电木板）上。如果是保护电视机，则将电视天线的两根引线和电视机引入馈线分别并联在一起，分别接在上边的两块锯齿片上，将下边两块锯齿片并联后，用直径3mm以上的镀锌铁线或铜导线引入接地装置，如图10-13b所示；如果是安装在进户线处（室外），用来保护电能表和电气设备，则将相线和零线分别接在上边的两块锯齿片上（见图10-13c）。

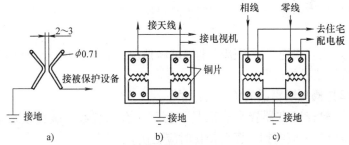

图 10-13　放电间隙及安装方法

a）羊角间隙　b）锯齿间隙保护电视机　c）锯齿间隙保护住宅电气设备

（2）安装放电间隙的注意事项

1）应保证羊角导体或锯齿片有足够的截面和面积。否则雷电流经过时会将其熔化。

2）应保证保护间隙的距离。否则起不到良好的保护作用。

3）保护间隙的安装位置与被保护设备之间的距离应尽可能近些，以免影响保护效果。

4）保护间隙应垂直安装在室外。

5）电极与接地引下线及被保护设备的连接线必须连接可靠。

6）接地装置的接地电阻必须合格，不大于 10Ω。

332. 怎样维护好防雷装置？

为了使避雷装置真正起到防雷保护作用，平时应做好检查维护工作，保证避雷装置处于良好的工作状态。具体做法如下：

（1）避雷针（带、网）**的检查与维护**

1）检查避雷针（带、网）各处明装导体是否裂纹、歪斜或锈蚀或受机械力的损伤而折断等现象；各导线部分的电气连接是否紧密牢固，发现接触不良或脱焊时应检修，锈蚀严重时应更换。

2）检查接闪器、接地引下线有无因受雷击而熔化或折断等情况。

3）检查接地引下线是否松垮下来，固定线卡有无掉落，引下线距地 2m 一段的保护处有无破坏情况。

4）检查断接卡子（为了便于测量接地电阻而设）有无接触不良情况。

5）检查接地装置周围的土壤沉陷情况，有无因挖土、植树等而挖断接地装置的情况。

（2）阀型避雷器的检查与维护

1）检查避雷器瓷套表面是否污秽，有无裂纹、破损及放电痕迹。污秽严重应清扫，瓷套损伤时应更换。

2）检查避雷器上端引线处的瓷套与法兰连接处的接合缝密封是否良好，若密封不良会进水（装在露天时）受潮引起事故。

3）雷电后应检查瓷套表面有无放电痕迹，避雷器引线及接地引下线有否松动。

4）为了能及时发现阀型避雷器内部的隐形缺陷，应定期（最好每年雨季之前）拆下去电业部门进行一次预防性试验。

5）同（1）的3）~5）项。

（3）保护间隙的检查与维护

1）检查保护间隙的距离有无变动，雷雨前后均应检查。若有变动，应及时调整。

2）由于保护间隙的灭弧性能较差，动作时往往容易烧坏，因此雷雨后，应检查一遍。若发现有损坏，应及时维修或更换。

3）检查保护间隙安装是否牢固，有无锈蚀，支持绝缘物是否发生烧伤或闪络。若有问题，应及时更换。

4）同（2）的3）~5）项。

（4）接地引下线和接地装置的检查与维护

除平时进行一般性检查、维护外，在雷雨季节前，还要对接地引下线和接地装置做一次全面检查。看有无断线、脱焊、锈蚀等情况，并挖开土壤检查引下线与接地装置的连接情况。如果接地装置腐蚀达30%以上，则应予以更换。有条件者，应测试一下接地电阻，看是否达到不大于 10Ω 的要求。

第十一章 ▶▶▶▶▶

常用电工工具与仪表

333. 怎样使用低压试电笔？

试电笔是一种测试导线、电气设备、家用电器金属外壳等是否带电的常用电工工具。按其显示元件不同，分为氖泡（管）发光指示式和电子数字显示式两种，如图 11-1 所示。氖泡式试电笔由金属笔尖、电阻、氖泡、弹簧和金属笔尾组成。另外，除接触式试电笔外，还有感应式试电笔。

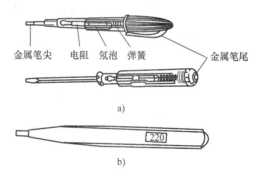

金属笔尖　电阻　氖泡　弹簧　　　金属笔尾

a)

220

b)

图 11-1　试电笔
a) 氖泡发光指示式　b) 数字显示式

测试时，手握试电笔的金属笔尾，用笔尖接触被测物体，如果氖泡发光，说明该物体带电（或漏电）；如果不发光，说明不带电（漏电）或所带电压很低。由于氖泡串联有数兆欧的高阻值电阻，所以氖泡发光时流过人体的电流极其微小，人体并无任何感觉，十分安全。

使用试电笔应注意以下事项：

1）低压试电笔只能测试 500V 以下的电压，测量更高的电压是不安全的。

2）很多试电笔带有拧螺钉的刀口，但不宜经常作螺钉旋具用，且只能拧小螺钉用，否则会拧坏笔管。

3）测试时手必须触及试电笔的笔尾的金属部分，否则有电也测不出来。

4）金属笔尖必须与被测物接触良好。被测物上不应有污物、氧化层及油漆等，否则有电也测不出来（但感应式试电笔除外）。

5）氖泡发光的强弱与氖泡两极所承受的电压（即带电体对地电压）成正比。但当该电压超过一定值后，很难辨别辉光的强弱。另外，当该电压低于氖泡的启辉电压时，氖泡也不发光。一般氖泡的启辉电压为50V至百余伏不等。各氖泡的启辉电压都不可能一样，因此在实际中也常常发现，对于同一带电体，用甲试电笔测得的发光亮度强，而用乙试电笔测得的却弱，这也是正常的。

6）试电笔也能测试感应电，如电灯回路的零线断裂，在灯座零线端头用试电笔测试，氖泡可能发光。有些家用电器，金属外壳也会因感应而带电，用试电笔测试有电，但不一定会造成触电危险。这种情况下，必须用万用表测量，或用灯泡试验，以判断是否真正带电。

7）氖泡在长期使用后可能会损坏，若用损坏的试电笔测试，会引起误判断。因此为了安全起见，在每次使用前应预先在带电的相线上试测一下，检查它是否良好。

8）在明亮光线下使用试电笔往往不易看清氖泡的辉光，此时应注意遮光并仔细测试和观察。

334. 试电笔有哪些用途？

试电笔有如下用途：

1）判别相线（火线）和零线或保护接零（接地）线。

2）测试物体是否带电（或漏电）。判断是否带电（相线或相线碰及设备金属外壳）或漏电（设备受潮或绝缘不良引起）的方法，见第256问。

3）辨别交流电和直流电。如果氖泡中的两个极都发光，说明是交流电；如果只有一个极发光，说明是直流电。

4）判断直流电的正负极。有以下两种情况：

① 如果直流系统中设有接地点，在测量直流电时，氖泡发光端靠近握试电笔的手侧，说明被测点为电源的正极；氖泡发光端靠近被测点，说明被测点为电源的负极。

② 如果直流系统中没有接地点，可将试电笔串联在直流电路的正负极之间，氖泡发光的一端为正极，不发光的一端为负极。

5）粗略判别电压的高低。凭使用经验，根据氖泡发光的强弱可以估计电压的高低。因为对于同一支试电笔，在使用电压范围内，电压越高，氖泡越亮（当然，超过某电压值后，很难区分发光强弱）。但由于各氖泡的启辉电压不相同，甚至相差很大，所以对于同一带电体，各试电笔氖泡的亮度也不尽相同。

6）测量线路中任何导线之间是否同相或异相。人站在一个与大地绝缘的物体上，两手各握一支试电笔，然后在被测的两导线上进行测试，如果两支试电笔发光很亮，则说明这两根导线是异相；如果不发光或发光弱，则说明它们是同相。

7）如果线路接触不良，用试电笔测试，氖泡就会闪烁。这种闪烁在照明灯光下尤为显著。

335. 用试电笔测得两根导线都有电或都无电，能相连吗？

在检修外线或电源进线总配电板，以及农村场园和企业动力用电时，用试电笔测得两根导线都有电，有人认为既然都是相线，就可以相连接。这是不对的。因为 380/220V 低压供电网，其中有三根相线，一根零线，三根相线是不同相的，分别记为 U、V、W 三相。这三相电压互成 120°交角，每两相间的电压为 380V，而不是 0V。因此如果将不同相的相线连接在一起，就会发生严重的相间短路事故。只有同相的导线（如住宅内只有单相电源时的相线）才可以连接。

判断导线是否同相或异相，可以用试电笔按第 334 问 6）项中所述的方法测试，更好的方法是用万用表测量。即将万用表置于交流 500V 档，用两表笔分别接触被测两导线，如果电压为 380V，则为异相；若为 0V，即同相。

另外，要注意，当零线断路，且三相负荷又严重不对称时，零线也有电，用试电笔测试氖泡也亮，但它并非相线，而是零线。

测得两根导线都无电（确认试电笔是好的），也不一定就认为都是零线。因为

1）带保护接零（接地）线的供电系统，接零（接地）线上也没有电，但它并不是零线。如果错当成零线连接，就会失去保护作用，而发生事故。如果插座如此连接，接上用电设备后，漏电保护器即跳闸。

2）对单相供电而言，相线断路，相线上就没有电；若三相供电，当相线断路，且负荷断开时，此相线上也无电。

336. 使用试电笔检查时如何避免误判断？

用试电笔测试某导体，氖泡发光有多种情况，应正确判断。

（1）用试电笔测试某导体，氖泡不亮，有以下几种原因：

1）试电笔的氖泡损坏。

2）试电笔使用不当。如手皮肤未触及笔尾金属部分；被测点锈蚀、有氧化层，油污等。

3）被测点属零线或保护接零（接地）线。

4）单相220V供电系统中，相线断路或零线断路；三相380V供电系统中，相线开路且负荷断开。

5）测试电扇、台灯等电气设备时，当电源开关断开（或合上）时，测试其金属外壳，氖泡不亮，认为无电，但当电源开关合上（或断开）时，有可能因电气设备的金属外壳带电或漏电，氖泡发光。产生这种现象的原因有

① 开关接在相线，而设备近开关侧有漏电故障。这时合上开关，金属外壳会有电。

② 开关接在零线，而设备近开关侧有漏电故障。这时断开开关，金属外壳也有电。

（2）为了避免发生误判断，对应于上述的可能原因，应采取以下对策：

1）测试前，应将试电笔在用电正常的电源插座的相线上测试一下，如果氖泡发光，说明氖泡是好的，否则应更换氖泡后再使用。

2）学会正确使用试电笔。

3）对于没有保护接零（接地）的住宅，当排除上面提到的第4）种原因后，即可确定为零线；对于有保护接零（接地）的住宅，当排除上面提到的第4）种原因后，还不能确认是零线还是接零（接地）线。这时应根据所敷设导线的颜色及配电板处接零（接地）线的标记或三孔插座的接零（接地）线的颜色加以区分。如果怀疑暗敷导线内同是零线［或同是接零（接地）线］采用不同的导线颜色时，应打开接线盒或撬开槽板，认真辨认；也可用万用表检查。

4）当相线或零线断路时，接在该电路上的负荷就得不到电，电灯就不亮，再按3）中的方法查看导线的颜色，确认是相线断路还是零线断路。

5）对氖泡不亮的第5）种原因的对策是，首先要求电气设备的电源开关必须接在相线回路，若发现仍不正常，则应检查漏电处，并加以消除。

另外，还需说明一点，判别断线不能只看试电笔氖泡亮不亮，还应观察氖泡发光的强弱，对于较不严重的漏电或感应电，一般氖泡发光较暗（与测试 220V 相线相比）。在怀疑可能断线时，为进一步证实，可用万用表测量其电压。

337. 怎样正确使用电工钳、尖嘴钳、剥线钳和斜口钳？

1）电工钳（见图 11-2）。电工钳是用来剪切、弯绞、连接各种导线及金属线的，可对付较粗的导线及金属线，也可用来旋转小螺母，还可用刀口剖削导线绝缘层。

2）尖嘴钳（见图 11-3）。尖嘴钳也可用来剪切、弯曲、连接各种导线及金属线，但只能对付较细的导线及金属线。尖嘴钳能在较狭小的地方操作。

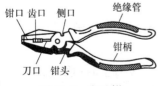

图 11-2　电工钳

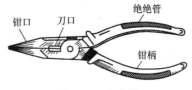

图 11-3　尖嘴钳

电工钳和尖嘴钳的钳柄上都套有一定耐压强度的绝缘套管，可以用来进行500V以下的带电作业。平时要注意保护好绝缘套管，不要让利物损伤或电烙铁烫伤。不带绝缘套管或绝缘套损坏的钢丝钳、电工钳不得用于带电作业。

3）剥线钳（见图11-4）。剥线钳是用来剥削截面积为2.5mm^{2}及以下的小直径导线绝缘层的工具，具有使用方便、剥线效率高、绝缘层切口整齐、不会损伤线芯等优点。但它只能剥去导线端头的一小段绝缘层。使用时，先把导线端头放入相应的刀口中（比导线线芯直径稍大），然后用手将钳柄握拢，导线的绝缘层便会被割破并自动弹出。

4）斜口钳（见图11-5）。斜口钳又称断线钳，是用来剪断小截面金属丝及导线的工具，具有剪切效率高、并能在狭小的室间操作的特点。

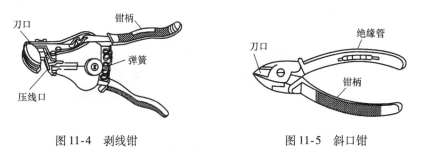

图 11-4　剥线钳　　　　　　　　　图 11-5　斜口钳

338. 怎样正确使用螺钉旋具和电工刀？

1）起子（见图11-6）。螺钉旋具又称螺丝刀或改锥，其式样、规格很多，按头部形状不同可分为一字和十字两种。电工螺钉旋具不同于机修用螺钉旋具，前者的木柄或塑料柄具有一定的绝缘作用，可用于500V以下的带电作业；而后者整个螺钉旋具铁身穿通木柄，可以当锤子敲击、当凿子用，但不宜用于电气修理，更不能用于带电作业。

旋转十字槽螺钉时要用十字形螺钉旋具，如果用一字形螺钉旋具去旋转，不但非常费力，而且容易将十字槽损坏，无法旋转。使用电工螺钉旋具时不要用锤子敲击手柄当凿子用，以免损坏手柄。

2）普通电工刀（见图11-7a）。普通电工刀用来剖削导线绝缘

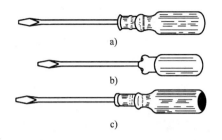

图 11-6　电工起子和机修螺钉旋具

a) 木柄螺钉旋具　b) 耐压绝缘螺钉旋具　c) 机修螺钉旋具（铁身穿过木柄）

层、切割木台缺口，削制木榫等。剖削导线绝缘层时，应使刀面与导线成较小的锐角，以免割伤导线。

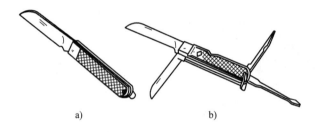

图 11-7　电工刀

a) 单开电工刀　b) 四开电工刀

还有一种四开电工刀（见图 11-7b），有用来剖削导线绝缘层的刀刃，有锯割木头和木台缺口的锯齿刀刃，有钻孔用的锥子和旋螺全用的小螺钉旋具。

电工刀没有绝缘刀柄，因此不能用于带电作业。电工刀的刀口磨制很有讲究，刀刃不能太锋利，否则容易削伤线芯。

339. 万用表有哪些用途？其结构与原理如何？

万用表可以测量直流电流、直流或交流电压及电阻。有的型号的万用表还可以直接测量电容、电感、晶体管的参数等。在检修电气设备及电子设备时，有了万用表就可以较迅速地查找和判断故障所在。

普通万用表由动圈式表头、整流器、分流器、电阻、可变电阻、转换开关和作电源用的干电池等组成。其内部结构如图 11-8 所示。固定部分由磁性很强的永久磁铁 1 和位于磁极 2 中间的圆柱形软铁 3 组成，并在 2、3 空隙之间形成均匀磁场。可动部分由绕在铝框上的转动圈 4、转轴 8、弹簧游丝 5、指针 6 和校正器 7 等组成。动圈 4 是用很细的高强度漆包线绕制的，它的两端分别接在两个游丝上。此两游丝既是动圈电流的通路，又能

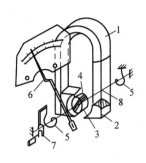

图 11-8　万用表表头内部结构

产生所需的反抗转矩，使动圈不能随意转动。校正器用来校正指针零位。

当电流通过动圈时，在动圈周围便产生磁场，该磁场与永久磁铁产生的磁场相互作用，使动圈偏转。电流越大，偏转角度也越大。因此，观察指针偏转的角度就能知道流过动圈电流的大小，即电表指针将反转，所以插孔（表笔）有正、负极之分。指针按规定方向偏转时，电流应从正极流入，负极流出。

MF－16 型万用表的电路如图 11-9 所示。

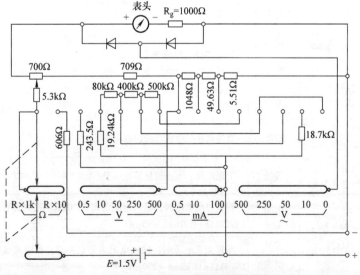

图 11-9　MF－16 型万用表电路

万用表表头上都标有字符，代表该表的性能及表头参数等，提供给使用者正确使用万用表。普通万用表表头上的符号和数字见表11-1。

表 11-1　万用表表头上的符号和数字

符号	分类	说　　明	
	表头结构	永久磁钢动圈式表头	
		带半导体整流器的磁电表头	
		交直流两用表头	
	防磁等级	在 5（1000/4π）A/m 外磁场影响下，仪表指示值对满标度值的相对误差	一级不超过 ±0.5%
			二级不超过 ±1.0%
			三级不超过 ±2.5%
			四级不超过 ±5%
⊓ 或 →	使用方法	仪表应水平放置使用	
☆2 或 ⚡2kV　☆　☆	绝缘强度等级	导电部分与绝缘部分间耐压水平。试验时指 50Hz 交流电历时 1min 的试验电压值	试验电压 2000V
			试验电压 500V
			不经试验
◯ 或 2.5 –	精度	直流电压、电流测量误差小于 2.5%	
◯ 或 4.0 ~	等级	交流电压、电流测量误差小于 4.0%	
20kΩ/V　4kΩ/V ~	电表内阻或灵敏度	测量直流电压时，输入电阻为每伏 20kΩ，相应灵敏度为 $1V/20kΩ = 0.05mA = 50μA$	
		测量交流电压时，输入电阻为每伏 4kΩ，相应灵敏度为 $1V/4kΩ = 0.25mA = 250μA$	

（续）

符号	分类	说　明
0dB = 1mW； 600Ω	音频电平 测量	标志该电表参考 0 电平为：600Ω 负荷电阻上得到 1mW 功率
~ / dB 50V / +14 100V / +20 250V / +28		用 50V 交流电压档测音频电平，表上读数加 14dB 用 100V 交流电压档测音频电平，表上读数加 20dB 用 250V 交流电压档测音频电平，表上读数加 28dB

340. 怎样选购适合家庭用的万用表？

万用表的型号规格繁多，测量内容、精度等级、价格高低等都有很大差别，选购时要从实际需要出发，既要达到使用目的，又要经济。

家庭使用的万用表，主要用于测量和检修电气线路、电气设备及电子线路、电子元器件等，要求精度合适，稳定可靠、经济耐用，便于携带，价格适宜。可选用 MF40、MF41、MF30、MF72 型等袖珍式万用表。这类万用表还可测量电容、电感及晶体管的放大倍数 β 值等。MF30 型为较高灵敏度的万用表，MF72 型特别适用于修理电视机、收录机等用。常用的、灵敏度较高的万用表有 500 型，但体积较大，较笨重，精度高。MF15、MF16 型灵敏度也比较高，体积较小，也是家庭常用的万用表。

数字万用表，由于灵敏度非常高、功能齐全、显示直观、可靠性好、耗电省、小巧轻便，越来越受到电工的欢迎。常用的有 DT–830 型等。其量程开关可同时完成测试功能和量程的选择。

购买万用表时，先观察表壳，应该是光滑发亮，无划痕、裂纹，表盘上刻度清晰干净、无污点。然后旋转转换开关，应该轻巧灵活、无卡阻、无杂音。将万用表水平晃动几下，指针应有良好的阻尼，摆动不能太大，且表内无碰击声。再检查一下机械调零（校正器在表面中间位置），看是否可使指针过零，并能准确调在零点上。最后装上电池检查欧姆档：将两表笔短路，顺向和逆向转动调零位电位器，指针应在"0"Ω处来回摆动，并能准确调在零位。如有条件，可按说明书上的产品性能进行检查，看是否能达到规定的技术要求。

341. 使用万用表应注意哪些事项？

为了保证万用表不受损坏及测量的准确性，使用时应注意以下事项：

1）防止万用表受振动、碰撞，以免造成损坏。

2）使用前应先检查指针是否在机械零位上。如不在零位，可调节校正器，使指针在零位。

3）测量前应根据所测对象（如电压还是电阻等）将转换开关旋至需要位置，不能弄错。如果测量电压时误将转换开关拨在电流挡或电阻挡，很可能会损坏仪表。尤其当测量 220V 市电时，将转换开关拨在电阻档，表内电阻立即烧毁。

4）选择的量程要适当。如测量 220V 市电，可选在"V"250V 档位上；如测量 380V 交流电，可选在 500V 档位上。在测量电流或电压时，最好使指针偏转满刻度 1/3 以上，以获得较准确的结果。不清楚被测量的范围时，应先将量程拨在最大量程试测，然后再作调整。

5）每次调节量程时，应使万用表脱离被测电路，以免损坏开关或用力过大误拨在其他量程上，造成电表损坏。

6）测试时，表笔应与被测部分可靠地接触。被测物上不应有污物，以免接触不良，测不准；测试时手不可触及表笔金属端，以免被测电压伤人；测试电阻、电容、晶体管等元器件时，不可双手同时捏住两表笔金属端，以免因人体电阻的分流作用，而使测量不准确。

7）被测电路有电源时，不能测量电阻；测量电容时，应先用导线对其短路放电后再测量，以防损坏万用表。

8）不能用万用表交流电压档测量非正弦电压或电流的有效值。因为万用表交流电压档的刻度是按照正弦电压整流后的平均值换算到交流有效值来刻度的，所以用它来测量非正弦电压或电流的有效值是不准确的（检修电视机及电子设备的某些工作点时会碰到）。但对于一些有特殊波形（如锯齿波、方法等）可以间接测算它们的有效值。因内容超出本书范围，这里不作介绍。

9）测量电阻时的注意事项见第 344 问。

10）测量直流电压或直流电流时，必须注意仪表的极性，否则指针倒走，有可能将指针打弯（电压、电流值较大时）。正负端应各与电路的正负端相连。测量电流时，应把电路断开，将万用表串联在电路之中。

11）测量 1000V 以上 2500V 以内交流或直流高压时，必须使用专用绝缘表笔和引线（万用表的配件），先将接地表笔固定接在电路地电位上，然后用红色表笔去接触被测高电压。测试者应戴绝缘手套或站在绝缘物上，单手操作，以防触电。表笔必须连接紧密，以免脱落发生短路事故。

12）每次测量完毕后，应将转换开关拨到空档位或测交流电压最高档上，以防误用于测量交流市电而将仪表损坏；若将转换开关拨到欧姆档，还有可能碰连表笔造成表内电池长时间地耗电。

342. 怎样防止万用表指针打弯和表头烧毁事故?

万用表使用不当会打弯指针，严重时甚至烧毁表头。为了防止这类事故的发生，在使用万用表时应注意以下事项：

1）每次测量前，要估计一下被测量的大小，将量程开关拨到合适的量程档上。若对被测量的大小不清楚，应先将量程拨到最大的一档，然后再往合适的量程档靠近。因为用小量程档测量大的被测量时，有可能打弯指针。

2）测量电阻时必须将被测电路与电源切断。

3）在测试高电压或大电流时，不许旋转量程开关。否则会使触点产生电弧，损坏开关。

4）测量电解电容时，必须先对其短路放电，然后再测量。

5）为了防止表头在错误使用时被烧毁，可在表头正负两端并联两只硅二极管来保护（一只正向并联，一只反向并联）。因为硅二极管导通电压一般大于 0.5V，所以在 0.5V 以下硅二极管正向电阻很大，对表头原来的内阻影响甚微，可以忽略不计。当误测时，电压升高会使硅二极管正向电阻降低，大部分电流被二极管分流，从而保护了表头。

343. 怎样用万用表测量直流电流和交、直流电压？

（1）测量直流电流

1）测量时，将量程开关拨到电流 mA 或 μA 档的适当位置，表必须与被测电路串联（见图 11-10）。

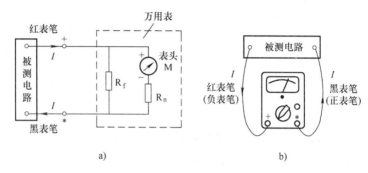

a)   b)

图 11-10　直流电流的测量

a）原理图　b）实际测量图

2）测量前要注意表笔的正负极性，即红色表笔固定接在电路断口高电位端，黑色表笔固定接在电路断口低电位端，使电流从表头的"＋"端流向"－"（※）端，以防止指针反向偏转。

如果事先不知道断口处的电位高低，可将任一表笔先搭在被测电路的任一断口，另一表笔轻轻地快速试触一下另一断口。如果指针向右偏转，说明表笔正负极性正确；如果指针向左偏转，说明表笔正负极性接反，此时交换表笔即可。

（2）测量直流电压

1）测量时，将量程开关拨到直流电压（V）档的适当位置，表与被测电路并联（见图 11-11）。

2）测量前要注意表笔的正负极性，表的"＋"端应接在被测电压的正极，"－"（※）端接在被测电压的负极，这样才能保证指针正常偏转。

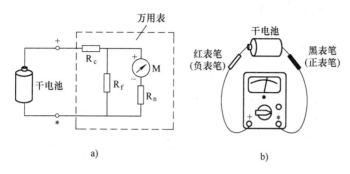

图 11-11　直流电压的测量

如果事先不知道被测点电位的高低，可参照测量直流电流的第2）项来判断。

（3）测量交流电压

1）测量时，将量程开关拨到交流电压（V̰）档的适当位置，表与被测电路并联（见图 11-12）。

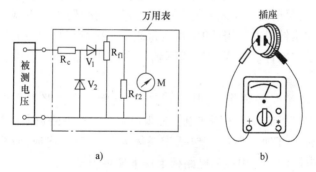

图 11-12　交流电压的测量

2）一般万用表测量正弦交流电压的频率范围为 45～1000Hz，如果被测交流电的频率超出这一范围，测量误差将增大，所测得的值仅可作为参考。

344. 怎样用万用表测量电阻？

在检修电气设备及家用电器时经常需要测量电阻，若测量方法不当，会出现大的测量误差，造成误判断，因此掌握正确的测量方法很重要。测量时，将量程开关拨到欧姆（Ω）档的适当位置，如图 11-13 所示。

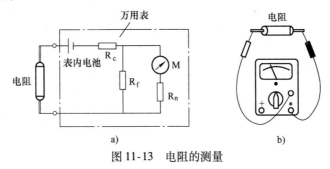

图 11-13　电阻的测量

测量电阻应注意以下事项：

1）测量前，先调整机械调零，使指针指在无穷大（"∞"）位置上。如调不到零位，应拆开检修调零机构。

2）测量时，首先应选好适当的倍率，使指针尽量接近中心刻度，因为越接近中心刻度，读数越准确。

3）测量前要将两表笔搭在一起短路，同时调整校正器（调零电位器）使指针对准欧姆"0"位。每改变一次量程都要重新调零，以保证测量准确性。如果调零达不到零位，是电池不足所致，应更换电池。

4）测量时必须将被测电路与电源切断。当电路中有电解电容时，必须先将电容器短路放电。如果电阻是焊在电路板上，测试前必须看清有无其他元器件（包括半导体元件）与其构成回路。若有，则应将电阻的一个引线从电路板上焊下来再测量。

5）表笔插脚必须与万用表测试孔接触紧密，双手握住表笔的绝缘杆，两手指切不可同时触及表笔的金属部分，也不可触及被测电阻的引线。否则人体电阻并联在被测电阻上，将造成测量结果错误。

6）测试前需先清洁电阻的引线，除去上面的油污或氧化层。测试时表笔要紧靠引线，使两者接触良好，尤其测量低阻值电阻时更为重要。否则因接触电阻影响测量结果，有时甚至发生阻值不大的电阻，测得的阻值却像开路一样，造成误判断。

7）测量电位器时，要注意电位器引脚片有无松动（铆钉不严实）等情况，这时应用小锤或尖嘴钳将铆钉铆严实后再测量。

8）测量计算器、电子表笔高内阻值的小型电器时，切勿用万用表的高阻档测量。如以 500 型万用表为例，10kΩ 档的内电源为 9V + 1.5V = 10.5V，而上述电器大都以 3V 或 1.5V 作电源的，如果用此档测量电器，很容易损坏它们。

345. 绝缘电阻表有什么用途？其结构与原理如何？

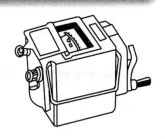

图 11-14　绝缘电阻表外形

绝缘电阻表俗称摇表，其外形如图 11-14 所示，是测量高电阻值的仪器，主要用来测量电动机、电器及布线等的绝缘电阻值，判断设备及布线有无漏电、绝缘层损坏、老化或短路等故障。

绝缘电阻表的主要组成部分是一个磁电式流比计和一只作为测量电源的手摇高压直流发电机。绝缘电阻表的原理电路如图 11-15 所示。其工作原理是（见图 11-16）：与绝缘电阻表指针相连的有两个线圈，一个同表内的附加电阻 R_f 串联，另一个和被测的电阻 R 串联，然后一起接到手摇发电机上。当手摇发电机时，两个线圈中同时有电流通过，在两个线圈上产生方向相反的转矩，指针就随着合成转矩的大小而偏转某一角度，这个偏转角决定于两个电流的比值，附加电阻是不变的，所以电流值仅取决于待测电阻值的大小。

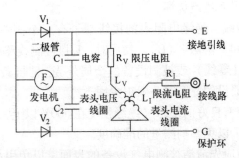

图 11-15　绝缘电阻表的原理电路

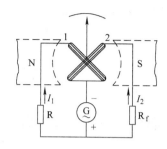

图 11-16　绝缘电阻表工作原理图

346. 怎样正确使用绝缘电阻表？

绝缘电阻表的型号、规格很多，应根据不同的测量对象正确选用。选用绝缘电阻表，主要是考虑它的电压和测量范围。装修装饰工程涉及住宅布线、电气设备安装等，线路的额定电压一般为 220V 和 380V，采用工作电压 500V（220V 线路也可采用 250V）、测量范围在 0～200MΩ 的绝缘电阻表就能满足需要。

使用绝缘电阻表应注意以下事项：

1）不宜将额定输出电压较高的绝缘电阻表用于测试低压设备，否则有可能把设备的绝缘击穿。

2）测量线路、电动机、电气设备、电缆的绝缘电阻时，必须先切断电源（相线和零线均切断）。对于电路中有电容器的电器、电缆（有一定容抗）或不明结构的电器，测量前一定要放电，以确保人身安全和绝缘电阻表免遭烧坏。

3）正确接线。绝缘电阻表的接线端子有三个："线路"（L）、"接地"（E）和"屏蔽"（G）。使用时，L 接被测线路或设备的导体上，E 接地线（零线）或被测设备的金属外壳。"屏蔽"（G）是专门测量电缆线而设的，家庭一般很少用。

4）引线应有良好的绝缘（绝缘强度在 500V 以上），两根引线不许绞合在一起，以免影响测量的准确度。

5）测量前应先清洁被测电气设备的表面，以免引起接触电阻值大，测量结果不准确。

6）绝缘电阻表应平放稳妥，测量前先摇动手柄，看指针是否在"∞"处；再将接在"L"和"E"上的引线短路，慢慢地摇动手柄，看指针是否指在"0"处。

7）以大约120r/min的速度摇动手柄（允许变动±20%），勿使仪表受振动，待指针稳定后读数。

8）测量时不要用手触摸被测设备及绝缘电阻表的接线柱，以防触电。

9）若遇天气潮湿较大时，应使用"保护环"以消除绝缘物表面泄流，使被测设备绝缘电阻值比实际值偏低。

10）禁止在雷雨天使用绝缘电阻表，以防布线或设备遭受感应电而触电。

347. 怎样正确使用钳形电表？

钳形电表主要用来测量较大交流电流（0～1000A），如测量低压配电线出线电流、电动机三相电流等。它不需拆断被测电路，只要把电线夹入钳口就能测量，如图11-17所示。

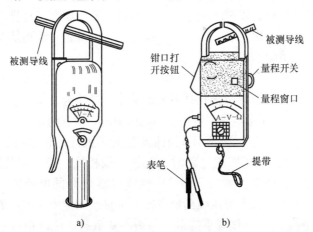

图11-17　两种形式的钳形电表

a）双功能钳形电表　b）三功能钳形电表

常用的钳形电表有 MG20、MG21、MG25、MG4－AV、T301－A、T302－AV 等型号。最大量程有 25A、50A、100A、300A、500A、

600A 和 1000A，准确度一般为 2.5 级。钳形电表一般都具有测量电压、电阻的附加电路，因而也可用来测量电压和电阻。

使用钳形电表应注意以下事项：

1) 测量前，应先估计一下被测线路的电流大小或电压高低，选择适当的量程。如果对被测量对象的大小心中无数，应先拨到最大量程上试测，然后根据读数大小，酌情减小量程，使读数在刻度的 1/2 ~ 2/3。注意：切换量程时应先将钳口张开，否则有可能损坏仪表。

2) 家用电器、照明灯的电流一般小于 5A，为了得到较准确的电流值，可把载流绝缘线在钳形活动铁心上多绕 n 匝，此时的实际电流值可用下式计算：

$$I_S = I_B / n$$

式中　I_S——被测电流的实际数值；

　　　I_B——钳形电表的读数；

　　　n——在钳形活动铁心上绕的匝数。

3) 测量时，被测载流导线应放在钳口中央，并使钳口动静铁芯保持良好的接触，以减小磁隙，降低测量误差。如有振动噪声，可将钳口重新开合一次。若依旧，则应检查接合面是否有油污等杂物，若有，应予以清除。

4) 测量低压母线等裸露导体的电流时，事先应将邻近各相用绝缘物隔离，以防当钳口张开时不慎触及邻近导体造成短路事故。

5) 一般的钳形电表不得用于高电压测量。附有测量交流电压、电阻的钳形电表，在测量两种不同电量时应分别进行，不得同时测量。

6) 在测量三相四线电路时，夹住三根相线，若三相负荷平衡，则读数为零；如果有读数，则是中性线（零线）的电流值，表示三相负荷不平衡。如果中性线测量方便，可直接测量中性线电流。

7) 测量时，操作者手持钳形电表不要颤抖，应以指针不晃动时的读数为准，目光正视表盘。

8) 测量不同频率的交流电，需用不同频率的钳形电表。用工频（50Hz）钳形电表不宜测 400Hz 中频信号、25Hz 铁路通信信号、音频信号以及异步电动机转子的电流。

9）测量交流电压、电阻，是通过红黑表笔和量程开关进行的，其操作方法与万用表相似。

10）每次测量完毕，应把调节电流量限的切换开关打到最高一档，以免下次使用时由于未经选择量程而造成仪表损坏。

348. 怎样正确使用手电钻？

手电钻是一种电动钻孔工具，常用在金属、塑料、木材等电气构件上钻孔。家庭常用手提式单相 220V 交、直流两用电钻（如型号为 JIZ），常用规格有 6mm、10mm、13mm、19mm 等几种（电钻规格是指在普通钢材上最大的钻孔直径）。电钻的外壳有塑料的和金属壳的两种，前者较安全。

金属外壳的 JIZ 型电钻的电源线一般采用具有防潮性能的三芯橡皮电缆。其中黑色或黄/绿相间芯线为接零（接地）线，与电钻外壳相连，采用单相三极插头。手电钻的结构如图 11-18 所示。

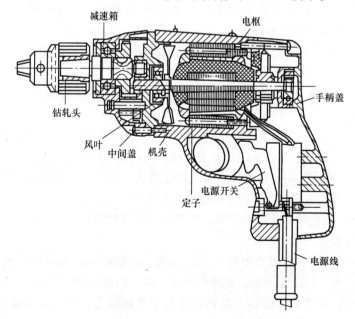

图 11-18　手电钻的结构

使用手电钻应注意以下事项：

1）电源线必须使用橡皮电缆，不可使用胶质线（花线）、塑料电线。因为这类电线不耐热、不耐湿，抗拉抗磨强度差，在使用中很容易损坏绝缘，不安全。

2）电源线长度一般不宜超过 5m，中间不应有接头。当长度不够时可使用插座板，插座板的引线也不准有接头。临时使用时，当电源的电缆线不够长时，可以用胶质线、塑料电线连接，但接线头必须包缠好绝缘胶带，使用中切勿受水浸及乱拖乱踏，也不能触及热源和腐蚀性介质。使用完毕必须及时拆除。

3）使用前要认真检查电源线和插头是否完好。对于金属外壳的手电钻必须采取保护接零（接地）措施。通电后用试电笔检查外壳是否有电。如果不做保护接零（接地），使用时要格外小心，必须戴绝缘手套、穿绝缘鞋或站在干燥的木板上操作，并与其他工作人员保持一定距离。在某些易发生触电故障的场所，需装设额定动作电流不大于 15mA、动作时间不大于 0.1s 的漏电保护器，以保护操作者安全。严禁戴线手套操作。

4）存放时间长久的电钻使用前应测试绝缘电阻，电阻值一般应不小于 0.5MΩ，最低不小于 0.25MΩ。

5）手电钻使用的线路电压不得超过所规定的额定电压的 ±10%。

6）电钻在使用前应先空转 0.5s～1min，检查传动部分是否灵活，有无异常杂声，螺钉等有无松动，换向器火花是否正常。

7）使用时切勿将电源线缠绕在手臂上，以防万一电源线破损或漏电造成触电事故。严禁手握电钻头接电源。

8）钻孔时不宜用力过猛，转速异常降低时应放松压力，以免电动机过载造成损坏。

9）使用中若发现整流子上火花大，电钻过热，必须停止使用，进行检查，如清除污垢、更换磨损的电刷、调整电刷架弹簧压力等。

10）作业前要确认手电钻开关处于关断状态，防止插头插入电源插座时手电钻突然转动。

11）在往墙上、地板上、吊顶上钻孔时，事先应充分了解其内部的情况，搞清是否埋有电缆、管线、金属预埋件等，以免造成损失。

12）不要一手拿加工件，一手拿电钻操作。

13）电钻没有停止转动，不要拆卸换钻头。

14）加工件上钻孔前，应用样冲打出定位坑。否则不但打孔不准，而且还会滑坏工件表面。

15）不使用时应及时拔掉电源插头。电钻应存放在干燥、清洁的环境。

349. 怎样正确使用冲击电钻?

冲击电钻与普通电钻类似，但用途不同于普通电钻，它是用来在混凝土、砖墙等结构上钻孔的。在安装塑料膨胀螺栓和金属锚螺栓等的施工中，都离不开使用冲击电钻，在装修装饰工程中应用非常广泛。作业时，冲击电钻一方面靠冲击凿冲，一方面靠钻头钻入。这样可以减少和避免作业物中掺有硬物而卡钻头。另外，冲击电钻均有离合器，它可以在机具超负荷或钻头被卡时自动打滑，从而防止电动机过载烧毁。冲击电钻所钻的孔径一般在20mm以下。在混凝土、砖墙上钻孔时需换用镶有硬质合金的麻花钻。

冲击电钻有 ZIJ 型和回 JIZC、回 ZIJ 型几种。ZIJ 型不采用保护接零（接地），使用单相二极插头。由于其电气安全性能比较好，合格产品使用时可不戴绝缘手套或穿绝缘鞋。冲击电钻的结构如图 11-19 所示。

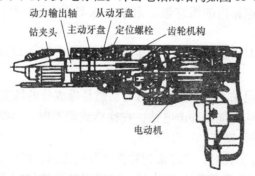

图 11-19　冲击电钻的结构

使用冲击电钻应注意以下事项：

冲击电钻的使用方法和注意事项可参考手电钻，另外还应注意以下事项：

1）冲击电钻为双重绝缘，安全可靠，使用时不采用保护接零（接地），使用单相二极插头，使用时可不戴绝缘手套或穿绝缘鞋。为使操作方便、灵活和有力，冲击电钻上有辅助手柄。

2）当冲击电钻用于在金属材料上钻孔时，需将"锤钻调节开关"打到标有钻的位置上，采用普通麻花钻头，电钻产生纯转动，就像手电钻那样使用。当冲击电钻用于混凝土构件、预制板、瓷面砖、砖墙等建筑构件上钻孔、打洞时，需将"锤钻调节开关"打到标有锤的位置上，采用电锤钻头（镶有硬质合金的麻花钻）。此时电钻将产生既旋转又冲击的动作。

3）使用时，开启电源开关，应使冲击电钻空转 1min 以检查传动部分和冲击结构转动是否灵活。待冲击电钻正常运转后，才能进行钻孔、打洞。

4）由于冲击电钻采用双重绝缘，没有接零（接地）保护，因此应特别注意保护橡套电缆。手提移动电钻时，必须握住电钻手柄，移动时不能拖拉橡套电缆。橡套电缆不能让车轮轧辗和足踏，并要防止鼠咬。

5）冲击电钻的塑料外壳要妥善保护，不能碰裂，不能与汽油及其他腐蚀溶剂接触。

6）冲击电钻内的滚珠轴承和减速齿轮的润滑脂应经常保持清洁，注意添换。

7）使用时需戴护目镜。要注意防止铁屑、沙土等杂物进入电钻内部。

8）冲击电钻不宜在空气中含有易燃易爆成分的场所使用。

9）有调速功能的冲击电钻，在换档或调速时，必须在钻头停止运转时才能进行操作。

10）冲击凿孔时，应经常把钻头从孔内拔出，以便把尘屑排出。

11）在钢筋建筑物上凿孔时，如遇到坚硬物体时，不应施力过大，以免钻头出现退火现象。

12）使用中若出现异常声音，应停止操作，查明原因。

13）只允许单人操作。

14）严禁使用普通钻头代替冲击钻头。

15）冲击电钻使用完毕，应将其外壳清洁干净，将橡套电缆盘好，放置在干燥通风的场所保管。

350. 怎样正确使用电锤？

电锤作为钻孔工具之一，其功能与冲击电钻相似，但具有以下特点：功率大，加工能力强，钻孔直径通常为 12～50mm，可选择不同工具头进行多种作业，操作简便，成孔精度高。在家庭电气装修装饰中，常与手提式石料切割机配合用于砖墙上开电线槽、水管槽。另外，电锤一般具有过载保护装置（离合器），它可在机具超负荷或钻头被卡时自动打滑，而不致使电动机烧毁。

常用的电锤产品有 ZIC–01–26 型、ZIC–VT–26 型和 ZIC–SD 型等。其结构如图 11-20 所示。

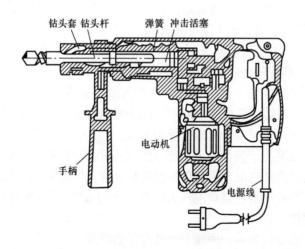

图 11-20　电锤的结构

使用电锤应注意以下事项：

1）当电锤用于金属、塑料、木材上钻孔时，一般应采用直柄麻花钻头，此时应配置钻夹头与连接柄；如果采用锥柄金属钻头，则应配置适用于锥柄的连接柄。

2）当电锤用于混凝土、岩石、瓷砖上打孔时，宜套上防尘罩；当电锤用于砖墙、灰砂层上开槽时（穿管暗敷），应采用电锤专用凿子。

3）电锤使用前应先空转 0.5s～1min，检查传动部分是否灵活，有无异常杂声，换向器火花是否正常。

4）装钻头时，应将钻头柄擦拭干净，抹上少量油脂，安装必须到位。

5）使用时应先将电锤顶住工作面再按开关。钻头应与工作面垂直并经常拔出钻头排屑，防止钻头扭断或崩头。在混凝土构件中钻孔，应避开钢筋。钻孔时不宜用力过猛，转速异常降低时应减小压力。电锤因故突然停转或卡钻时，应立即关断电源。

6）当电锤为断续工作时，如使用时间过长，机身会发热，应停机自然冷却。累计工作时间 50h，应加一次油脂，每次在缸内加 50g。加入油脂后应及时将油盖旋紧。

7）严禁手握电钻头接电源。

8）严禁戴线手套操作。

9）严禁使用普通钻头代替冲击钻头。

10）电锤使用一定时间后，会有灰尘、杂物进入冲击活塞，导致卡塞。这时需将机械部分拆下，清洗各零部件，并加新的润滑脂。

11）使用电锤时要有漏电保护装置。

12）在墙上、预制板及建筑构件上钻孔或打洞，事先应充分了解建筑构件内部情况，弄清是否预埋有电缆、管线等。

13）作业时要注意周围行人安全，使用 $\phi25mm$ 以上钻头打孔时作业场周围应设护栏。

14）作业时戴防护眼镜，严禁戴手套作业。

其他注意事项可参考冲击电钻。

参 考 文 献

［1］方大千，方欣. 家庭电气装修装饰问答 ［M］. 北京：国防工业出版社，2007.

［2］方大千. 装修装饰电工常用公式与数据手册 ［M］. 北京：金盾出版社，2007.

［3］方大千. 装修装饰常用电工器材手册 ［M］. 北京：金盾出版社，2007.

［4］方大千，方亚敏，等. 住宅装修电气安装要诀 ［M］. 北京：化学工业出版社，2011.

［5］方大千，占建华，等. 装修电工实用技术手册 ［M］. 北京：化学工业出版社，2015.